煎炒烹炸品味生活乐趣　色香味中品读五味人生

陈　廷◎编著

舌尖上的门道

Shejianshangde Mendao

中国华侨出版社

图书在版编目（CIP）数据

舌尖上的门道/陈廷编著．—北京：中国华侨出版社，2012.9
ISBN 978 – 7 – 5113 – 2700 – 0

Ⅰ．①舌… Ⅱ．①陈… Ⅲ．①饮食—文化—中国
Ⅳ．①TS971

中国版本图书馆 CIP 数据核字（2012）第 162066 号

●舌尖上的门道

编　　著/陈　廷
责任编辑/文　筝
封面设计/智杰轩图书
经　　销/新华书店
开　　本/710×1000 毫米　1/16　印张 18　字数 240 千字
印　　刷/北京溢漾印刷有限公司
版　　次/2012 年 9 月第 1 版　2012 年 9 月第 1 次印刷
书　　号/ISBN 978 – 7 – 5113 – 2700 – 0
定　　价/32.00 元

中国华侨出版社　　北京朝阳区静安里 26 号通成达大厦 3 层　　邮编 100028
法律顾问：陈鹰律师事务所
编辑部：(010) 64443056　　64443979
发行部：(010) 64443051　　传真：64439708
网　　址：www.oveaschin.com
e-mail: oveaschin@sina.com

前 言

人们常说："民以食为天。"真正的文明首先是从舌尖上滑出来的。一种食物就是一个"天堂"。相同的食物在不同的人手中会散发出不同的味道，这正是食物的伟大与奇妙所在。通过自己的舌尖品味美食，真真切切地品读了一把人生的真谛。从古至今，饮食已经成为一种文化，一种对上天发自内心的感恩。烹制的人用心做，食客们静静地品，一餐过后和和气气，不知道其间有多少故事铸就了人类历史的千古美谈。

不管是对于食客还是素怀烹饪手艺的人，舌尖上的吃食不单单是一门学问，还是一门艺术。在日常生活中，对于一种食物的烹饪方法不同，则做出的美味佳肴的味道也就不同，甚至会出现很大的差距。当然，不管是煎、烧、焖，还是炖、蒸、煮，各有各的千秋，做出的饭菜也是各有各的不同。但是要想选择正确的烹饪方法，就要适"食"而定，也就是说，要看"懂"你刀下的食物。所谓看"懂"，不仅仅是简单的认识，更应该了解这种食物内部的化学反应以及营养成分，只有这样，食物在你的烹饪之下才会"听话"，也只有这样，食物才肯"成就"你的烹饪手段。

现代的人们总是想要吃最有营养的东西，而所谓的"最有营养"到底是什么意思？它并不是指富含营养成分最全的食物，而是按照你的身体状况，选择有利于你身体健康的食物，这样的食物对你来讲就是"最有营养"的。因此，了解日常吃的、喝的就成为了势在必行的任务。也只有这样，你的身体才不会给你亮起红灯。

食物的搭配也是一种美，这种美不仅仅指的是外观，更重要的是食物搭配的内在营养价值的展现。如果你不懂得正确地搭配食物，那么再有养生价值的食物，到了你的手中，也会变得毫无价值，甚至还会对你的身体起到反

1

向作用。因此，这就必然要涉及食物与食物之间的搭配与禁忌，这也是你舌尖上的一门很深奥的门道。所谓的"病从口入"，其实很大一部分原因是因为人们在搭配食物的时候，不够科学或者是任意"创作"。

每一种食物都是会讲话的，如果你听不懂它们的话语，而是一味地按照自己的心思来将它们肆意地混合在一起，那么食物不仅不能成为有益于你健康的"天使"，还有可能成为毒害你身体的"恶魔"。由此可见，人类必须要读懂自己舌尖上的门道，品味盘中佳肴的语言，这样才能让自己的生活质量和身体健康指数同时提高。

目 录

门道三

水果：鲜果甜美难相忘，果篮一捧多

门道四

肉类：红肉白肉质鲜美，食里食外多记载

门道五

鱼类：一方之水养一方鱼，边吃边把传说听

门道六

茶叶：一杯香茶清泉饮，茶中神在意境中

门道七

酒类：美酒玉液润心田，品完纯酿品人生

门道八

饮品：饮中自有饮中乐，各种饮料文化多

门道九

点心：中西甜点故事多，透过美食看历史

门道一

谷物：民以食为天，五谷文化首当先

　　早在2400多年前，我们的祖先就已经清楚地认识到了五谷杂粮的营养价值。中医典籍《黄帝内经·素问》已有"五谷为养，五果为助，五畜为益，五菜为充，气味合而服之，以补精益气"的论述。意思是药物为治病攻邪之物，其性偏，五谷杂粮对保证人体的营养必不可缺。可见以五谷杂粮为养生食物，在中国历史上是源远流长的。因此，无论是从人的营养构成，还是从人类饮食历史来看，粗谷类都是人类主要的食物。每天从我们舌尖上滑过的是一种情感、一种期待、一种展望。人有一日三餐，餐餐绝对是不离谷的，人生在世不管经历什么也抵不过一碗香喷喷的白饭来得轻松自在。悲欢离合，甜酸苦辣，究竟里面埋藏了多少故事，恐怕还是让我们每一个人自己去细细品味吧。

大米：中国人的主食，饭碗里的立根之本

名词解译

稻谷加工脱壳之后被称做"大米"，又被称做"稻米"。不同地区也有不同的称谓，有的地方则把粳米称做"大米"。严格来说，粳米仅仅是大米的一个品种。大米味甘性平，因此，对健脾养胃、益精强志、聪耳明目有一定的功效，有"五谷之首"的美誉，也是我国的主要粮食作物之一，约占粮食作物栽培面积的四分之一。在世界上，有一半人口主食大米。

营养价值

大米含有十分丰富的营养价值，也是中国人民的主要食粮之一。在这里我们以粳米为例，在每百克粳米中，就含有 6.7 克的蛋白质，含有的脂肪量为 0.9 克，碳水化合物达到 77.6 克，粗纤维为 0.3 克，钙的含量相对来讲不高，仅有 7 毫克，磷 136 毫克，铁为 2.3 毫克，同时含有很多种微量元素，如维生素 B_1 0.16 毫克，维生素 B_2 0.05 毫克，烟酸 1 毫克，而蛋氨酸达到了 125 毫克，缬氨酸 394 毫克，亮氨酸 610 毫克，异亮氨酸 251 毫克，并且含有 280 毫克的苏氨酸、394 毫克的苯丙氨酸、色氨酸 122 毫克、赖氨酸 255 毫克等多种营养物质。

粳米的功效能够补脾、养胃、滋养、强壮。同时，粳米熬成粥，则具有补脾、和胃、清肺的功能，尤其对病后肠胃功能比较弱的人，以及口渴、烦热之人适合食用。

历史传说

传说在古代的时候，人们食用的米比现在的米要大上几百倍，甚至比现在的桃子还要大很多。人们在吃饭的时候，要举着这么大的米粒，像是啃馒头一样，一口一口地咬。饭量最大的人一餐下来也不过吃上三四粒就已经很饱了。在那个时候，人们将其称做"大米"是最恰当不过的了。既然米粒这么大，那么稻苗肯定也是很大，据说像现在的桃树一样高大，在一棵稻上能结五六百斤稻子。收稻子时，人们当然不会拿着镰刀去割，而是要像摘熟透的桃子一样，爬到树上一粒一粒摘下来，而这个时候的稻子十多年才栽一次，还可以当年栽当年结谷子，所以人们的劳动生活变得轻松愉快，家家的大米也是吃不完的，户户存有余粮。

人们闲暇的时间也很多，于是人们利用闲暇的时间，就成群结伙上山去围猎。在山上树林深处，有很多凶猛的野兽，这些野兽时常会伤害人类。打猎的人们便要敲着芒锣，吹着牛角，把凶猛的野兽吓跑，专门猎取野物。人们在捉到活的飞禽走兽后并不会急着杀掉，而是将这些活物养起来，打死的就吃，吃不完的就腌干。杀了的野兽会剩下很多珍贵的兽皮，人们用兽皮缝成衣服穿。

这样的好日子没过多久，坏日子跟着就来。人的生活好了，便渐渐好逸恶劳，甚至出现了挥霍浪费、奢侈无度的习惯。这坏习气越来越盛，人们便把大米视为草芥，到处抛撒，有的人甚至用大米来铺路。

此时，主管粮食的天神看到人们这么浪费，一怒之下把人间的大米都收回天上，连苗也不留一棵，种也不留一粒。这样人类没有了大米，没有了粮食，饿得面黄肌瘦。此时，狗也饿坏了，家狗用嘶哑哀求的声音，对着蓝天吠叫了七天七夜，饿得没有力气的家狗已经气息奄奄。天神看到这群可怜的狗的遭遇，不忍心让它们饿死，就撒下一些碎米来喂狗。此时，人们忙用这些碎米去播种，种出来的谷子就是现在吃的这种大米。从此之后，人们为了填饱肚皮，只能天天披星戴月，辛勤耕种，如果一偷懒就只好饿肚皮了。

今天，人们仍要把细小的米粒称做"大米"，这样做的目的是为了告诫人们，不管生活是如何富裕，也要厉行节约，不能浪费和懒惰。

吃米注意事项

一、少淘米或不淘米

一般家庭在蒸米饭前，都是要先淘米的，目的是将米中的杂质和灰尘都洗下来，但是维生素 B 类是水溶性的，又分布在米的表面部位，很容易随着淘米水溜掉，而维生素 B_1 的损失可高达 $20\% \sim 60\%$，因此，为了防止维生素

B 的流失，最好是不淘米。淘米不要用热水和流水，洗米时用手轻柔且迅速将米搅动，以免营养成分过度流失。淘米次数最多不要超过两次。

二、多防虫

（一）花椒防虫法

大米容易生虫，尤其是在夏天。因此，可以用几块纱布分别包一些花椒粒，分别放到容器的上、中、下，然后把容器盖严。如果是用袋子装米，可以将袋子直接放到煮好的花椒水中浸透并晾干，再装米时就可以防止生虫了。

（二）白酒防虫法

因为白酒中挥发的乙醇有灭虫、杀菌的作用，所以也可以达到防止大米生虫的效果。可以在存有大米的容器里放入一个装有白酒的干净酒瓶，瓶口一定要高于米面，敞开瓶口，然后把容器盖严，可以防止生虫。

（三）大蒜防虫法

将大蒜瓣开，放入容器的不同位置，将容器盖严，同样能起到防虫的效果。

（四）瓶装防虫法

可以将袋装的大米分别装入饮料瓶内，因此，也能保存很长时间不生虫。

大米烹制法

一、饭

不管是当年的新米还是往年的陈米，都能蒸出香气溢人、粒粒晶莹的米饭，而这里所说的"饭"就是蒸出来的。

制作步骤

（一）取米量

我们用一个容器量出米的量，这要按照人食用量而定。

（二）淘米

洗米的次数是要有限制的，最多不要超过 3 次。如果超过了 3 次，米里的营养就会大量地流失，这样蒸出来的米饭香味也会减少。

（三）泡米

这个步骤也是不可或缺的，就是将米放置在冷水里浸泡 1 个小时。这样做的目的是让米粒充分地吸收水分，蒸出来的米饭才会粒粒饱满。

（四）注意米和水的比例

蒸米饭时，米和水的比例应该是 1:1.2，当然有的人喜欢吃软一点的米，那么可以适当地增加水量。测量水量可以用食指放入米水里，只要水超出米有食指的第一个关节就可以。

（五）增香

如果米已经是陈米，对于陈米要蒸出香气，就要经过前三道工序后，我们在锅里加入少量的精盐或花生油，这个时候的花生油必须是烧熟的，而且要放凉之后才能加入锅中少许。

二、米糕

米糕的历史也是十分悠久的，是中国的传统小吃食品之一。

在汉朝的时候，对米糕就有"稻饼""饵""糍"等多种称呼，可见在当时米糕也是很流行的食品。汉代的扬雄在《方言》一书中就已经有了"糕"的称谓，魏晋南北朝时也已开始流行。古人对米糕的制作也有一个从米粒糕到粉糕的发展过程。

将米磨粉制糕的方法也已很早。其制作方法相对有些复杂，是将糯米粉用绢罗筛过后，加入水、蜜和成硬一点的面团，将大枣和栗子等贴在粉团上，用箬叶裹起蒸熟即成。这种糯米糕点颇受人们的欢迎。

制作方法

（一）除杂清洗： 将糯米除去沙石等杂质，并用清水冲洗干净。

（二）浸泡： 将洗好的米加入清水进行浸泡，浸泡时间为 12～24 小时，待米粒发白发胀，含水率能够达到35%～40%即可。

（三）磨粉： 将浸泡好的米倒入粉碎机磨碎，把湿米磨成湿米粉。

（四）揉粉： 揉粉的目的是使米粉具有黏度，黏度均匀之后将其除去团块，以保证成型的米糕质地均匀。

（五）配料： 压模成型之前，可以将辅料逐一加入米粉中并且搅拌均匀，配方还可根据当地不同的口味作适当的调整。甜米糕要求制品有色时，可以使用红糖作甜味剂。

（六）汽蒸： 将成型的米糕放入锅中，蒸25分钟即可起锅。

三、米粥

中国粥的历史悠久，在4000年前主要为食用，而到了2500年前又有了

新的功能，那就是作为药用。在《史记·扁鹊仓公列传》载有西汉名医淳于意（仓公）用"火齐粥"治齐王病。

进入中古期之后，粥的功能不仅仅是"食用""药用"两种，更被当做是"养生"的佳品。宋代苏东坡在书帖中这样说道："夜饥甚，吴子野劝食白粥，云能推陈致新，利膈益胃。粥既快美，粥后一觉，妙不可言。"南宋著名诗人陆游也对粥的养生作用极力推荐，认为粥能延年益寿，曾作《粥食》诗一首："世人个个学长年，不悟长年在目前。我得宛丘平易法，只将食粥致神仙。"

由此可见，粥与中国人的关系，正像粥本身一样，稠黏绵密，在人类的发展中也起到了很重要的作用。

制作步骤

粥的制作方法分为煮和焖两种。煮法是十分常见的，即先用旺火煮到粥滚开，再改用小火煮至粥汤稠浓。焖法则是指用旺火加热至滚沸后，选择一个有盖的、封闭比较严的木桶，将沸腾的粥倒入木桶内，盖紧桶盖，焖约2小时即成。此外，粥的种类很多，主要取决于配料，这就是花色粥。制作花色粥的时候可以将滚烫的粥中倒入配料，调拌均匀即成的方法，如生鱼片粥等。

粥在制作时也要注意加水的方式，水要一次加足，一气煮成，不要煮到中间再次加水，这样才能达到稠稀均匀、米水交融的特点。煮粥用的米可以浸泡也可以直接煮，这些不影响粥的浓度。先浸后煮，只是缩短煮粥的时间，但浸泡易致养分损失。若在制作花样粥的时候，粥中选取的配料形体较大，应先进行刀工处理，再下锅煮粥，以使粥稠味浓。

健康饮食宜与忌

1. 胃口不好勿食糙米：对于脾胃不好的人来讲，食用大米时最好选用粳米而不是糙米，以免造成自身的胃部不适。

2. 切忌用汤泡米饭：很多牙不够好的老人会选择汤泡饭的方式，但是这种汤和饭混在一起的食用方式，由于包含水分较多的原因，饭会变得比较松软，很容易吞咽下去，因此，人们咀嚼的时间也减少了很多，食物还没经咀嚼烂就连同汤一起快速吞咽下去，这不仅使人"食不知味"，而且舌头上的味觉神经得不到应有的刺激。只有当食物进行咀嚼之后，让唾液均匀地掺和到食物中去，这样才能使淀粉酶充分发挥应有的作用，从而把淀粉变为麦芽糖，从而进行初步的消化，再进入胃肠。汤泡饭不用细嚼，会直接进入胃里，势必会增加胃肠的负担，食物中的养分也不容易被彻底吸收。

小米：锅中的金豆子，颗颗养人滋补心脾

名词解译

小米又名粟，古代称其为禾，是一年生的草本植物，属于禾本科，在我国北方通称为谷子，经过加工去壳后叫小米。它性喜温暖，适应性也比较强，起源于我国的黄河流域，在我国已有相当悠久的栽培历史，现在种植地区主要分布于我国华北、西北和东北。

小米的品种不一，按米粒的性质可分为糯性小米和粳性小米两类；按谷壳的颜色可分为黄色、白色、褐色等多种，其中红色、灰色者多为糯性，白色、黄色、褐色、青色者多为粳性。一般来说，谷壳色浅者皮薄，出米率高，米质好；而谷壳色深者皮厚，出米率低，米质差。

小米的颗粒比较小，颜色为淡黄或是深黄，质地较硬，制成品通常会散发出甜香味。我国北方有许多妇女在生育后，都有用小米加红糖来调养身体的传统。小米熬粥营养十分丰富，因此有"代参汤"之赞誉。

营养价值

每100克的小米就含蛋白质9.7克，比大米要高得多。脂肪量达到1.7克，碳水化合物也高达76.1克，都不低于稻、麦。在一般情况下，粮食中都不含有的胡萝卜素，而小米则每100克含量就能达到0.12毫克，维生素B_1的含量也位居所有粮食之首。

小米粥具有保健与养生的功效，可以单独熬煮，亦可添加大枣、赤小豆、

红薯、莲子、百合、绿豆等，熬成风味各异的营养品。并且，小米的吃法很多，也可以将小米磨成粉，制成可口的糕点，既香甜又可口。小米的芽和麦芽一样，都含有大量的酶，是一味很重要的中药，具有健胃消食的功效。同样小米粥有安神的功效。《本草纲目》说，小米"治反胃热痢，煮粥食，益丹田，补虚损，开肠胃"。

历史传说

相传在明朝的时候，沁州檀山一带有一座历史悠久的古庙，庙里住着几位和尚，生活十分清苦，一旦年景不好免不了要忍饥挨饿。他们看见庙周围的土地荒芜，便将其开垦出来，种上了一些糙谷。经过几年的精心栽培驯化，糙谷发生了神奇的变化。这种谷子色泽蜡黄，颗粒圆润，形状如珍珠，晶莹明亮，煮成饭后也是松软可口，味道清香四溢，咀嚼在嘴里也觉得万分香甜，遂起名为"爬山糙"。

清代康熙年间，保和殿大学士吴琠，沁州人士，人称"吴阁老"，在自己衣锦还乡之时，听说这里的"爬山糙"品质极佳，状似金珠，熬稀饭锅边不挂米粒，蒸饭、焖饭也是香甜味美。为了证实这个传言，这位吴阁老便亲自到檀山庙内品尝，没想到这种谷物的味道果然名不虚传。当时他嫌"爬山糙"名字不太雅致，便将其改名为"沁州黄"。由于自觉这种谷物甚是美味，因此还朝时他自己还带了一些小米献给康熙皇帝。康熙食后，也对其大加赞赏。于是"沁州黄"便成了年年向皇帝进贡的珍品。因吴阁老使"沁州黄"名扬朝野，久之，"吴阁老"也就成为了"沁州黄"的代名词。

"沁州黄"是一个特殊品种，与一般作物宜种在肥沃土地不同，"沁州黄"只长在沁县次村乡檀山、王朝、石料、钞沟、东庄等十多个自然村，约1333公顷的土地上耕种，每公顷产量约1500公斤，总产量37.5万公斤。把"沁州黄"引种到外地种植时，第一年尚有"沁州黄"的特色，第二年就会变种。据化验分析，这一带属含碎料浆石的深褐色黏性土壤，耕种时既不能施磷肥，又不能施氮肥，否则就会减产。

"沁州黄"不但煮饭味美甜香，其营养价值也高于一般的谷物。当地百姓称其为"金珠子"，并且有一句民谚："金珠子，金珠王，金珠换不来沁州黄。"经山西农科院谷子研究所检验分析，"沁州黄"脂肪含量高达4.22%，比一般黄米高1%~2.5%；可溶性糖类的含量为1.6%，也非普通黄米可比；蛋白质、脂肪含量均高于一般大米、白面；其粗纤维含量则低于其他粮食品种。据分析，"沁州黄"得宜于独特的气候、土质。沁县地处太行山深处，古语云："万峰环列，气候早寒。"也就是由于这特殊的地理、气候，特别适宜于谷子的生长发育，因此，"沁州黄"才谷香味浓，植物脂肪、可溶性糖类、粗纤维、蛋白质含量均高于普通小米、大米等。《中国谷子品种资料目录》中编入的11000多个谷物品种，经专家鉴定没有一个品种能比得上"沁州黄"。

常食这种小米可治疗脾胃虚弱、反胃呕吐、腹泻等，还具有养阴、壮阳、清热、利尿、消肿等功能，对高血压、皮肤病、炎症均有一定的预防和抑制作用。有肾病者宜常食，脾胃虚者宜久食。因此，"沁州黄"在广州出口商品交易会上、国际博览会上均受到许多外国客商的好评。

吃小米注意事项

1. 小米搭配大豆或肉类食物混合食用效果更好，这是因为小米的氨基酸中不包括赖氨酸，而大豆的氨基酸中却富含赖氨酸，因此，可以补充小米的不足；

2. 小米粥熬制不宜太稀薄；尤其是在淘米的时候，不要用手用力地搓，忌长时间浸泡或用热水淘米；

3. 小米虽然营养比较丰富，但是蛋白质营养价值并不比大米好，因为小米富含的蛋白质的氨基酸结构组成并不十分的理想，赖氨酸过低而亮氨酸又过高，所以在产后，不要单纯地以小米为主食，应注意食物搭配，以免造成营养的缺乏和不平衡；

4. 对于小米的保存，要注意防虫、防潮，将小米放在阴凉、干燥、通风较好的地方。如果小米的水分过大，可以选择用阴干的方式，千万不要进行暴晒。

5. 储藏前应该去除糠杂，保持小米的干净。储藏后若发现吸湿成块儿，要及时除糠降温，防止霉变。

6. 小米容易遭到蛾类幼虫的危害，发现后可以将上部的生虫部分排出后单独处理。新花椒有防虫的功效，可以适当地放置。

小米烹制法

一、小米鸡蛋粥

食材：小米50克，鸡蛋1个

制作：先将小米煮成粥，然后取汁，再将鸡蛋打入汁中，稍煮片刻即可。

用法：临睡前饮用此粥，并用热水泡脚，然后再入睡。

功效：养心安神。用于心血不足、烦躁失眠。

二、小米红糖粥

主料：

精制小米45克。

辅料：

选择适量的红糖，依照个人口味而定。

制法：粥熬制黏稠后，放入红糖，稍微熬制后即可食用。

功能：

小米也就是粟米，有开肠胃、补虚损、益丹田的功效。对于气血亏损、体质虚弱、胃纳欠佳者很有好处。尤其适合产妇乳少、产后虚损而引起的乏力倦怠、饮食不香的情况。

三、鲢鱼小米粥

配料：

活鲢鱼1条，小米100克，丝瓜仁10克，葱花、姜片、香油、味精、精盐各适量。

做法：

（一）将鱼去鳞、鳃及内脏，洗净，去刺，切成片，放入盆中，加葱、姜、香油、精盐拌匀，腌渍片刻；小米淘洗干净；丝瓜仁洗净。

（二）锅置火上，放入小米、丝瓜仁、适量清水煮粥，等粥将熟时，加入鱼片再煮片刻，鱼熟加入味精即可。

功效：肉嫩味鲜，爽口。此粥有通经下乳作用，适于产后乳少者食用。

四、小米南瓜粥

原料：小米100克，水10杯左右，南瓜1~2斤，冰糖或蜂蜜少许（依照个人口味而定）。

做法：将米洗干净，南瓜去皮剔瓤，并切成 1/2 寸的丁状或片状，一起放入锅中，煲约 30 分钟后，稍焖片刻，此时再加入冰糖或蜂蜜。

功效：南瓜营养丰富，能够刺激胰岛 B 细胞的产生，产生的胰岛素可以预防糖尿病的发生。同时，单用小米熬成的粥偏稀，加入南瓜，则粥会变稠，熬出的粥色泽金黄，喝起来也是甘香清润，有解热降暑的功效。

五、小米面茶

配料：

小米面 1000 克，麻酱 250 克，芝麻仁 10 克，香油、精盐、碱面、姜粉各适量。

做法：

（一）将芝麻仁用水冲洗干净，沥干水分，最好是晾得偏干，放入锅中炒成焦黄色，用擀面杖擀碎，加入精盐拌在一起。

（二）将锅中放入适量的清水、姜粉，烧开至沸腾后，将米面和成稀糊倒入锅内，放入一点碱面，略加搅拌后，开锅后盛入碗内。

（三）将麻酱和香油调试均匀，按照个人喜好，用小勺淋入碗内，再撒入芝麻盐，即可食用。

功效：

小米营养丰富，具有清热和中、利尿通淋的作用。芝麻有润肠利便、补肺益气、助脾长肌、滋补肝肾、益阴润燥、养血补血、填髓脑等多种功效。小米面茶对于补中益气、增加营养、助顺产有显著的功效。尤其在冬季适于产妇临产前食之。

健康饮食宜与忌

1. 小米粥是健康食品，可单独煮熬，亦可添加豆类等熬制。小米也可以磨成粉，从而制作成糕点，美味可口。小米的芽和麦芽一样，都含有大量的酶，是一味不可缺少的中药，有健胃消食的作用。小米粥也有安神的功效。

2. 气滞者忌用；身体虚寒，并且小便清长者应该少食。

3. 小米忌与杏仁一起食用。

糯米：细米飘香醉意浓，黏稠情谊道不尽

名词解释

糯米是糯稻脱壳处理后的米，在中国南方地区称做糯米，而在北方地区则多称为江米。这种米具有黏性，因此是制造粘性小吃，比如粽子、八宝粥、各式甜品食物的主要原料。糯米也可以用来酿酒，即醪糟（甜米酒）。

营养价值

糯米性温，是一种滋补佳品，其营养含量丰富，如含有蛋白质、脂肪、糖类、钙、磷、铁、维生素 B_1、维生素 B_2、烟酸及淀粉等营养成分，有补虚、补血、健脾暖胃、止汗等作用。对脾胃虚寒所致的反胃、食欲减少、泄泻和气虚引起的汗虚、气短无力、妊娠腹坠胀等症状有一定的疗效。糯米为温补强壮食品，具有补中益气、健脾养胃、止虚汗之功效，并且对食欲不佳、腹胀腹泻的症状也有一定的缓解作用。

糯米可以用来制酒，糯米酒具有滋补健身和治病的效果。比如糯米搭配杜仲、黄芪、枸杞子、当归等中药材可以酿成"杜仲糯米酒"，此种酒富含多种营养物质，因此具有壮气提神、美容益寿、舒筋活血的功效。另外一种是添加天麻、党参等名贵药材而酿制成的"天麻糯米酒"，具有补脑益智、护发明目、活血行气、延年益寿的功效。糯米不仅可以和中草药搭配酿酒，还可以和果品同酿。如"刺梨糯米酒"，常饮能防心血管疾病，抗癌。

历史传说

古时候传说明长城是用糯米汁修建的。

南京城墙城砖之间是用什么材料黏合起来的呢？这在正史中没有相关的记载，奇怪的是在野史中也没有相关的记录，但是民间却流传着一个传说，那就是朱元璋用糯米汁筑城的故事，这个故事世世代代流传着。一些学者甚

至认为,南京城墙是"以花岗石作基础,并在砖缝内灌入桐油、糯米汁和石灰汁,因而十分坚固"。许多专家、学者想尽办法,试图破译这种黏合材料的成分,有的学者甚至利用现代科技手段进行光谱分析,结果还是于事无补,最后只是解读了其中的无机成分,而有机成分却难以判定。

在《大明会典》中记载的涉及建造南京城墙的黏合材料仅仅只有石灰,根本没有记载糯米汁的踪迹,"凡在京营造,合用石灰,每岁于石灰山置窑烧炼,所用人工窑柴数目,俱有定例"。因此,专家也无法给出定论,南京明城墙的黏合材料中到底有没有糯米汁的成分,还有待进行细细的研究。因为,石灰在没有与空气接触状态下是很难固化的,因此,六百多年以后的今天,部分地段城墙内部的黏合材料仍然是柔软的,根本没有完全固化。据此推断,南京城墙使用的主要黏合材料是石灰。

在《明朝那些事儿》中,也有提到沈万三曾为朱元璋修过长城,其中就曾有以糯米汁加固的文字:"我们前面说过,当时的京城是由富商沈万三赞助与明朝政府一同修建的,城墙都是用花岗石混合糯米石灰砌成,十分坚固。而城内还有十余万军队,要想攻下谈何容易!"

吃精糯米注意事项

糯米又被称做江米,形状细长,是家常食用的粮食之一。

长糯米在南方种植,因为气候的原因,每年可以收获两季,甚至可以达到三季。圆糯米则生长在北方,因为气候较冷,所以只能收单季稻。因为多季稻的生长时间比较短,因此质地也比较软,适合老年人吃。

由于糯米中富含B族维生素,因此能够起到温暖脾胃,补益中气的作用,并且对脾胃虚寒、食欲不佳、腹胀腹泻都有一定的缓解作用。同时,糯米也能够起到收敛的作用,对尿频、自汗有较好的食疗效果。

糯米食品宜加热后食用,并且不宜一次食用过多。因为糯米性黏滞,难以消化,一次食用过多会给肠胃造成负担。老人、小孩或病人更宜慎用。糯米年糕是最常见的吃法,无论年糕甜咸,其碳水化合物和钠的含量都会很高,对于有糖尿病或者是体重偏胖的人都要适量食用。

糯米烹制法

一、糯米酒

材料：糯米、甜酒药（大约 1 公斤糯米需要 1 粒半的用量即可）

准备：量好 1 公斤的糯米，需要用凉水浸泡至少一个晚上。

做法：首先将纱布放置在蒸格上，将浸泡了一晚上的糯米均匀地放在纱布上，开火蒸 40 ~ 50 分钟。蒸好后，将糯米倒入大一点的容器，等到糯米凉至温热，再用一碗温水将酒饼尽量化开（另留开一小勺），此时将甜酒药水倒入凉好的糯米中。在倒的过程中用力搅拌糯米，尽量搅拌均匀。在这个过程中，需要加入适量的温水，搅拌均匀后，将糯米装瓶，瓶子四周要封闭严紧。在中间弄个洞，将留的酒饼水倒入其中，紧接着盖好瓶盖，再用厚布包好瓶子。如果气温偏高，那么 3 ~ 5 天则可；天冷的话，需要将其放在暖气边，一般一两星期就可以饮用了。

二、糯米百合粥

原料：糯米、百合、莲子

做法：首先，将糯米洗净，莲子洗净。然后在锅中加水，将水烧到半开的时候，倒入所有准备好的原料。加入的量是有比例的，糯米、百合、莲子的比例大概为 4∶1∶1。水烧到半开再放入糯米等原料，是为了避免粘锅，等锅被烧开之后，调至小火慢熬。而当锅再次被烧开的时候，则可以关火，焖一会儿即可饮用。

三、糯米糍

材料：糯米粉：125 克

糖：50 克

牛奶：100 毫升（也可以用水调制）

植物油：1 大匙

椰丝：适量（用来裹在糯米球的外面）

花生酱：适量

做法：

（一）将糯米粉与糖混合搅拌均匀之后，再加入牛奶和植物油并均匀搅拌。

（二）用手将糯米揉成乒乓球大小的圆球，尽量揉至光亮。

（三）和制作汤圆一样用手指在小圆球上戳一个小洞，随后将花生酱放入其中，然后包住花生酱，再次揉成圆球形。

（四）将锅中的水烧开，随后将包好馅的糯米团放入锅中煮。

（五）等到糯米糍都浮上水面的时候，便是熟了。捞出控水后可以在椰丝中滚一滚，让糯米团外表都沾上厚厚的椰丝就行了，可以直接吃，也可以放凉了再吃。

四、糯米烧麦

材料：切成末的肉、香菇、青椒、糯米。

（一）先将糯米浸泡若干小时放到蒸笼上进行蒸熟。

（二）用水将香菇浸泡干净。

（三）将面粉用沸水烫过，晾凉和好的面团。

（四）在锅中放入适当的油，将肉末放入锅中，炒至变色，再加入香菇和青椒一起翻炒，随后加入盐、酱油和鸡精，倒入香菇水烧沸。随后再将蒸好的糯米倒入锅中进行翻炒，等到汤汁略干的时候即可出锅。

（五）把已经揉好的面稍加整理，揉搓均匀，然后搓成条，擀成荷叶状的圆皮，包入炒好的馅料，拢起成型。

（六）最后，把包好的烧麦整齐地放入锅中，蒸10分钟即熟。

五、糯米卷

材料：长糯米300千克、春卷皮10张、姜1小块、青豆仁50克、素火腿100克、香菇3朵

调味料：

酱油6大匙、胡椒粉少许、味素2大匙

做法：

（一）将糯米、青豆仁冲洗干净，并且将火腿、香菇、姜切成末，切得尽量大小一致。

（二）将糯米中加入适量的水放入电锅中煮熟。

（三）在锅中放入2大匙油作为起油锅，再放入火腿、香菇、姜末，以及青豆仁炒1～2分钟。

（四）然后，加入糯米饭、调味料拌匀。

（五）最后，将糯米饭包入春卷皮中，再放入热油中炸至呈金黄色即可。

六、糯米蒸排骨

材料：肋排、糯米、白菜叶、葱花适量。

（一）将肋排洗干净，斩成一寸长短的段块，放入调配好的腌料中腌渍两小时左右；

（二）腌料：盐、糖、酱油、料酒、姜、醋少许、鸡精少许、少许香油（可以根据自己的喜好来配制腌料）

（三）同时将糯米淘洗干净，泡两个小时后捞出，沥干备用；

（四）将白菜叶用开水烫一下之后，铺在盘子底部；

（五）紧接着，将腌渍好的排骨放进糯米中滚一下，使排骨表面裹上一层糯米即可；随后将排骨均匀平铺在盘子里，周围也略撒一些糯米；

（六）上锅蒸一个半小时；取出撒上葱花即可食用。

七、糯米鸭

这道菜本为川菜，正宗的糯米鸭需要一整只鸭子，而这里采用的是用鸭边腿做成的糯米鸭。

用料：鸭边腿一只、糯米、盐、酱油、花椒粉、料酒、鸡精（或味精）、葱丝、姜丝、红豆（根据自己的喜好可多可少）

做法：

（一）将糯米、红豆浸泡半个小时以上。

（二）将鸭子斩成4厘米见方的块，大小均匀即可，然后用开水焯一下，开水中要放些料酒。时间不宜太长，几秒钟后盛出。

（三）锅中放少许油（油量要少，因为鸭子本身很肥会出油），等到油热之后将葱丝、姜丝一并倒入，瞬时煸出香味后将焯好的鸭块直接倒入，翻炒几下之后，将锅中加入酱油、花椒粉、盐、鸡精调味（按照个人口味加调料），几分钟后见鸭子已经流出油，再盛出。

（四）将鸭块皮朝下码放整齐后放入碗中，紧接着将泡好的糯米、红豆沥干水分，同时，放进碗里抹平。

（五）炒鸭子剩下的油和汤汁十分重要，此时要淋到糯米上面，以便糯米吸收油和汤汁的香味。

（六）将糯米等直接放入高压锅里，上阀后再蒸30分钟左右即可。

（七）取出一个大些的盘子，出锅后将糯米等一下反扣到盘中，此时便可以食用了。

八、糯米粽

材料：江米（糯米）、粽叶、五花肉

做法：

（一）把江米（糯米）放入水中浸泡，提前一天泡好为宜。

（二）这里做的是肉粽，因此选用的是五花肉。五花肉煮完后，肥油就会滋到糯米里，香气四溢，而且肉煮久后口感较柴，没有肥腻的感觉。

（三）肉洗好后切成大小均匀的小块，对肉块儿进行腌制，放入酱油、五香粉、蒜粉、料酒、糖、盐少许，腌制大约两个小时。

（四）包粽子的时候，一定要用糯米将肉包起来，这样做的目的是防止肉香外溢，油和香气会被糯米滋住，这样肉夹杂着米香，米又纠缠着肉香，并且江米也会变得更加的绵软。

（五）将粽子放到水中沸煮，时间不能少于2个小时。

九、糯米糕

原料：糯米粉7公斤左右、

粳米粉3公斤、绵白糖1公斤（按照个人口味可适量增加或减少）、冷水3.5公斤、开水适量

制作方法

（一）将糯米粉、粳米粉、绵白糖倒在开口缸里，倒入冷水，并且下手拌和拌透，将搅拌好的面粉一起倒入笼格里，烧旺火蒸，蒸约20分钟。

（二）糕蒸熟之后取出，倒入开口缸里，此时迅速加适量的开水，边揉边用双拳揿压，揉压到面粉团光滑为止。

（三）先在案板上涂一些植物油，将揉好的熟粉团放在上面，用刀将其揿成12厘米左右宽的扁长条，把豆沙馅也搓成长条，塞放在中间，把糯米条两头捏拢，搓成直径约2.3厘米的长条，用刀把两头切平，再将搓好的面条切成长约10厘米的段。

（四）最后涂上糖油，撒上玫瑰花和桂花即可。

十、糯米藕片

原料：大莲藕2500克、糯米1000克，白糖、饴糖（依照个人口味添加）。

制法：将藕去皮洗净，同时，在藕的顶端切开两段，以便向里面灌适量的糯米。将糯米洗干净，浸胀（时间在两个小时以上），然后将藕中灌入糯米，盖上小段，用牙签将糯米刺牢。紧接着，将清水加入锅中，并且放入适量白糖、饴糖，用猛火快速烧开，然后用文火慢煮，宜至藕熟起糖皮即可停止，然后切片装盘淋上糖浆即可。

健康饮食宜与忌

糯米味甘、性温，入脾、胃、肺经，具有很好的养生价值；并且具有补中益气，健脾养胃，止虚汗之功效，一般人群都可以食用。糯米食品适合加热后食用；宜煮稀薄粥服食，不仅营养滋补，且极易消化吸收，对肠胃有很好的滋养作用。

1. 适宜体虚自汗、盗汗、多汗、血虚、头晕眼花、脾虚腹泻之人食用，对这些症状有缓解作用。

2. 适宜肺结核、神经衰弱、病后产后的人食用。

3. 凡是有湿热痰火偏盛症状的人要忌食；如果有发热、咳嗽痰黄、黄疸、腹胀之人也不要食用。

4. 糯米有收涩作用，对尿频、盗汗也有一定的缓解作用。

5. 糖尿病患者要注意食用，尽量不食。

6. 由于糯米极柔黏，吃多了很难消化，因此，脾胃虚弱者不宜多食，对于老人和小孩来讲，也应该慎食。

黑米：寿米墨黑珍珠闪，养身益体汇于碗

 名词解释

黑米是一种药食兼用的大米，不仅仅有食用价值，也有很高的药用价值，它属于糯米类。黑米是通过禾本科植物稻长期培育形成的一类特色品种，粒型不一，一般情况下有籼、粳两种，颗粒的质地分糯性和非糯性两种。颜色

多呈黑色或是黑褐色。黑米外表颜色墨黑，如黑色墨水，因此营养也十分丰富，在大米中有"黑珍珠"和"世界米中之王"的美誉。在我国，很多地方都有种植和生产，最具代表性的有陕西黑米、贵州黑糯米、湖南黑米等。

营养价值

黑米和紫米都是稻米中的珍贵品种，同属于糯米类。

主要营养成分（糙米）：

按占各物质计，含有粗蛋白质 8.5% ～ 12.5%，粗脂肪占据 2.7% ～ 3.8%，碳水化合物 75% ～ 84%，粗灰分 1.7% ～ 2%。黑米富含锰、锌、铜等无机盐，这些含量都比大米高出 1 ～ 3 倍；并且包含了大米所没有的维生素 C、叶绿素、花青素、胡萝卜素及强心甙等特殊成分，这是黑米特有的，用黑米熬制的米粥清香油亮，软糯适口，营养丰富，具有很好的滋补作用，因此它有了"补血米""长寿米"的美称。在中国民间，也有"逢黑必补"的说法。

米乡传说

黑米在我国的种植历史十分悠久，是古老而名贵的水稻品种之一。相传是在距今两千多年前，汉武帝时期，由博望侯张骞最先献给皇帝的。

在每年秋后季节，黑稻一旦成熟登场，每家每户都会煮稀饭来尝鲜。此时，米汤色黑如墨，此汤喝到口里，会散发出一股淡淡的药香，特别爽口合胃。经过长时间的制作与品尝，人们有了吃黑米的丰富经验和方法。于是，人们开始在煮稀饭时将黑米中放入天麻、银耳、百合、冰糖之类的营养品，胜似琼浆玉液，作为待客佳餐。这种黑米粥不仅仅对头晕、目眩、贫血病的症状有显著的疗效，更适合那些容易腰酸膝软、四肢乏力的老人进行食疗。故此，黑米又被称做"药米"，可见它的营养价值的丰富。

后来张骞进入西汉宫廷，曾将黑米作为贡品进献给汉武帝。汉武帝虽然有吃不尽的山珍海味，但是对罕见的黑米却爱如奇宝，每天早晚必食，并赐予宠臣享用，誉为珍贵的"黑珍珠"。朝臣为了讨好皇帝，于是谏言武帝将黑米列为每年的贡米。这自然很合乎武帝的心意，于是，他马上发出御令，让汉中郡每年从民间征收千石专送至京都长安，以供他享用这种美食。

吃黑米注意事项

黑米不是精加工的产物，跟白米不同，它多半在脱壳之后以糙米的形式直接食用，这种口感较粗的黑米最适合用来煮粥，为减少熬煮的时间，应该先在水中浸泡，让其充分吸收水分。泡米用的水不要倒掉，可与米同煮，以保存其中的营养成分。当然，黑米也可以做成点心、汤圆、粽子、面包等。

黑米烹制方法

一、黑米粥

原料：黑米 100 克、红糖（依照个人口味增减）

做法：先将黑米淘洗干净，放入锅内加清水煮粥，要想减少熬煮时间，需要提前浸泡黑米，待粥浓稠时，再放入红糖稍煮片刻即可食用。

二、"三黑"粥

原料：黑米 50 克，黑豆 20 克，黑芝麻 15 克，核桃仁 15 克（依照个人喜好增减）

做法：将所有材料放入锅中，熬制至少半个小时，随后红糖调味即可食用。

功效：经常食用能够起到乌发润肤美容的作用，并且有益补脑，还能起到补血的功效。最适合须发早白、头晕目眩及贫血患者食用。

三、黑米银耳大枣粥

原料：黑米 100 克，银耳 10 克，大枣 10 枚

做法：一同熬粥，熟后加冰糖调味食之。

功效：起到滋阴润肺，滋补脾胃的作用，是四季养生的好选择。

四、黑米莲子粥

原料：黑米 100 克，莲子 20 克

做法：共同煮粥，熟后加入适量的冰糖调味，即可食用。

功效：能滋阴养心，补肾健脾，十分适合孕妇、老人、病后体虚者食用，并且能够起到滋阴养心、补肾健脾的功效。

五、黑米桂花粥

原料：黑米 100 克，红豆 50 克，莲子 30 克，花生 30 克，桂花 20 克，冰糖适量（依照个人口味而定）

做法:

(一)将黑米淘洗干净,在凉水中浸泡6小时左右;淘洗干净红豆,浸泡约1个小时;莲子洗净;花生洗净,沥干备用。

(二)先将黑米、红豆、莲子放入锅中,加入1000克的清水,大火煮沸后换小火慢煮,时间控制在1小时左右;随后加入花生,继续慢煮30分钟左右。

(三)最后加入桂花、冰糖,拌匀,慢煮3分钟,然后大火烧开即可。

六、雪梨糯米香饭

原料:浸泡好的黑米25克,糯米75克

具体做法:

(一)黑米需要浸泡约24小时,白糯米浸泡5个小时左右,将两种米混合,加入米水比例1:1的水。

(二)放入锅中,微波高火加盖煮4分钟,沸腾之后用中火慢煮3分钟。

(三)闻到有米香溢出之后,停火,不要急着打开锅盖,继续焖15分钟,香透,熟透。

(四)取小碗一只,碗底放入一粒黑枣,核桃仁,枸杞各一粒,然后在碗的四周涂上适量的色拉油。

(五)在碗的四周放上切好的雪梨片,再装入黑白糯米,盖上碗盖,微波中火加热4分钟。

(六)倒出盘内即可食用。

七、南瓜黑米粥

原料:南瓜200克、黑米150克、大枣60克(依照个人口味增减)

做法:

将南瓜洗干净,去柄之后切开,随后取出南瓜籽,将南瓜切片。再将黑米、大枣洗净,放入锅中,在锅中加入1000毫升的清水,开火之后用猛火煮沸,随后改用文火慢煮,煮至米烂即可。

八、黑米红豆粥

材料:黑米、红小豆适量、白米少量

做法:把所有的食材混合在一起,并且用清水淘洗干净,然后在锅中加入适量的凉水,大火煮开,煮开10分钟后,用中小火慢慢地熬煮,时间约为一个小时。最后,小火慢慢熬煮一个小时左右即可。在熬粥的过程中,如果

发现粥过于黏稠，未免煳锅则需要加入适量的水。煲好以后，趁热将粥盛到碗里，按照自己的喜好加入适量的白糖。此粥超级营养爽口。

九、黑米薏仁八宝稀饭

材料：黑米1两、薏仁1两、糯米1两、粳米1两、花生仁适量、红枣适量、无芯白莲适量、白芝麻适量（按照个人口味适量增减即可）

做法：先用清水将黑米、薏米、无芯白莲、红枣淘洗干净，再用凉水浸泡开，浸泡时间最少两个小时。随后将它们一同放入锅中，先用水煮开，再放入糯米、粳米、花生仁、白芝麻煮开后改用小火慢炖，粥变为黏稠状，盖好盖再焖一段时间，即成了美味的黑米粥。如果喜欢吃甜的，那么可以按照喜好放入蜂蜜或者是白糖。此粥营养价值很高，是四季进补的佳品。

十、八宝黑米粥

材料：莲米、薏仁、芡实、花仁、桃仁、百合、蜜樱桃、瓜元、红枣

做法：将薏仁、桃仁去皮切丁，瓜元切成均匀的丁，将红枣去核，莲米、薏仁、芡实、花仁、百合用水胀发放好待用；用水将黑米淘洗干净，加入少量的紫糯米放入锅中，加清水适量，大火烧沸，并将八宝料放入锅中，紧接着移到小火上煮约两个小时。煮的时候要用勺不时地进行搅动，未免出现煳锅的现象。等到质浓糯软的时候，将粥中放入压碎的冰糖，等糖溶化后即刻装碗，便可食用。粥色呈现为紫黑色，质地软糯，味美甜香。具有一定滋补食疗的作用，为一种很好的营养食品。

十一、牛奶黑米粥

原料：牛奶250毫升，黑米100克，白糖（依照个人口味而定）

做法：将黑米进行淘洗，干净之后放入锅中，并加入适量的水，放入锅中浸泡3小时左右，然后打开中火，等粥快煮熟的时候，加入适量的牛奶、白糖。每日2次，早晚空腹温热服食，则具有更好的食疗效果。此粥具有养血益气、生津健脾胃的食疗作用，适合产后妇女、病后以及老年人等气血亏虚的人服用。

十二、什锦黑米粥

原料：白米50克，黑米50克，红豆30克，花生20克，干枣数个。将这些原料洗干净之后，放入水中浸泡24小时，祛除枣核。加适量的水一块儿入高压锅内，等到花生也变得软烂即可。

十三、芒果黑米粥

原料：黑米150克，大米50克，芒果300克，酸奶100克，白糖适量

做法：将芒果取肉切成丁块儿，再将芒果核加水煮20分钟左右。此时再将黑米和大米淘洗干净之后，加上芒果水，放锅中用小火慢慢熬煮，到粥变得软糯鲜滑之后，加入适量的糖搅拌均匀出锅。最后将芒果肉撒在粥上，随后淋上酸奶，就可以享用了。

十四、椰香黑米粥

原料：黑糯米200克，冰糖1大匙，椰汁1/2杯

做法：黑糯米淘洗干净之后放冷水中浸泡2小时左右，再取出，稍微沥干水分。放入锅中，再加入3杯水煮开，随后，转小火边煮边进行搅拌，约30分钟后至彻底煮烂，加入冰糖继续煮1~2分钟至彻底溶化，不要立即加入椰汁，等到温度降低之后再放入椰汁。

健康饮食宜与忌

黑米的米粒外部有一坚韧的种皮包裹着，不易被煮烂，故黑米应先进行浸泡，浸泡时间不少于12小时为好。

黑米粥若是不煮烂而食用，会有很多的营养元素无法溶出，影响到营养的吸收。而且多食不烂的粥之后，容易引起急性肠胃炎，儿童与老人应该少食为妙。因此，消化不良的人千万不要吃未煮烂的黑米，大病初愈之人最好不要吃黑米，可以吃紫米来调养。

薏米：去湿消肿世无双，美肌玉体养颜方

名词解释

薏米又被人们称做薏苡仁、苡米、苡仁、土玉米、薏仁、米仁、六谷子等。它不仅具有食用价值，也是一种常用的中药，性味甘淡微寒，具有利水消肿、舒筋除痹、清热排脓、健脾去湿等功效，是人们日常惯用的利水渗湿

药。薏仁具有保健的功效，又是一种美容食品，经常食用能够起到保持人体皮肤光泽细腻，消除粉刺、雀斑、老年斑、妊娠斑、蝴蝶斑的功效，同时，对一些人的脱屑、痤疮、皲裂、皮肤粗糙等都有良好疗效。

营养价值

1. 薏米中含有多种维生素和矿物质，营养十分丰富，并且具有促进新陈代谢和减少胃肠负担的作用，对肠胃功能弱的人来讲是一种很好的食物选择。同时，病中或病后体弱患者可以选择薏米来调理身体。

2. 经常食用薏米食品不仅对慢性肠炎有一定的疗效，而且对消化不良等症也有不错的效果。薏米能够增强肾功能，并能够起到清热利尿的作用，因此对浮肿病人也有一定的疗效。

3. 经过现代对药理的研究证明，薏米有很好的防癌作用，因为薏米中包含了抗癌成分硒元素，因此，能够有效地抑制癌细胞的增殖，可以用于胃癌和子宫颈癌的辅助治疗，可见它的药用价值是很强的。

4. 健康的人也可以经常食用薏米或者薏米产品，这能促使身体轻捷，减少肿瘤的发病概率。

5. 薏米中含有一定量的维生素 E，是一种很好的美容食品，经常食用能够达到保持人体皮肤光亮细腻的作用，同时对消除粉刺、色斑，改善肤色也有一定的帮助作用，并且它对由病毒感染引起的赘疣等病症也有很好的治疗作用。

6. 薏米中含有十分丰富的维生素 B，对防治脚气病也是十分有利的。

历史传说

传说一

薏仁有着悠久的历史，同时也是一味传统的美肌养肤食物，药用价值更是不在话下。它具有保养皮肤的作用，因此，颇受医家和女性的青睐。尤其是现代对这种食物的认识度越来越高，所以它更是受到人们的欢迎。

相传古代有一位长了赘疣的妇女，因为长了这种病，所以看起来很丑陋。她每天都要给自己当郎中的丈夫制造苡仁酒（薏仁、白酒），因闻着酒的香甜，便每次酿成之后都会偷偷品尝此酒。天长日久，丈夫发现她不仅颈部的赘疣不知不觉中消失了，就连脸上的皱纹也没有了，变得十分的年轻，皮肤也充满光泽。后来苡仁酒有美容作用的传说一直流传至今。

传说二

还有一个传说，据说在古代，有一位富翁家的千金小姐，不知道何因，皮肤暗淡并且没有一点弹性，粗糙得像海桐皮似的，根本不像是她那个年龄应该有的皮肤。为了让自己的女儿皮肤变好，富翁带着女儿多方医治，终还是毫无功效。小姐到了 24 岁了，还是没有人上门提亲，员外心急如焚。一次，无意间听说用苡仁煮粥，长时间服用能够治疗这种疾病，于是，便每日早中晚都选用 50 克左右的苡仁煮粥，平时用 100 克净苡仁米煎水给自己的女儿当茶来饮用。半年之后，小姐的皮肤竟然变得光滑如珠，十分细腻，光彩照人。

吃薏米注意事项

1. 生薏米煮汤之后服食，则能够达到去湿除风的作用；而要想健脾益胃、治脾虚泄泻则需要将生薏米炒熟食用。

2. 薏米用作粮食来食用，不仅能够煮粥、做汤，在夏秋季节的时候还可以和冬瓜一起煮汤，既可佐餐食用，又能起到清暑利湿的作用。

3. 如果想要达到保持皮肤光泽细腻，或者是消除粉刺、雀斑、老年斑、妊娠斑、蝴蝶斑的作用，那么可以在沸腾的鲜奶中加入适量薏仁粉来食用，搅拌均匀之后经常食用。

4. 薏仁比较硬，较难煮熟，所以在煮之前最好是以温水浸泡 2~3 小时，让薏米充分吸收水分之后再煮，这样可以减少熬制的时间。

薏米烹制法

一、薏米冬瓜排骨汤

中国台湾艺人大 S 曾经提到过每天早餐后喝一杯薏米水，这样做不但能够排出身体中的多余水分，慢慢地脸会变小，还能够起到美白的功效，从而让皮肤变得水润透亮、光泽迷人。而冬瓜中富含的微量元素也能够让肌肤变得水润亮白。

材料：薏米 30 克、排骨 250 克、冬瓜 300 克、香菇数朵、盐适量、鸡精适量、姜一片即可。

做法：在瓦煲内盛适量的水，并将薏米、排骨冲洗干净，将冬菇提前泡

好，随后将薏米和排骨一起放入锅中，开大火，猛将水烧开，撇去表面的浮沫。然后，放入冬瓜、姜，盖上煲盖，等到锅中的水开后，调至小火，再煲 50 分钟左右即可，最后再加入盐和鸡精调味。

二、薏米枸杞粥

主料：薏米 200 克

配料：枸杞 10 克、糯米 50 克、糖 15 克（可以根据个人口味增减）

做法：

（一）将薏米和糯米洗干净之后，再用冷水浸泡 3 小时以上。

（二）枸杞提前洗净泡发。

（三）将泡好的薏米和糯米同时放入锅内，将锅内加满水，用大火烧开后，用勺子慢慢搅动，防止薏米和糯米煳锅，再用小火煲 1 个小时左右，最后 10 分钟放入适量的糖和枸杞。

三、扁豆薏米炖鸡爪

特色：健脾去湿，舒筋活络

原料：扁豆 2 克、薏米 2 克、鸡爪 50 克、姜 1 片、食盐适量等

制作：

（一）鸡爪在放入汤中之前要先过一下热水。

（二）随后将扁豆、薏米、鸡爪、姜片一起放进锅内，待煮好后加入适量食盐进行调味，便可食用。

四、薏米百合粥

材料：薏苡仁 30 克、百合 6 克、水适量

制法：薏仁、百合淘洗干净，然后在温水中浸泡 20 分钟左右，再加足适量水，用大火煮沸腾，改为小火慢煮，直到薏米开花，薏米汤逐渐变得浓稠即可。

用法：每天早晚空腹食用，如果喜欢甜食，可以加入适量的糖或者蜂蜜。

说明：此粥主要原料是薏仁，按照个人口味安排放置百合的数量。此粥既有独特的口感，又具有食疗作用。它具有很强的补益润泽养颜的美容效果，深受女性的喜爱。

五、木瓜薏米玉竹汤

材料：木瓜 500 克，生熟薏米 150 克，玉竹 150 克，淮山 150 克，炖肉 3

块，水 10 碗

做法：木瓜去皮之后切成块，随后将材料洗干净，放入煲内，水滚转慢火煲炖 2 小时左右，最后，加入适量的盐即可食用。

功效：木瓜中富含蛋白质，可以分解脂肪，配合生熟薏米等材料后，则利水去湿防暑，滋润中气，并且还能够健脾益胃，润肠利便，能够达到滋养皮肤、治疗湿疹的作用。

健康饮食宜与忌

1. 如果长期食用薏仁，对于身体冷虚，虚寒体制的人来讲会造成不适，所以怀孕妇女及正值经期的妇女应该避免食用薏米。

2. 薏仁的黏稠度较高，因为其富含糖类较多，所以应该适量食用，吃太多可能会妨碍消化。

3. 薏仁虽然有降低血脂及血糖的作用，但毕竟只是一种保健食品，千万不要当药品来食用。尤其是有高血脂症状的患者，还是要遵循医嘱。

高粱米：成熟之日红似火，一把红米味美香

名词解释

高粱米是高粱碾去表面硬皮，经过粗加工之后的颗粒状成品粮，属于粗粮。高粱又被称为红粮、蜀黍，古代称其为蜀秫。现在主要种植区域集中在东北地区、内蒙古东部以及西南地区丘陵山地，这些地区的环境适合高粱的生长。按其性质划分，可以分为粳性和糯性两种，粒质也可分为硬质和软质两种。籽粒色泽不一，有黄色、红色、黑色、白色或灰白色、淡褐色几种。高粱不仅可以食用，还可以用来酿酒，比如中国的名酒如茅台、五粮液、泸州老窖、汾酒等都以红高粱为主要原料酿制而成的。

营养价值

高粱不仅可以食用，还有一定的药效，对脾胃有一定的帮助作用，同时还有消积、温中、涩肠胃、止霍乱的功效。高粱中含有一种具有收敛作用的元素——单宁，因此，患有慢性腹泻的病人可以经常食用高粱米粥，但是如果大便燥结的人应该少食或不食高粱。高粱不仅可以直接食用，还可以制糖、制酒。高粱上下都是宝，根部也是不错的药材，对于平喘、利尿、止血都有很好的功效。它的茎秆可以用来榨汁熬糖，农民叫它"甜秫秸"。

历史传说

传说中，发明酒的人名叫杜康。他开始是一名长工，在当长工的时候，偶然把高粱米饭放在树洞中，因为工作的原因竟然忘记了。时间久了，那高粱米竟然发酵成了酒，所以开始名叫"久"，后来才有"酒"字。

相传明朝年间，浏阳河畔天马山脚下，打江西来了一对讨饭的父女。两人穷困潦倒在浏阳讨饭时有一年之多。后来，讨饭的姑娘李霞秀和天马山下一户做水酒买卖、名叫王发子的后生结了婚，生活总算有了点着落。

一天，从浙江来了个卖夏布的生意人，由于路上口渴，向李霞秀买了三大碗水酒。在喝酒中，李霞秀从生意人口中打听到，自己的母亲因被大水冲散后，已经流落到了浙江绍兴，也寄居在一个做酒的人家里。于是，王发子夫妻俩便跟着生意人一起到了浙江绍兴，找到了李霞秀的娘。

母女见面，真是又悲又喜。酒师傅见王发子夫妻来了，便办酒菜招待他们。王发子平日在家里喝水酒，一连喝三大碗也没有醉意，可在这里只喝了三小碗，便醉得迷迷糊糊。酒醒后，他便好奇问酒师傅："这叫什么酒？"师傅回答说："这叫加饭酒。"并将制酒的工序和酒药子的配方一五一十地向他作了介绍。

回到家后，夫妻俩便改做加饭酒。由于浏阳河里的水又清又甜，同样的做法，做出来的加饭酒清澈透亮、又香又甜，酒味也更加纯正浓厚。于是时间一长，人们便将那里的加饭酒改名为浏阳白酒。第二年，浏阳遭了一场洪灾，沿河两岸的禾苗被冲洗，百姓只好抢种高粱。冬天，王发子买不到谷，只好改用高粱米来蒸酒，没想到酿出来的酒别有一番风味，于是"浏阳高粱酒"问世，且成为了久负盛名的美酒佳酿。至今，民间还流传着这样几句歌谣："江西女子浏阳郎，浙江药子蒸高粱。浏阳河水甜又亮，蒸出美酒百里香。"

吃高粱米注意事项

高粱中富含脂肪及铁，籽粒更是含有丹宁，而这种物质多是存在于种皮和果皮中。丹宁有淡淡的涩味，这种物质会妨碍人体对食物的消化和吸收，很容易引起便秘现象。因此，为了消除丹宁对人体的不良影响，在碾制高粱米的时候，应该尽量将皮层祛除干净。食用时，可通过水浸泡及煮沸，以改善口味和减轻对人体的影响。

高粱米烹制法

一、高粱粥

原料：

桑螵蛸 20 克，高粱米 80 克左右

制作：

将桑螵蛸用清水煎熬 3 次，每次的时间不易过长，过滤后收集液汁 500毫升左右，随后，将高粱米淘洗干净，放入锅内，将桑螵蛸的汁倒入锅中，开大火煮沸，然后熬成粥，至高粱米煮烂即成。

用法：

每日 2 次，早晚温热服用。

功效：

健脾补肾，止遗尿。对肾气不足，营养失调，小儿遗尿，小便频数有很好的功效。

二、高粱煎豆包

原料：高粱面 5 杯，小豆 2 杯，盐 1 大勺，白糖约 1/2 杯，油约 1/2 杯。

制作：

（一）将小豆熬煮好后捣碎，熬煮时间要长，这样才能够方便捣碎，加适量白糖做馅。

（二）把 4 杯高粱面加 1/2 杯热水搅拌均匀，捏成扁圆形。

（三）在平锅里放少许油，并将扁圆形的馅儿黏在高粱面里，放锅中慢煎。

（四）吃的时候撒上适量白糖即可。

三、高粱适合做点心

高粱米不管是做粥还是做饭，因为颗粒较大，都显得略粗糙了一些，但是如果将高粱米磨成面粉做成点心，则会变得细腻而营养，会更受人们的喜爱。

高粱米最适合做一种叫高粱粑的点心，这种点心的制作方法是将高粱米磨成粉后加入泡打粉、白糖、鸡蛋和适量水调到黏稠，这些作料可以按照个人口味适当增减，然后揉成面团，把高粱面柔和均匀，在锅中按平蒸熟，随后，下油锅稍微炸，最后撒上芝麻即可食用。

高粱粑具有一定的黏度，因此对于一些胃肠功能略差的人来说不好消化，可以尝试做一些高粱羹，比如可以在做银耳羹或者玉米羹的时候放上一点点高粱，这样不仅口感更好，营养也会更加的丰富。

健康饮食宜与忌

1. 高粱米对于一般人来讲，是都可以食用的。

2. 小儿消化不良的时候可以食用；同时，适合脾胃气虚、腹泻等人食用。肺结核病人也可以食用。

3. 高粱含糖量高，所以糖尿病患者应禁食高粱；大便燥结以及便秘的人也应少食或不食高粱。

全麦：粗糙质感多营养，细嚼慢咽品精良

名词解释

生活中，经常会听到人们说"全麦食品"，其实"全麦食品"也就是指用没有去掉麸皮的麦类磨成面粉所做的食物。这种粗做食品的方法，有一定的好处，因为它比我们一般吃的富强粉等去掉了麸皮的精制面粉营养价值更

高,虽然颜色黑了一些,口感也较粗糙,但这种面粉中保留了麸皮中的大量维生素、矿物质、纤维素,因此营养价值更高,也逐渐受到了人们的追捧。

营养价值

全麦面粉有"糖尿病人的专用面粉"之称。

1. 全麦面粉是水溶性膳食纤维的天然来源,能够起到降低胆固醇的作用,并且还可以控制血糖量。

2. 全麦面粉不含有脂肪,热量也很低,富含丰富的复合碳水化合物。

3. 含有大量的 B 族维生素、维生素 E、钾、硒和铁等元素。食用全麦面粉能够保持身材苗条。

4. 含的 B 族维生素不仅对脚气病有一定的预防作用,对癞皮病及各种皮肤病均有一定的食疗效果。

麦乡传说

在远古的时候,麦子并不是一株上面结一个穗,而是一株上结着一大串的麦穗,每个穗上都长的是不一样的庄稼。比如说玉米啊,高粱啊,大豆啊都是一株结一大串。在那个时候,每到收获季节,能够收获的粮食有很多,人们吃都吃不完,一年四季根本不用担心粮食会吃完。

但人们并不珍惜粮食,随意糟蹋浪费。这些事情正好被一个天上的神仙看见了。这位神仙很生气,心想上天赐予人类这么多的粮食不是用来浪费的,这样糟蹋粮食,就是无视上天的眷顾。于是,神仙想了一个办法,他就用手把麦穗捋掉了,一株上就剩下一穗。神仙没有忘记还有其他的作物,他将完了麦子,他又去捋玉米,捋高粱……直到捋荞麦时,神仙的手不小心被捋破了,血淌了下来,染红了荞麦。这个时候,因为他的手特别疼,所以没有办法再捋下去,这才肯停手。从此,荞麦就变成了红色,也只有荞麦才会一株上结着一串,而麦子、玉米、高粱都变成一株结一个穗了。

全麦烹制法

一、全麦馒头

材料:全麦面粉 1000 克,干酵母粉 3 克,水 700 毫升

做法：

（一）将全麦面粉和酵粉拌匀，加水揉面，尽量揉至均匀。

（二）将揉好的面放置 2 小时，放置时间内要将面上盖上一层布，以免水分流失。

（三）随后把发好的面做成一个个小圆团，放进蒸笼，每个面团之间都要有间隙，用凉水蒸，从水沸后算起，再蒸 30 分钟左右即可。

二、全麦面饺子

材料：用全麦面粉 500 克，水适量，香芹 100 克左右，香菇 20 克左右，豆腐 50 克，胡萝卜 20 克，盐适量，玫瑰香料 3 克（按照自己口味添加），花生粉 10 克左右。

做法：

（一）将全麦面粉加入适量的水搓成软面团来备用。

（二）将香芹、豆腐、胡萝卜洗净切丁，加入盐等其他配料搅拌均匀。

（三）再将面团搓成长条，随后再切成小的面团。面团要撒上薄面，以免相互沾黏。再用面杖把小团擀成圆皮，随后将拌好的菜馅包在饺子皮里即可。

（四）锅中加入适量的水，水开后再将水饺放进水中，大火将水烧开，随后倒入饺子。等锅开后三次点入凉水，饺子就熟了。

三、全麦面猫耳朵

材料：全麦面粉，西红柿，黄瓜，豆腐，青蚕豆，胡椒粉，香油

做法：

（一）将凉水倒入全麦面粉中，和得稍微硬些，随后擀成面饼，将其切成条，再切成丁。

（二）用大拇指把小面丁按一下，再在案板上搓一下，让面两边卷起，这是为了形成像猫耳朵一样的形状。

（三）西红柿、黄瓜、豆腐切好以后备用。用菜是比较随意的，你可以将菜换成你喜欢吃的。

（四）在炒锅中点火倒入油，油热之后将西红柿倒进锅中，进行翻炒，再加适量的盐、酱油，稍炖一会儿，待西红柿逼出浓汁之后，再将豆腐翻炒一下。将锅里倒入开水、猫耳朵，搅拌均匀。等到猫耳朵全部漂起来的时候就熟了。放入切好的黄瓜片，最后关火，加胡椒粉和香油即可食用。

健康饮食宜与忌

（一）适合老年人食用，可降低胆固醇，并且能够有效地预防动脉硬化、脂肪肝、脑梗塞、心肌梗死等病症。

（二）对儿童的成长也是有好处的，可以补充各种微量元素，健全消化系统。

（三）因为其脂肪低、富含纤维素、促进消化的优点，十分适合肥胖人群食用。

（四）全麦面粉富含 B 族维生素，因此，对脚气病、癞皮病及各种皮肤病均有一定的预防和食疗效果。

黑芝麻：滋阴补肾为上品，扑鼻而来芝麻香

名词解释

黑芝麻属于胡麻科芝麻的黑色种子，形状是扁卵圆形，长仅约 3 毫米，宽 2 毫米，可见其颗粒很小。表面呈现为黑色，平滑有光泽，并且有网状细纹。经过详细观察可以看到在黑芝麻的尖端有棕色的点状种脐。种子皮薄，有两个子叶，白色，富油性。香气微小，味甜，有油香气。其中含有大量的脂肪和蛋白质，除此之外，还有糖类、维生素 A、维生素 E、卵磷脂、钙、铁、铬等营养成分。黑芝麻不仅可用来榨油，还可以做成各种美味的食品，一般人都可以食用。

营养价值

黑芝麻虽然个头很小，但是却富含了很多种人体必需的氨基酸，比如在维生素 E 和维生素 B_1 的作用参与下，能够加速人体的新陈代谢；同时，黑芝麻富含铁和维生素 E，因此对于预防贫血、活化脑细胞、消除血管胆固醇具有一定的作用；黑芝麻富含脂肪，这种脂肪为不饱和脂肪酸，具有延年益寿

的作用。

黑芝麻不仅具有补肝肾、润五脏、益气力、长肌肉、填脑髓的作用，还可以用于肝肾精血不足所致的眩晕、须发早白、脱发等一系列症状的治疗。因此，当人们出现腰膝酸软、四肢乏力、步履艰难、五脏虚损、皮燥发枯、肠燥便秘等病症的时候，往往会选择黑芝麻。黑芝麻在乌发养颜方面也有一定的功效。

黑芝麻传说

芝麻，自古被誉为"仙家食品"，有着许多美丽的传说和赞誉。

相传汉明帝时，浙江郯县人刘晨、阮肇二人到天台山采药迷路，遇到了两个仙女，仙女邀他们到家中用胡麻当饭招待。他俩因此返老还童，得道成仙，半年后返回老家时，老家已景物全非，子孙繁衍到了七代。"一饭胡麻几度春"成为后世传颂的佳话。这当然只是传说，但芝麻确有良好的医疗保健作用，其健身延年的作用不可小觑。

吃黑芝麻注意事项

在黑芝麻买回来的时候，里面可能会有些杂质。如果这个时候用得比较着急，那么往往会比较麻烦。另外，在平时炒菜的时候，也经常会用到黑芝麻，为了预防掉发，吃一些黑芝麻也是有帮助的。

做法：

1. 对黑（白）芝麻进行精心挑选，拣去杂质。

2. 用清水洗一下。

3. 过滤干水分。

4. 将其放入平底锅，并运用小火炒干。

5. 炒好的黑（白）芝麻晾凉之后，放瓶子中保存。

小贴士

1. 炒芝麻的时候，一定要用小火，不然会炒焦。

2. 芝麻慢慢地跳起来时，不断搅拌，再过一两分钟就可以了。

3. 白芝麻是否炒好或者均匀，是比较容易看出来的，只要芝麻表面发黄就可以了。在翻炒的时候,会有一股很浓的香气。

4. 黑芝麻在炒的时候是不容易辨别是否炒好的,因为其表面是黑的。但是,可以用手捏一两粒芝麻。能够轻轻地捏开,凑近细闻还会有香味溢出就可以了。

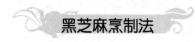

黑芝麻烹制法

一、芝麻蜜糕

材料:用黑芝麻 100 克左右,蜂蜜 150 克,玉米粉约 200 克,白面 500克,鸡蛋 2 个,发酵粉 1.5 克

做法:先将黑芝麻在锅中炒香研碎,然后和玉米粉、蜂蜜、面粉、蛋液、发酵粉混合均匀,再倒入清水和成面团,保持在 35℃左右发酵处理,时间约为 1.5 ~ 2 个小时。随后拿出面团放到炉上蒸 20 分钟左右即熟。

功效:这种食物具有健胃、保肝、促进红细胞生长的作用。

二、黑芝麻桑葚糊

材料:黑芝麻适量、桑葚各 60 克,大米 30 克,白糖 10 克。

做法:将大米、黑芝麻、桑葚分别淘洗干净,同时放入石钵中捣烂,紧接着在沙锅内倒入三碗清水,煮沸后再加入白糖,随后再将捣烂的米浆缓缓调入。这样慢慢炖煮,最后成为糊状即可食用。

功效:此糊有补肝益肾、滋润五脏、祛除风湿、清减虚火的作用。经常服用此糊可治病也可治虚羸,同时对须发早白、虚风眩晕等症也有一定的帮助治疗。

三、芝麻核桃粥

材料:用黑芝麻 50 克,核桃仁 100 克

制作:一齐捣碎,加入适量的大米和水煮成粥。

功效:此粥具有补肝肾的作用,并且对继发性脑萎缩症有食疗作用。

四、芝麻木耳茶

材料:生黑木耳、炒焦黑木耳各 30 克左右,炒香的黑芝麻 15 克左右

制作:将材料中所有的材料都一起研末,装入瓶中备用。每次食用的时候取出 5 克左右,沸水冲代茶饮。

功效:此茶能起到凉血止血的作用,对血热便血、痢疾下血的症状有食

疗作用。

五、芝麻杏仁蜜

材料：炒香研末的黑芝麻 500 克，捣烂成泥甜杏仁约 100 克，白糖、蜂蜜各 125 克（按照个人口味可调整）

制作：将以上食材一起放到瓷盆内，上锅后隔水蒸约 2 个小时，关火后冷却。每日服用 2 次，每次 2 ~ 4 匙，温开水配服。

功效：能起到补肝益肾、润肺止咳的功效，并且是支气管哮喘病人的食疗方法之一，并能够起到一定的防癌作用。

六、芝麻五味葛根露

材料：葛根约 250 克，五味子 125 克，将两者共同放入锅内水煎 2 次，将浮渣取出，取出汁，炒香的黑芝麻、蜂蜜各 250 克

制作：将以上食材共同放入瓷盆内，加上盖子，隔水蒸 2 个小时左右，关掉火，冷却之后才可装瓶。每日可以服用 3 次，每次服 1 匙即可。

功效：有补肾养心、凉血止血、润燥生津的功效。血热、津枯、便秘的动脉硬化患者常食有益。

七、黑芝麻枣粥

材料：粳米 500 克，黑芝麻、红枣适量

制作：将黑芝麻炒香之后碾成粉，成为黑芝麻粉。再将锅内的清水大火烧热后，将粳米、黑芝麻粉、红枣一同放入锅中，可以先用大火烧沸后，再改用小火熬煮成粥，食用时加入糖进行调味即可。

功效：芳香扑鼻，甜润可口，具有补肝肾、乌发等食疗效果。

八、黑芝麻玉米面粉糕

原料：黑芝麻约 60 克，蜂蜜 90 克（依照个人口味可作调整），玉米粉约 120 克，白面 50 克，鸡蛋 2 个，发酵粉 15 克

制作：先将黑芝麻炒香后进行研粉，再将玉米粉、蜂蜜、面粉、蛋液、发酵粉倒入器皿内，加入水和成面团，以 35℃保温发酵 2 小时左右，最后上屉蒸 20 分钟左右即熟。

功效：《本草纲目》中写道："服黑芝麻百日能除一切痼疾。一年身面光泽不饥，二年白发返黑，三年齿落更出。"黑芝麻中富含的维生素 E 占据植物性食品的首位，而维生素 E 能促进细胞分裂，起到推迟细胞衰老的作用，长

时间食用，可起到抗衰老和延年益寿的作用。据科学家实验表明，维生素 E 可使实验动物的寿命延长 15% ~ 75% 。

健康饮食宜与忌

1. 对肝肾不足所致的眩晕、眼花、腰酸腿软、发枯发落、头发早白的症状有一定食疗价值；

2. 适宜妇女产后乳汁缺乏者食用；

3. 适宜大病初愈身体虚弱、贫血之人服用，或者是高脂血症、高血压病、老年哮喘、肺结核，以及荨麻疹、习惯性便秘的人长久食用；

4. 同时对糖尿病、血小板减少性紫癜、慢性神经炎、末梢神经麻痹、痔疮等症状有一定的治疗作用；

5. 慢性肠炎、便溏腹泻的人忌食。

白面粉：质地细腻有嚼劲，朝思暮想面条汤

名词解释

面粉是一种由小麦进行加工磨成的粉末，质地细腻。按面粉中蛋白质含量的多少，又可以把面粉进行细分，分为高筋面粉、低筋面粉及无筋面粉 3 种。面粉是中国北方大部分地区的主食原料。以面粉制成的食物品种也是比较繁多的，花样百出，风味迥异。

营养价值

面粉中富含丰富的营养成分，比如蛋白质、碳水化合物、维生素和钙、铁、磷、钾、镁等矿物质，这些营养成分就保证了面粉具有养心益肾、健脾厚肠、除热止渴的一系列的功效。并且，面粉的成分主要是淀粉、蛋白质和水（12% ~ 14%），其中蛋白质的含量最高达到 13%。面粉中所含的蛋白质与其他谷物含有的蛋白质有所不同，面粉中的蛋白质主要是麦胶蛋白和麦谷

蛋白。这两种蛋白有一定的吸水性，当加水后，麦胶蛋白和麦谷蛋白吸水后，会形成一个网状结构。正由于这种网状式的结构，才让它支撑起了面团，所以面粉可以用来做面包和馒头，不管是经过烘烤还是经过热蒸，出来之后都能够保持形状不变。而比如常见到的米粉做出来的汤圆，煮出来后就很容易出现坍塌的情形，很难撑得住。麦胶和麦谷一个是体现面团的延展性，一个体现面团的弹性。

面粉童话

面粉很想把自己变成面团，因为当面粉有很多的不方便，比如风轻轻地一吹就会四处乱飘，飞得到处都是。可是它并不知道怎么才能够变成面团，于是只好去问朋友们。

它先是跑到小熊家问小熊。小熊说："我不知道呀，也没听说过，我只吃鱼。"

它无奈又跑到小兔家问小兔子。小白兔说："我也不知道呀，我只吃胡萝卜。"面粉心想动物们似乎都不知道，那么看来我只能去问食物们了。

它来到水饺家，水饺听了面粉的话之后，笑着说："这个很简单啊，你去洗个澡，再转一圈就行了。"

面粉不明白这到底是怎么回事，便又去问馒头。馒头没好气地说："很简单啊，洗个澡，再转一圈。"

面粉听到馒头的话之后还是不明白，又赶着去问包子。包子也说出了同样的话："很简单啊，洗个澡，再转一圈。"

面粉依然是满头雾水，不知所措，便又去问花卷。花卷还是说同样的话，它们好像是商量好的似的："很简单啊，洗个澡，再转一圈。"

面粉越来越糊涂了："它们说的都是完全一样的，可到底是什么意思呢？"

这个时候，面粉走得已经是筋疲力尽，便坐在路边的石头上发起呆来，它还在回想着朋友们的话。

忽然，天空飘了一朵云彩过来，紧跟着就下起了雨，雨点打在了面粉身上。面粉心想，正好可以借助雨水洗个澡，试一试大家说的办法。

等到面粉觉得身上都湿透了，它就按照它们说的开始转圈圈。可是根本没转几下，就感觉自己动不了了，然后便一屁股坐在了地上。随后，它便低下头一看，呀，自己真的已经变成了面团！原来，朋友们所说的一点都没错啊！

吃面注意事项

1. 在生活中，人们经常会吃包子、饺子，而包子、饺子、馄饨都是以面粉来做皮的，辅以各种馅料制成的特色食品，这些食品美味可口。包子的外皮松软并且有很强的弹性，口味也鲜美；而饺子几乎含有人体所需的各种营养，再搭配各种馅儿，更是十分的可口；馄饨皮薄并且爽滑。三者因为馅料、烹饪方法的不同，营养成分的差异也是比较大的，但总的来说，三种食物的总体营养成分搭配得比较合理，都属于"完美的金字塔食品"。

2. 面粉具有一定的特殊性，比如存放时间适当长些的面粉要比新磨的面粉的品质好一些，民间有"麦吃陈，米吃新"的传统说法。面粉与大米搭配着吃也是最好的。

面粉烹制法

一、白面馒头

1. 酵母用温水溶化开，倒入面粉和成软硬适中的面团；

2. 盖上保鲜膜，并且发酵到两倍大的时候就可以了；

3. 挤出里面藏着的空气，加一些干面粉，揉匀成稍硬点的面团，揉搓均匀需要一定的时间；

4. 分成大小均匀的若干块，整成长条，然后用刀切成均匀的小段，揉成馒头；

5. 放置到温暖湿润处发酵 20 分钟左右；

6. 再将凉水上锅，中火，20 分钟。关火焖 2 分钟左右，即可出锅。

二、面条

（一）最简单的拌面

做法：将锅中放入多一点的凉水，然后烧开。在碗里放适当的生抽、麻油、胡椒、味精、香葱末（可按照个人口味放置）。

水开下面。少许工夫之后，将面捞出。面要硬一点，最后放在碗里进行搅拌。如果面是碱水面，这时可以加一点上好的醋作为调料。

当然，顺序的先后也会影响到面的味道。如果加上一点上好的榨菜丁、芝麻酱或花生酱，味道也是很好的。

（二）炒面

材料：小白菜、肉丝、香菇丝（用量按照自己口味即可）

做法：

1. 将面放入开水中，盖锅盖进行煮沸。如果要吃硬一点的面，那么无须多长时间，三分钟即可。

2. 将面捞出，放入冷水中，瞬间捞出，沥干水分。

3. 大火过后，先炒肉丝。炒熟之后，加入白菜。等到白菜变色，再加香菇，翻炒几下，再放入面条。进行翻炒，均匀搅拌所加入的作料。改为中火，加少许盐、胡椒、少许味精，再改小火，一手拿锅铲炒，一手拿双筷子把面条抖松，面条和作料尽量拌匀。

（三）最简单的凉（拌）面

做法：

将水烧开，同时要多放一些水。

再用浅口的不锈钢锅，加上麻油，以备使用。将碗里倒入生抽、胡椒、味精、香葱末等调料，然后烧开水，少许硬一点。放在有麻油的锅里进行拌匀，随后要晾凉，边晾边拌，使其冷却均匀。

然后，放在碗里一拌。如果属于碱水面，这时可以加上一点上好的醋来搅拌。

（四）西红柿鸡蛋打卤面

西红柿鸡蛋卤的做法是比较简单的，先把洗净的西红柿去蒂后切成大小均匀的块，鸡蛋打碎之后搅拌搅匀备用。在锅中放入少量油，烧热油锅，先炒鸡蛋，成形后捞出，余油要留在锅里，放入葱花进行煸炒，把西红柿全部倒入锅中，进行必要的翻炒。加入鸡蛋进行混合，添水后略煮一小会儿，待通红的汤汁烧开之后，直接往锅中加盐加味精然后起锅。

面条放入开锅中大火煮开，然后中火慢煮几分钟即可。只是在煮的过程中要记得略放一点盐，捞出来后再放在凉开水里浸冷。

（五）扁豆焖面做法

主料：豆角1斤左右，清洗干净，然后切成段，猪肉3两，可根据个人喜好增减，随后切成肉片，加入适量的盐、酱油。腌制几分钟。

细面条1斤，如果面条过长，适当地切几刀即可。

作料:油,酱油,盐,鸡精

1. 选用手擀面

2. 面条要先揪得短一些,方便煮熟。先放蒸锅隔水蒸到 8 成熟,观看面条的实际情况,如果是软面条那么就要求 8 成熟,硬面条的话就要多蒸一会儿,关键是注意不要粘在一起。

3. 边蒸面条的时候边把豆角切成丝,当然也可掰成 2 ~ 3 厘米长的段段。随后,把肉切成丝,用酱油搅拌一下。爱吃菜的就要多准备一些豆角了。

4. 锅中放油,烧热,下蒜蓉炒出香味儿,再下肉进行翻炒并变色。随后,下豆角翻炒会发现豆角变绿。这时面也蒸得几乎差不多了,拿出来再放到豆角上,放入少许的盐,放点酱油,盖锅盖。

5. 时时打开锅盖翻炒,注意千万不要煳锅,豆角熟了再放够盐,出锅前放点鸡精或味精。

6. 因为面在翻炒之前差不多就已经熟了,所以只要保证豆角熟了就可以了。

（六）武汉热干面

热干面与山西的刀削面、两广伊府面、四川担担面、北方炸酱面并称为我国五大名面。它的味道既不同于凉面,又不同于汤面,制作的方法看似简单,但是制作出来的面却是味道鲜美,深受人们的喜爱。

选料:花生酱,意大利面,葱,姜,蒜,辣椒面,泡辣椒,酱油（适量）

制法:

1. 先将面条煮熟。

2. 将葱、姜、蒜、辣椒面、泡辣椒、酱油都切好,备用。

3. 在锅里放入适当的油,并将花生酱倒入锅中化开,随后放入已经煮好的面条上,搅拌均匀。

4. 在锅中加入油,烧热,然后将热油浇在备好的葱、姜、蒜、辣椒面、泡辣椒、酱油上。

5. 将所有的材料都进行搅拌,直到搅拌均匀即可食用。

6. 特点:上口时香气扑鼻,耐嚼有味。

（七）十分适合中国人吃的意大利面

原料:意大利 7 号通心面、洋葱一个、柿子椒、虾、鱿鱼、番茄酱、盐（依照个人口味增减）

制作：

1. 先将意大利面放入锅中，随后用盐水煮 12～14 分钟左右，此时，并将鱿鱼在开水中过一下，洋葱用肉末炒香。

2. 加柿子椒、虾、鱿鱼、番茄酱、盐拌入煮好的意大利面。搅拌均匀即可食用。

（八）家常炒面的做法

原料：面条、火腿、香菇、油菜、洋葱、鸡蛋

调料：盐、味精、酱油、辣酱

制作：

1. 将洋葱、火腿、香菇分别切成大小均匀的丁，面条煮熟后捞出过凉水备用。

2. 坐锅，开大火，倒油，油热后，放入洋葱煸香，依次加入香菇、火腿、油菜进行翻炒，加入适量的盐炒匀。随后将面条放入翻炒均匀的锅中，加入酱油、辣酱、盐进行调味。最后放入鸡蛋进行炒熟，调入味精出锅即可食用。

健康饮食宜与忌

1. 精白面粉中缺乏膳食纤维等营养成分，所以长期食用可能会影响人体的胃肠功能并造成营养不良；

2. 湿热病的人忌食面条。

荞麦面：荞麦烹制源东洋，餐食美味饭桌上

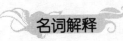

名词解释

荞麦面本是一种日式食物，与我国的饸饹一样，多是用荞麦面粉加入水之后，和成面团压平后切制成的细面条，煮熟食用。七成荞麦面粉和三成小麦面粉混合而制的叫"七割荞麦"，口感较滑嫩。只用荞麦面的叫"十割荞麦"或"生荞麦"，香味较强。

营养成分

荞麦面富含淀粉和蛋白质,其中淀粉含量达到 70% ,蛋白质的含量最高可达 13% ,并且,在蛋白质中,氨基酸组成也是比较平衡的,赖氨酸、苏氨酸的含量都是比较丰富的。荞麦面的脂肪量达到了 3% ,其中对人体有益的汕酸、亚油酸含量也很高。

通过专家的研究发现,汕酸、亚油酸这两种脂肪酸对降低人体的血脂有着很重要的作用,同时它又是一种重要激素,即前列腺素的重要组成部分。在荞麦面中,富含的维生素 D_1 、B_2 则是小麦粉的 3 ~ 20 倍,也是其他的谷物所不曾具备的。荞麦面的最大营养特点是含有大量烟酸和芦丁,这是其他谷物不曾具备的。这两种物质同时还有降低血脂和血清胆固醇的作用,并且对高血压和心脏病都有重要的防治作用,也是今天治疗心血管病的良药。荞麦面还含有比较多的矿物质,比如磷、铁、镁,这些物质对于维持人体心血管系统和造血系统的正常生理功能具有十分重要的意义。

历史传说

根据相关资料的记载,首次在历史文献里出现荞麦面并不是在中国,而是在日本的江户时代初期。它的原产地是日本的长野县。在那里的户隐村流传着天照大御神的传说故事。每年都会有来自全国各地的香客到此来膜拜。户隐的寺庙会为这些远道而来的人提供食宿,而这些人吃的就是「荞麦切り」。当时的「荞麦切り」只是用来招待贵客的。而户隐村民平日只是在节日和每年十一月收获荞麦时才能吃到新鲜的荞麦面。当地还有一种传统风俗,即在荞麦丰收的季节,要在家里招待已婚女儿及其丈夫吃这种荞麦面,以示庆祝。

那时人们主要吃的是蒸荞麦面,而这种吃法主要是先煮后蒸,然后再放到有热水的桶上食用。在随后的日子里,蒸荞麦面这种食物开始逐渐消失,取而代之的则是盛荞麦面。盛荞麦面的做法就是把煮好的荞麦面条过冷水,并冷却之后,放在平竹筛子上吃。大约到了 18 世纪中期,这种清汤荞麦面才上市,但是一经上市,便受到了食客的欢迎,为了满足人们对这种食物的要求,经营清汤荞麦面的面馆和摊点以及街头小吃摊位都迅速增加,因此,这种食物成为了普通市民饮食的重要组成部分。当然，在吃这种食物的时候还出现了各种各样的配菜，比如油炸食品、海藻类、鸡蛋、海鳗和鸭肉渐渐地被加进清汤荞麦面里。再到 19 世纪中叶，也就是在日本江户时代末期的时候，在江户的荞麦面馆就达到了 700 多家。

在江户时代，商人们会选择在大年夜的时候，忙里偷闲吃点荞麦面，而这种习惯流传至今，也就形成了现代的除夕夜吃过年荞麦面的习惯，其中蕴涵着丰富的意味，包含着祈求来年幸福美满，希望能够像长长的荞麦面一样长寿的意思。另外，刚搬进新居的人们会选择将荞麦面送给邻居吃，也是日本人的一个习惯。

吃荞麦面注意事项

《食疗本草》一书中提到"荞麦难消，动热风，不宜多食"，也就是说，荞麦面气味甘平而寒。医圣孙思邈曾说过"荞麦面酸，微寒，食之难消，久食动风，不可合黄鱼食"的话。由此可见，荞麦性寒，黄鱼多脂，这两种食物都是不易消化的，所以尽量避免同时服用。

制作步骤

一、日式冷荞麦面

材料：荞麦面、绿芥末（依照个人口味增减）、海苔丝、小葱花适量

调味料：面酱油（买不到的话，可以自己制作）海带 5～6 厘米、酱油 4 大勺、味霖 4 大勺、柴鱼末 10 克，然后倒入小锅中，再加入适量的水，煮 3～4 分钟。关火，沥出杂物，放凉即可使用。

做法：

（一）将锅中的水烧开，下荞麦面，煮熟，然后捞出荞麦面。过凉水，再过冰水。沥干水分，盛到容器内。撒些海苔丝，搅拌均匀。

（二）小碗里放适量面酱油，挤些绿芥末，喜欢的话再加些小葱花，搅拌均匀即可。

二、翠拌荞麦面

用料：荞麦面、绿豆芽、黄瓜、苹果、鸡蛋、熟白芝麻、海苔、姜蒜蓉、香油、香醋、生抽、糖、辣椒油（按照个人口味放）

做法:

(一)将黄瓜切成细丝、将绿豆芽摘去头尾留中间部分、苹果切成均匀的片、鸡蛋煮熟备用;

(二)在锅里加较多的水并大火烧开,放入适量荞麦面煮5分钟左右至熟(中途不要盖盖子);

(三)将已经煮好的荞麦面捞出,放在漏勺里,再用凉水冲掉泡沫面汤,然后浸泡在凉白开里;

(四)取适量的姜蒜蓉、香油几滴、香醋一勺、生抽、糖、辣椒油适量搅拌均匀,成调味汁;

(五)将荞麦面捞出稍稍控干水分,再倒入黄瓜丝、绿豆芽、调味汁拌匀,上桌前加入鸡蛋片、海苔、撒白芝麻即可食用。

三、炒什锦荞麦面

原料:荞麦面、干香菇、青菜、胡萝卜、洋葱、盐适量、鸡粉、生抽、食用油少许

做法:

(一)干香菇提前泡发,洗净后去蒂切成大小适中的片;

(二)青菜要冲洗干净,随后切段处理;

(三)胡萝卜洗净,去掉表皮切丝;

(四)洋葱洗净之后切丁;

(五)做一锅水,点火煮开水,然后放入面条。面条煮至八成熟捞出,放入凉水中进行冷却,随后捞出控干水分。在面条上加入少许食用油拌均匀,使其互不粘连,放一旁备用;

(六)炒锅中加少许油烧热,放入洋葱丁煸炒出香味,再次放入胡萝卜和香菇进行继续煸炒,然后再放入青菜。随后,加适量的盐、鸡粉、生抽进行调味。最后放入面条,翻拌均匀即可出锅。

四、味噌牛肉荞麦面

主料:牛腱225克、苦荞麦粉300克左右

辅料:新鲜海带50克左右、豆腐150克、新鲜香菇15克、柴鱼30克、豆瓣酱100克、白砂糖10克、胡椒粉5克

做法：

（一）将牛腱子切成片，氽烫后洗干净备用；

（二）荞麦面煮熟备用；

（三）在高汤 1500 毫升中加入豆瓣酱及白糖 10 克、胡椒粉 5 克、柴鱼片 25 克，搅拌均匀后成味噌汤；

（四）再加入牛腱子肉片，开小火，炖煮约 40 分钟；

（五）等到牛腱子肉片熟透入味后，再加入海带、嫩豆腐切丁、新鲜香菇煮滚，最后加入煮熟的荞麦面即可食用；

（六）食用时，按照个人口味，可撒上少许柴鱼片增添风味。

五、荞麦面寿司

材料：

荞面 35 克、面粉 1/3 杯，虾 2 只、清水 1/3 杯，日本紫菜 1 张、鸡蛋黄 1 只，哈夷葱/幼葱少许，盐少许，面汁少许

做法：

（一）将荞麦面的一端用橡皮筋扎实，然后放入滚水中煮熟，随后过冷水，沥干水分，淋上少许面汁备用。

（二）将粉浆材料搅拌成浓稠适中，再将虾在肚位横切数刀，以便入味，再将虾蘸上粉浆，放入滚油内炸熟，捞起。

（三）将紫菜铺放在寿司席上，荞麦面切掉橡皮筋，放上去，再放上哈夷葱、炸虾，用寿司席卷实后切件上碟，即可享用。

六、羊肉荞麦面

材料：切片羊肉、白菜、辣椒、香菜、葱、姜、盐（适量）、荞麦面条

做法：

（一）将羊肉放进锅中煮汤，然后加盐进行调味，随后放入白菜、辣椒、葱姜以及香菜进行搅拌。

（二）荞麦面条在开水中煮熟后捞出，浇上煮好的羊肉汤即可食用。

健康饮食宜与忌

荞麦性寒，一次不宜多食，尤其是对脾胃虚寒、消化功能不佳的人更要注意食用。经常腹泻、体质敏感之人不宜食用。

莜面：营养膳食纤维高，三生三熟门道多

名词解释

莜麦属于一年生草本植物。生长的日期短，成熟后子实很容易和外壳脱离，磨成粉后可多种方法食用，所以就叫莜面，也被称为裸燕麦面，又有油麦面的称谓，这种植物的子实也叫莜麦。由莜麦加工而成的面粉，可以经过精细加工和制作，做成食品。而莜面的营养成分则是其他面粉营养成分的 7 倍以上，所以可与精面粉媲美。

另外，莜面还是一种很好的保健食品，具有养生价值，对减肥和美容的人来讲有很大的使用价值。只是莜面比较难消化，晚餐最好不要吃或者是要少吃。莜面主要种植地区在河北省张家口、山西省北部大同盆地地区，以及内蒙古土默川平原及阴山山地、乌兰察布市南部，当然，也是当地人们的主要事物。

营养成分

据科学家的综合分析发现，中国裸燕麦含粗蛋白质高达 15.6%，脂肪含量达到 8.5%，还有淀粉释放热量以及磷、铁、钙等元素，与其他 8 种粮食相比，均为首位。燕麦中水溶性的膳食纤维很高，分别是小麦和玉米的 4.7 倍和 7.7 倍。同时，燕麦中的 B 族维生素、尼克酸、叶酸、泛酸也是比较丰富的，特别是维生素 E。经过研究发现，在每 100 克燕麦粉中，维生素 E 就高达 15 毫克。此外，燕麦粉中还含有谷类食粮中均缺少的皂甙，这是其独有的物质成分。蛋白质的氨基酸组成比较全面，人体必需的 8 种氨基酸含量均居首位，尤其是含赖氨酸高达 0.68 克。

历史传说

相传，在汉武帝时期边境战事不断，尤其是生活在北方地区的游牧民匈奴，会经常骚扰汉地和边境地区，从而造成了大量的人畜损失，人民饱受战争之苦，流离失所，此时，正常的生产生活是无法继续了。当汉武帝听闻之后十分愤怒，随即命大军前去征讨。

可是游牧地区的匈奴大军习惯了草原的生活，忽东忽西，作战不定，这就给汉军造成极大的人力物力损失，军队屡战屡败，加上汉军的补给也全依靠中央从内地及各郡征调，在补给环节，很容易受到敌人的打击。而游牧民族的骑兵靠掳掠为主，他们会随军自带干粮。汉军不仅没有消灭敌军，反而助长了他们的强大，令汉军十分头痛。

此时，汉武帝也十分着急，便采纳了大将军卫青的建议，让军队驻扎在当地并且自己垦荒，以供军需，并从各郡征调大批劳力调往当时的河套地区，这不仅防止敌军的抢劫，还使汉军的实力大增。当时，其他的农作物在当地生长得不好，产量也有限，只有莜麦才能大量种植，此种一经播下，生长迅速，产量很高。汉军食后，不但军力大增，并且更耐饥寒，最后大获全胜。汉武帝则非常高兴，亲自率众到河套地区，犒劳士兵，并封敬献谷物的大臣莜司为大将军。汉武帝亲自为这种谷物取名为莜面。从此，这种谷物在中华大地扎下了根。

到了隋朝末年，隋文帝杨坚偏信奸佞小人之言，决定册立次子杨广为太子。唐国公李渊极力谏言，但是却没有得到皇帝的采纳，反而被贬为并州（太原）留守。当李渊途经灵空山时，不料当时身怀六甲的李夫人要临盆分娩，便只好借宿灵空山古刹盘谷寺，生下了公子李元霸。

自此，李渊滞留该寺，并且与老方丈很谈得来，两个人经常会谈论天下大事。有一天，老方丈对李渊说："我昨天夜里细观了天象，发现近日天下会大乱，群雄恶战，将军您此时应该养精蓄锐，将来必成大业。于是，老方丈便让香积房给李渊做了一顿稀罕饭。老方丈说，吃了这顿饭之后定会精神焕发，体强力壮。午时的时候，便将莜面"蜂窝"统统端了出来，李渊蘸上辣椒吃了，吃完之后顿时感觉神清气爽，便问这是什么饭。老方丈告诉李渊说是用莜麦面做的，形似"蜂窝"的形状，所以称其为"莜面窝窝"。

后来李渊当了皇帝，没有忘记老方丈当时对自己的恩情，便派老方丈来到五台山当住持。老方丈当然十分的乐意，便带领众僧赴任中，正好路过一个叫静乐的县城。当时正值秋收季节，他看到当地盛产莜麦这种作物，便上前问询一位中年男人，才得知当地人的吃法很简单，仅仅是把莜麦磨成面粉，就和吃馒头一样，特别单调。于是，老方丈便把"莜面三生三熟"的加工方法告诉了他。那个人名叫"袁焕"，是静乐人。从此之后，莜面窝窝成为静乐人的待客饭。

随着时间的不断推移和朝代的更替，袁焕的子子孙孙为躲避战争一大部分人迁徙到了大同的天镇，随后便迁到了张家口的张北县。时间一久，这种民间美食便传遍了山西、陕西、内蒙、河北等地，最终，成为山区人民的一道家常美食。

相传，在清代的时候，康熙皇帝远征噶尔丹，在归化城吃过这种莜面，并且对这种美食评价很高。在乾隆年间，莜面作为进贡皇帝的食品被送往京城。

吃莜面注意事项

1. 吃莜面很重视的就是作料，正宗的作料包括泡菜汤、猪肉汤、鸡汤，等等。

2. 莜面吃法很多，可以炒着吃，也可以凉拌。如果是炒着吃，就要在锅里放入适量的食用油，油开之后放入葱、姜、蒜爆炒，然后加入适量的配菜，再加入调味品，炒至七分熟。将莜面切开放入，菜熟即可。

凉拌的方法是，将莜面加热，切开，加入调味品即可。

制作步骤

一、莜面蜂窝

主料：莜面、面粉、黄花菜、台蘑适量

调料：盐、花椒、姜、鸡精、食用油

做法：

（一）将黄花菜冲洗干净，并将台蘑洗净切成大小均匀的条，随后将姜洗净切成末。

（二）随后，将面粉用温水和成面团，挤成小剂，放在刀背上再用手搓成小卷，然后，放入笼屉上锅蒸 8~10 分钟，取出放入盘中。

（三）坐锅点火，然后放入少许油，油热到六至七成，然后放入花椒炸出香味，再加入姜末、台蘑、黄花菜、盐、水进行翻炒，等到汁浓的时候倒入装有蜂窝的盘中即食。

二、莜面栲栳栳

主料：莜面 500 克左右，白面少许，肥瘦羊肉 500 克

调料：食油 50 克，花椒水 100 克，干辣椒 5 个，酱油 50 克，精盐 15 克，葱、姜、胡椒粉、香菜、桂皮各少许。

做法：

（一）打卤：将羊肉剁成粒。

（二）炒锅里放素油进行烧热，然后放入花椒、桂皮炸出香味儿，捞出之后放置不用，投入姜、葱末即可，煸出足够的香味，再放入肉末炒至八成熟，倒入酱油、精盐、辣椒末和鲜汤、胡椒粉，改小火煨至羊肉酥烂即成浇头。

（三）制栲栳：将莜面倒入盆内，然后添加适量的白面粉，搅拌均匀，倒入开水，在倒开水的过程中，边倒水边搅拌，趁热揉成若干个小面剂，可以根据自己的喜好决定个数和大小，逐个在铁皮案上推成猫舌状，长约 10 厘米、宽约 5 厘米的薄片即可，再用右手揭起搭放在二拇指上，卷成中间空的小卷，竖在蒸笼里，依次摆放，摆放的时候要有空隙，再上急火蒸 10 分钟即可。

（四）食用时，将栲栳盛在碗里，浇入卤汁，撒上香菜末，即可食用。

健康饮食宜与忌

莜麦比较难消化，所以最好不要在晚餐中食用。食用量一次也不要过多，以免增加肠胃的负担。

门道一

蔬菜：新鲜时蔬盘盘菜，种类繁多故事多

　　蔬菜对人体健康的影响是潜移默化的，帮人们增强抵抗力，远离疾病，正像文化对人们心灵的影响一样，帮人开化，远离愚昧和无知。从这种意义上说，蔬菜可以说是一种物质文化。随着人民生活水平的不断提高，物质文化需求不断提升，蔬菜的名字也越来越动听，品种越来越多，甚至有些蔬菜担当起花草的使命，成为美化环境、装点居室、陶冶情操的宠儿。蔬菜是人一生离不开的食材。通过它，人们发明了各种各样的美食，也陶冶了自己的情志和思想。其实每一种蔬菜都有着自己的特质和价值，正如每一个人都有自己的需要和理想一样。造物主赋予了所有生命无可替代的特质，而这些特质将不断地激励着这个世界上的生命自我完善，自我改良，自我发展。

白菜：醒酒排毒翡翠色，帮白叶绿味甘甜

名词解释

白菜原产于我国北方地区，属于十字花科芸苔属叶用蔬菜，通常是指大白菜；也包括小白菜以及由甘蓝栽培变种的结球甘蓝，即人们俗称的"圆白菜"或是"洋白菜"。后来经过引种，到了南方，现今南北各地均有栽培和种植。到了 19 世纪的时候，白菜传入日本、欧美各国。白菜种类面积很广，产量很大，在我国北方的大白菜中，比较有名的是山东胶州大白菜、北京青白、天津青麻叶大白菜、东北大矮白菜、山西阳城的大毛边等，这些品种很受人们的欢迎。

营养成分

白菜营养十分的丰富，除了含有糖类、脂肪、蛋白质、粗纤维、钙、磷、铁、胡萝卜素、硫胺素、尼克酸等营养物质之外，尚包含了丰富的维生素，其中维生素 C、核黄素的含量比苹果、梨分别高四五倍；微量元素锌的含有量也高于肉类，并含有能抑制亚硝酸胺吸收的钼。其中维生素 C 有着增加机体抵抗力的作用，可以用做坏血病、牙龈出血以及各种急慢性传染病的防治。不仅如此，白菜中还含有大量的纤维素，这些维生素可以增强肠胃的蠕动能力，从而能够减少粪便在体内的存留时间，也能够起到帮助消化和排泄毒素的作用，从而减轻肝、肾的负担，对胃病的发生起到了很好的预防作用。

同时，白菜中所含的果胶完全可以帮助人体排除多余的胆固醇。更主要的是白菜中还含有很多微量的钼，这种物质可以抑制人体内亚硝酸胺的生成和吸收，从而具有一定的防癌作用。除此之外，白菜本身所富含的热量极少，不会导致人们的肥胖。当然，白菜中含钠也是很少的，所以不会使机体保存多余水分，从而就减轻了心脏的负担。由此可见，对于中老年人和肥胖者来讲，多吃白菜还可以起到减肥的作用。在中医理论中，白菜其性微寒无毒，

并且可以达到养胃生津、除烦解渴的效果,同时利尿通便,清热解毒,为清凉降泄兼补益良品。总之,白菜是补充营养,预防疾病,促进代谢,有利于人体健康的佳蔬良药。

白菜传说

　　白菜在古代的时候被称做菘。这个名字听起来很独特,同时,也蕴涵着白菜能够像松柏一样凌冬不凋、四时长有的特点。在汉代以前似无记载,只是到了三国以后的时候,史料中才有了对白菜的记载,如《吴录》中记载着:"陆逊催人种豆、菘。"但是在隋唐之前,白菜的种植还并不是那么的普及,种植面积也很小。隋唐之后白菜开始推广开来,当时和萝卜一起成为了人们的主要蔬菜。

　　白菜的叫法最早见于杨万里的《进贤初食白菜因名之以水精菜》(诗云:新春云子滑流匙,更嚼冰蔬与雪薤,灵隐山前水精菜,近来种子到江西。薤,捣碎的菜),不过在杨万里的诗中,对白菜的夸奖有些过分,对于白菜的吃法只不过是把白菜放进白水里进行了熬煮而已,并且还将白菜剁成渣子,只是在白菜上加了一些盐,便称之为佳味。古代人吃的蔬菜种类很少,而白菜的出现自然是对人们的饮食产生了一定的影响,人们对白菜自然也是十分喜爱。

　　现在白菜已经变成很普通的大众菜,并且对白菜的吃法也越来越多,做法也不再是那么的单调。

吃白菜注意事项

　　1. 白菜富含有丰富的粗纤维,不但能够起到滋润肠胃、促进排出体内毒素的作用,又能够刺激肠胃蠕动,促进大便排泄,从而帮助消化,因此,对预防肠癌有很好的作用。

　　2. 秋冬季节空气特别干燥,尤其是在北方,寒风对人的皮肤会造成很大的伤害,并且温度很低,很容易产生冻疮。白菜中却含有丰富的维生素 C、维生素 E,因此,多吃白菜,可以起到很好的护肤和养颜效果。

　　3. 大白菜洗净切碎后煎浓汤,每晚在睡之前洗冻疮患处,连续使用一段时间,就会见效。白菜也具有解酒的功效,对于酒醉不醒的人来讲,这无疑是一种很好的选择。

4. 对于气虚胃冷的人，则不宜多吃或者是长期服用白菜，以免出现恶心吐沫的现象。若吃得过多了，可用生姜解之。白菜能降低女性乳腺癌发生率。

5. 切白菜的时候，最好顺着白菜的丝来切，这样白菜比较容易熟。

6. 烹调时不宜长时间地煮焯、浸烫，以避免造成营养素的大量损失。

7. 不可食用腐烂的白菜，因为其中往往含有亚硝酸盐等毒素，这些毒素可使人体严重缺氧，甚至有生命危险。

8. 大白菜在沸水中烹饪的时间不可太久，最佳的时间为 25 秒左右，否则烫得太软、太烂，味道就不好了。

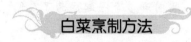

白菜烹制方法

一、果汁白菜心

主料：白菜心 2000 克左右。嫩香菜梗段，红柿子椒各 100 克（按照自己的口味增减），熬浓的橘子汁，白糖适量，盐、味精、香蕉精各适量

做法：

（一）将白菜心、红柿子椒切成 4 厘米左右的细丝。

（二）随后，将白菜心、红柿子椒丝、香菜梗段用精盐腌 20 分钟左右，控出其中的盐水，加入适量的味精、熬浓的橘子汁、白糖适量、香蕉精拌匀，放冰箱冷藏室内，冷藏数小时后，即可拿出食用。

特点：

色泽鲜艳，降温降热、脆嫩酸甜，清凉爽口。

食用方法：大白菜的食用方法颇多，从烹调方法上看，无论是炒、熘、烧、煎、烩、扒、涮、凉拌、腌制，都可做成美味佳肴，所以说白菜的可烹饪性极强，特别是同鲜菇、冬菇、火腿、虾米、肉、栗子等同做的时候，可以做出很多特色风味的菜肴。

二、白菜汤

白菜 1000 克左右，豆腐皮 50 克，红枣 10 个，加入适量的水，炖成汤。

三、白菜露

将白菜捣烂绞汁，大约 200 毫升即可，饭前进行加热，温服，每天早晚 2 次。对治疗胃溃疡有帮助。

四、白菜绿豆饮

材料：白菜根茎头 1 个，绿豆芽 30 克左右

做法：将白菜根茎头与绿豆芽一起煮，等到凉温之后便可饮用，每天 2～3 次，每次 100～200 毫升

功效：有清热解毒的作用，可用来缓解外感温热之邪引起的发热、头痛、鼻塞、口干等症状

五、菜根红糖饮

材料：白菜根 300 克左右，生姜 3 片，红糖 60 克。

做法：将菜根洗净与姜、糖一起放在锅中煮开，趁热饮用。

功效：有清热解毒、散风驱寒的功效，有助于治疗外感风寒之邪引起的恶寒、发热、头痛、无汗、恶心等症。

六、水煮鲜菜叶

白菜叶 200 克，用开水煮食，可以加入少量的食盐。坚持使用一段时间，有助于治疗小便不利、烦热口渴、消化不良等症。

健康饮食宜与忌

1. 生活中，忌食隔夜的熟白菜和未经腌透的大白菜。

2. 如果腹泻，忌食大白菜，以免加重。

3. 气虚胃寒的人忌多吃，但可以适当地食用。

4. 白菜除了作为蔬菜可以供人们食用之外，还具有一定的药用价值，经常吃白菜可防止维生素 C 缺乏症（坏血病）。

5. 特别适合患有肺热咳嗽、便秘、肾病的人多食，同时对女性朋友来讲，多吃白菜可以防止乳腺癌。

油菜：青青绿苗肤色美，散血消肿无负累

名词解释

油菜，又被称做油白菜和苦菜，是十字花科植物油菜的嫩茎叶，原产于我国，颜色深绿，油菜帮和白菜十分相似，完全属于十字花科的白菜变种。不管是南方还是北方，都广为栽培，四季均有供产。油菜的营养十分丰富，其中富含多种营养素，所含的维生素 C 十分丰富。

营养分析

在油菜中含有丰富的钙、铁和维生素 C 等营养元素，其中，胡萝卜素也十分丰富，是人体黏膜及上皮组织维持生长的重要营养来源，对于抵御皮肤的过度角化有着很大的裨益。对于那些爱美人士来讲，不妨多摄入一些油菜，那么一定会有意想不到的美容效果。不仅如此，油菜还具有促进血液循环、散血消肿的作用，对于孕妇产后出现的淤血腹痛、丹毒、肿痛脓疮等都有一定的辅助治疗的效果。美国国立癌症研究所发现，油菜能够起到降低胰腺癌发病的危险。

每 100 克可食部分中含水分达到 93 克，并且蛋白质高达 2.6 克，脂肪 0.4 克，碳水化合物 2.0 克，维生素 0.5 克。油菜还含有钙 140 毫克，磷 30 毫克，铁 1.4 毫克，维生素 A 3.15 毫克、B_1 0.08 毫克，B_2 0.11 毫克，维生素 C 51 毫克，尼克酸 0.9 毫克，胡萝卜素 3.15 毫克。

历史传说

古代的时候，在江苏吴江有一名叫芸香的姑娘，她长得很漂亮，并且也十分的聪明，清秀可爱，可是却不幸患上了一种皮肤病。她身上疖疮累累，痛痒流脓，很是难受，经过久治还是未能痊愈，只得闭门在家，不敢外出。

在一天夜里，她梦见了一片油菜花，金灿灿的十分诱人。梦醒之后，开始

独自思考，心想："莫非油菜能够将我身上的病治好？"于是第二天，便到菜地里，摘取新鲜带有花蕾的嫩苗。她将这些菜洗净后，放在锅中炒，然后食之，果然味道十分的鲜美、清香可口。不久之后，她发现自己的大便通利了，身上的皮肤疮疖也逐渐缓解。于是，她更加坚信，坚持炒食芸苔（油菜花），即便是在没有芸苔的季节里，她也会将晒干腌好的芸苔炒食。经过数月之后，姑娘全身皮肤变得光亮平滑，甚至是疤痕也没落下，脸庞却比以前显得更加漂亮了。此后食用芸苔来治疗疮疖、乳痛一类疾患的方法就在民间流传开来。

唐名医孙思邈曾经这样记叙，在贞观七年三月的时候，"曾因多饮，至夜觉身体骨肉疼痛，至晓头痛，额角有丹如弹丸，肿痛，目不能开，痛苦几毙"。此时，他忽然想起了本草中有芸苔治风游丹肿的记载，便采取叶子捣烂后敷上，随手即消，其验如神。

吃油菜注意事项：

油菜中富含有大量胡萝卜素和维生素C，因此有助于增强人体的免疫能力，维护免疫系统。油菜所含的钙量在绿叶蔬菜中最高。据研究发现，如果一个成年人一天吃500克油菜，那么其所含钙、铁、维生素A和C即可满足生理的需求。

油菜为低脂肪蔬菜，脂肪含量很低，并且含有丰富的膳食纤维，所以能与胆酸盐和食物中的胆固醇及甘油三酯进行结合，并且能够从粪便中排出，从而减少脂类的吸收，故可用来降血脂。

油菜中所含有丰富的植物激素能够增加酶的形成量，所以说油菜具有很好的防癌功能。

油菜烹饪方法

一、清炒油菜

材料：油菜500克，洗净切成约3厘米的长段

制作：将锅烧热，倒入植物油，旺火烧至七成热时，将油菜倒入锅中，旺火煸炒，放入适量的盐。菜熟后起锅装盘。

功效：本菜制作简单，但是营养丰富，具有活血化淤、降低血脂的作用，因此，很适宜于高血压、高血脂等患者食之。

二、凉拌油菜

材料：嫩油菜 500 克

制作：将油菜梗、叶分开后冲洗干净，切成 3 厘米长短的段，沥干水分，入滚水中进行煮熟，捞出沥水装盘，以麻油、精盐进行拌食。

功效：此菜鲜腴爽口，适合糖尿病、便秘患者日常食用，对此症状有一定程度的缓解。

三、鸡油炒油菜

材料：油菜 500 克，鲜蘑菇 100 克

制作：将油菜去除老叶，切成大小均匀的长段，洗净。将锅烧热，在锅中放鸡油 100 克左右，待油烧至五成热的时候，将油菜倒入锅中，进行煸炒。加入适量的黄油、鲜汤，至八成热时，再放入细盐、糖（适量）、味精、蘑菇。大火烧 1 分钟左右后，用水淀粉勾芡，浇上鸡油，然后搅拌均匀之后，便可以装盘食用。

功效：此菜具有宽肠通便的作用，对于解毒消肿也有一定的功效。适宜于习惯性便秘，痔疮大便干结等病症，对此病症有一定的缓解作用，也可以作为感染性疾病患者的食疗蔬菜。

四、油菜炒虾仁

材料：对虾肉 50 克，油菜 250 克，姜、葱适量。将虾肉洗净切成薄片，虾片用酱油、料酒、淀粉拌好

制作：将油菜梗叶分开处理，洗净后切成 3 厘米左右的长段；锅中倒入食油，烧热后先将虾片煸几下即可捞出，再把油锅熬热加入适量的食盐，先将油菜梗倒入锅中翻炒，再煸油菜叶，至半熟的时候，再倒入虾片，并加入作料姜、葱等，按照自己的喜好放入，用旺火快炒几下便可起锅装盘。

功效：长久地食用此菜，可以达到强壮身体的作用，同时也可以提高机体抗病能力。老年体弱者可常食。

五、香菇油菜

用料：油菜（青菜）500 克，香菇 10 朵（可适量增减），高汤半碗（可以多一些），水淀粉、盐、糖、味精各适量

制法：

（一）青菜洗干净之后，切段处理，再将香菇浸软后去蒂一切为二进行

处理。

（二）将炒锅中倒入油，随后放入香菇进行翻炒，再放入青菜、盐、糖、味精等适量，加入高汤，加盖焖2分钟左右，淋水淀粉勾芡装盘。

功效：具有降脂、抗衰、补血、通便的功效，适合老年人食用。

六、干贝扒油菜

材料：干贝25克、油菜心300克、盐适量、淀粉1匙、油1大匙、葱1段、姜1片

做法：

（一）先用100克左右的热水进行浸泡，直至泡软。

（二）在水中加入葱段和姜片，一并倒入锅中，蒸1小时左右后取出，捞出，并撕成丝状待用。将姜葱捞出之后不要倒掉讲汤汁，以备待用。

（三）将油菜去老叶洗干净，再在锅中放入适量的水，烧沸后加入半匙盐，并将油菜放入快速汆烫后捞出，过凉水沥干。

（四）炒锅烧热后倒入适量的食用油，油烧至六成热时放入干贝丝，快速翻炒。

（五）将蒸干贝的汁水直接倒入锅中。

（六）再加入油菜心一起翻炒片刻，加盐进行简单调味。

（七）将油菜夹出，整齐地摆盘，再将锅中汤汁加湿淀粉勾芡收浓，将干贝浓汁浇在菜心上即可食用。

健康饮食宜与忌

1. 油菜和香菇搭配可以预防癌症。

2. 油菜搭配虾仁，能起到增加钙吸收、补肾壮阳的作用。

3. 油菜搭配豆腐，能够起到止咳平喘、增强机体免疫力的功效。

4. 油菜搭配鸡肉，能够强化肝功能、抵御皮肤过度角质化。

5. 油菜与山药同食，会影响营养素的吸收

6. 油菜与南瓜同食，会降低油菜的营养价值。

香椿：椒盐椿芽独一味，鸡蛋一枚香四溢

名词解释

香椿原产地属中国，这种食物是我国土生土长的，多分布于长江南北的广泛地区。它楝科，落叶乔木，雌雄异株，叶子呈偶数分布，形状酷似羽毛，圆锥花序。花为白色，果实是椭圆形蒴果，多为翅状的种子，种子是可以繁殖的。树体能够长得很高大，除椿芽供食用外，同时，也是园林绿化的优选树种。椿芽含丰富的营养，并具有食疗作用，对于外感风寒、风湿痹痛、胃痛、痢疾等症状都有一定的效果。

营养价值

香椿头含有极为丰富的营养，据科学家研究分析，在每 100 克香椿头中，就含有 9.8 克蛋白质、钙 143 毫克、维生素 C115 毫克，这三种物质的含有量都居蔬菜前茅。另外，香椿头还含有 135 毫克磷，胡萝卜素也达到了 1.36 毫克，以及铁和 B 族维生素等营养物质。

香椿是时令名品，在一定的季节香椿才能够达到更好的营养效果。香椿之所以有一种独特的香气，是因为它富含香椿素等挥发性芳香族有机物，这种物质可以起到健脾开胃、增加食欲的作用。同时，它也含有维生素 E 和性激素物质，并且能够起到抗衰老和补阳滋阴的作用，故有"助孕素"的美称。

香椿的营养物质表明，它还具有清热利湿、利尿解毒的功效，对治疗肠炎、痢疾、泌尿系统感染有着辅助治疗的功效。香椿具有一种挥发气味，这种气味能透过蛔虫的表皮，使蛔虫不能附着在肠壁上而被排出体外，因此，香椿又具备了治蛔虫病的功效。由于香椿含有丰富的维生素 C、胡萝卜素等，因此，它有助于增强机体免疫功能，并有润滑肌肤的作用，是保健美容的绝佳食品。

香椿的历史由来

在胶东地区,世世代代流传着这样一个习俗,当地的人们在建造房屋的时候,都会选用香椿木来建造房屋,会用香椿木来做房梁或者是用香椿木做梁垫,即便是家庭困难的人也要用香椿木做成木锥钉在房梁上,还会经常看到有的人会选用香椿木的枝条捆绑在房梁上,目的是作辟邪之用。

相传在公元642年,在唐太宗李世民东征的时候,经过福山张格庄权家山,这个时候因为多日的颠簸劳累,导致他十分疲倦。他的贴身侍卫高惠通十分担心李世民的身体,便找了一户人家,并表明了自己的来意,希望户主能够做点好吃的给唐太宗。户主听了自然十分的高兴和乐意,但是转念一想又感觉很是为难,因为他看了看家里只有一只老母鸡和两个鸡蛋,心想,这点东西怎么够。按照福山当地的风俗,有贵客登门,最少也要有四到八个菜来招待贵宾才行。但是当时的时节正是乍暖还寒的时候,家里根本也没有蔬菜,主人很苦恼,不知道怎么办才好,便坐在院子里想办法。忽然,他抬头看见院子里有一棵老树,树枝上长满了嫩芽,主人心中一动,便将老树上的嫩芽都采摘了下来。他将家中的老母鸡宰杀清炖,再用树芽和两个鸡蛋炒在一起,将剩下的树芽腌制成凉菜。看到还有剩下的一部分树芽,他便用这些树芽裹上面糊在油锅里炸得金灿灿的进行装盘,这样总算是凑够了四道了,此时,心里的石头才算是落地了。

等到饭菜做好之后,侍卫高惠通来到了户主家,他看到桌上树芽做的菜十分生气,便质问户主道:"我已经告诉你让你做点丰盛的菜,你竟然敢给皇上吃这些树叶。"户主看到高惠通十分地生气,在情急之下就一五一十地把家里的实际情况告诉了高惠通。高惠通听了户主的讲述,也十分理解户主,并将这件事情告诉了唐太宗。唐太宗听完之后不但没有生气反而感觉很好奇。等到吃过饭后,他觉得树芽很好吃,不但口感脆嫩而且还有一股香气。这顿饭吃得唐太宗十分地开心,特别是那盘腌制的小菜,真是让人回味无穷。他便问户主这是什么菜。户主没有办法,只好实话实说,他指了指门前的那棵老树说,就是用这棵老树上的嫩芽做的菜。唐太宗又问这是什么树,户主回答说这棵树没有名字,他也不知道这是什么树。唐太宗想了想然后说道:"我给它取个名字吧,现在正是开春季节,而且树芽做出的菜又很香,那么就叫它'香椿'吧。"唐太宗东征回到朝中，第二年春天他突然想起了在福山张格庄权家山吃过的那顿饭，尤其是那香椿芽，回想起那肥嫩、香味浓、油汁厚、清脆可口的口感，便立即吩咐人去采摘回来，然后做成饭菜与臣子们一同分享。臣子们品尝后自然也是赞不绝口。唐太宗龙颜大悦，随后便将香椿树封为百树之王。直到今天，在福山每年春天的时候，人们还会将采摘的香椿芽腌制成当地的可口小菜，而这种小菜正好是吃福山大面必备的一道佳品。

香椿的烹饪方法

一、香椿炒鸡蛋

材料：香椿250克，鸡蛋5枚

做法：将香椿洗干净，过沸水稍焯，时间不易太长，然后捞出后切碎；再将鸡蛋磕入碗内，搅拌均匀，在鸡蛋中少放一点盐；再将油锅烧热，将鸡蛋倒入锅中，炒至成块，此时将香椿投入锅中，搅拌均匀，加入适量精盐，炒至鸡蛋熟而入味，即可出锅。

功效：此食品具有滋阴润燥、润肤健美的佳效，更适用于虚劳吐血、目赤、营养不良、白秃等病症，平时多吃能够起到增强人体抗病防病能力的作用。

二、香椿竹笋

原料：竹笋200克，嫩香椿头500克

制作：先将竹笋切成均匀的块；再将嫩香椿头清洗干净，切成细末，并用精盐进行片刻的腌制，去掉水分待用。炒锅烧热之后放入少许的油，先放入竹笋略加煸炒，再放入香椿末、精盐、鲜汤用旺火收汁。最后，加入适量的味精调味，用湿淀粉进行勾芡，淋上几滴麻油即可起锅装盘。

功效：此菜有很好的清热解毒、利湿化痰的功效。对于肺热咳嗽、胃热嘈杂等症状有一定的缓解作用，同时，对脾胃湿热内蕴所致的赤白痢疾、小便短赤涩痛等病症也有一定的治疗功效。

三、香椿拌豆腐

原料：豆腐500克，嫩香椿50克

制作：将豆腐切成大小均匀的块，放入锅中加入适当的清水煮沸沥水，然后将豆腐切成小丁，装入盘中。将香椿清洗干净，稍焯，切成碎末，随后放入碗内,再加适量的盐、味精、麻油,拌匀后浇在豆腐上,吃时用筷子拌匀。

功效:适用于心烦口渴、胃脘痞满的人。对于目赤、口舌生疮等病症也有一定的缓解作用。此外,还具有润肤明目、益气和中、生津润燥的功效。

四、凉香椿

原料:嫩香椿250克

制作:将香椿去老梗洗净,下沸水锅焯透,时间不要太长,捞出后清洗干净,沥水之后切碎,装入盘内,加入适量的精盐,淋上几滴麻油,拌匀即成。

功效:此菜适用于尿黄、便结、咳嗽痰多、脘腹胀满、大便干结等病症。

五、煎香椿饼

原料:面粉500克,腌香椿头250克,鸡蛋3枚,葱花适量

做法:将香椿切成大小均匀的小段,再用水将面粉调成糊状,随后加入鸡蛋、葱花、料酒,和切段香椿拌匀。放平锅,滴入适量的油,并将油烧热,用勺子舀入一大匙面糊进行摊薄,等到一面煎黄后进行翻煎另一面,两面煎黄即可出锅。

功效:本食品对健胃理气、滋阴润燥、润肤健美有一定的功效。适用于体虚之人,并且对毛发不荣、四肢倦怠、大便不畅等病症也有帮助。

六、椿苗拌三丝

材料:豆腐丝200克、胡萝卜半个、白菜心1个、香椿苗少许;白糖1勺、蚝油一勺、醋1~2勺

做法:先将半根胡萝卜清洗干净削皮,然后切成细丝。水开之后,向锅中放入胡萝卜丝过热水,捞出过凉水后控干备用。再将白菜心清洗干净,然后切细丝备用。豆腐丝用开水稍烫一下,然后捞出控干,晾凉切成和菜丝一样长的段备用。再将香椿苗洗干净后控干水。最后,将香椿苗和三丝混合,加入适量的蚝油、糖、醋调味,制作完成。

健康饮食宜与忌

1. 一般人群均可以食用。

2. 肠炎、痢疾、泌尿系统感染的患者可以多吃,进行辅助治疗。

3. 经研究发现香椿为发物,多食易诱使痼疾复发,故慢性疾病患者应少食或者不食用。

土豆：健脾养胃好食材，消肿减肥好帮手

名词解释

土豆的学名为马铃薯，"土豆"只是一个通称。有的地区称其为洋芋，英文为 potato。在法国，土豆又被称做"地下苹果"。据当代英国农学家霍克斯在其《马铃薯的改良科学基础·历史》中写道，马铃薯约在 17 世纪传入印度，比传到中国还要早很多。从上面的内容可以确定一点，那就是马铃薯引种至我国的时间并不晚于欧洲。而据相关资料的记载，日本的土豆是荷兰人在 1598 年带到长崎港的，也就是说，日本的土豆种植时间也并没有我国种植土豆的时间长。

营养价值

1. 和中养胃、健脾利湿：土豆中含有大量的淀粉以及蛋白质、B 族维生素、维生素 C 等营养物质，因此，它能够起到促进脾胃的消化功能，并且有和中养胃、健脾利湿的作用。

2. 土豆中还含有大量的膳食纤维，因此，能够起到宽肠通便的作用，并且能够帮助机体及时排泄代谢毒素，防止便秘的发生，同时能够预防肠道疾病的发生率。

3. 土豆能够供给人体大量有特殊保护作用的黏液蛋白，这些蛋白能够促持消化道、呼吸道以及关节腔、浆膜腔的润滑作用，同时，也能够预防心血管和系统的脂肪沉积，保持血管的弹性，对动脉粥样硬化的发生有一定的预防作用。土豆同时又是一种碱性蔬菜，对平衡体内酸碱平衡有一定的作用。土豆所含的营养物质能够中和体内代谢后产生的酸性物质，从而达到一定的美容、抗衰老的作用。

4. 土豆中含有丰富的维生素以及钙、钾等微量元素，并且易于消化吸收。在欧美国家特别是北美，土豆早就成为第二主食，深受当地人们的欢迎。土豆所富含的钾能取代体内的钠元素，同时能将钠排出体外，对高血压和肾炎

水肿的患者有一定的帮助。

5. 土豆具有减肥的功效，并且能够起到保持血管弹性、排钠保钾等作用，对一些高血压患者也能够起到很好的帮助作用。同时，土豆中钾和钙的平衡对于心肌收缩有显著作用，所以能够起到保持心肌健康的效果。

土豆的历史传说

马铃薯原产地为安第斯山区和智利沿海山地，当地的印第安人将土豆作为主要食物来食用。在1536年的时候，马铃薯由西班牙水手引种到欧洲，而到了1565年，才被引种到英国爱尔兰，220年之后，引入法国。它在很长一个阶段内是作为奇花异草来观赏的，甚至在法国，王后将其花朵戴在头上做装饰而使得当时的法国将其作为时髦高贵的象征。

在今天，瑞典的哥德堡市的市中心位置有一个小广场，而在这个小广场上矗立着一座青铜的塑像。这个雕像是哥德堡的一处名胜古迹，俗称为吃土豆者的塑像。就像美国人被称为山姆大叔一样，这个雕像是一个典型的斯文逊（瑞典人）。他的神情淡然，拥有粗大的骨骼，表情腼腆，下巴上还有一道很明显的沟壑。虽然是一身贵族的装扮，但是却像土豆一样沉静、内向、沉稳。在当地人们都知道这个雕像是谁，他就是约拿斯·阿尔斯特鲁玛——著名的吃土豆者。

吃土豆要注意的事项

马铃薯含有大量的淀粉，因此，长期以来成为了糖尿病人的禁忌。但是近年来，国内外学者经过研究，都提倡高碳水化合物饮食，因此，马铃薯逐步成为了糖尿病人可以食用的食品。研究发现，马铃薯对糖尿病人是十分有益的，并非是有害食物。在《中华本草》中这样写道："和胃健中；解毒消肿。主胃痛；痄腮；痈肿；湿疹；烫伤。"这就说明马铃薯对消化功能、免疫功能都有很好的保护作用。所以，只要适量，糖尿病人完全可以食用马铃薯。

但是要注意的是，土豆发芽的时候会产生龙葵毒素。而质量好的土豆，每100克中只含有10毫克龙葵毒素。而那些变青、发芽、腐烂的土豆中，龙葵毒素增加50倍，所以说千万不要食用发芽的土豆。

另外，孕妇也不易长久食用生物碱含量较高的薯类，因为长久食用会使

能量蓄积在体内，这就可能导致胎儿畸形。当然，人的个体差异也是相当大的，也并非每个人食用了薯类都会发生异常，但是孕妇还是以不吃或少吃薯类为好，特别是那些发芽的薯类，更要少吃，这一点对处于妊娠早期的妇女来说是尤其重要的。

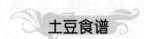

土豆食谱

一、凉拌土豆丝

原料：新鲜土豆两个（可按照人数确定），干的红辣椒三四个，食盐、味精、醋、色拉油适量

制作过程：

将土豆洗净，去皮，切成粗细均匀的细丝，再用清水洗干净土豆丝，控掉水分。此时，在锅里加入少量的色拉油，然后烧热，再将红辣椒放进去，再次炸出香味为止。此时要离锅远一些，千万注意别让辣椒油溅进眼睛里。放在一边待用。

随后，在锅中加适量清水烧开，随后将土豆丝下锅一焯，立刻捞出，时间要短，再用冷水过凉，控掉多余水分，盛盘。

将炸好的辣椒油、少许醋、食盐、味精全部撒在土豆丝上，搅拌均匀即可食用。

二、香油土豆丝

原料：土豆400克，鲜葱20克，精盐、味精、香油各1/2茶匙（2.5克，也可按照自己口味适量增减）。

制作：把土豆洗净削净表皮，切细丝处理。再将葱切成丝状。将土豆丝放入清水中漂洗，洗去多余的淀粉，捞出之后放入开水中稍煮，随后放入凉水中漂透，捞出控净水分。把土豆丝、精盐、味精、香油同放碗中，搅拌均匀然后装盘，放上葱丝即可食用。

三、醋熘土豆丝

材料：土豆一个

调料：干辣椒（依照个人口味）、醋、盐、生抽、味精适量

做法：

将土豆切成细丝，放入水中进行浸泡，尽量洗掉多余的淀粉。

在油锅内放入干辣椒进行翻炒,炸出香味,再放入土豆丝迅速翻炒,快速加醋、盐、生抽和味精适量,炒几下即可。

四、炸薯条

这个很简单,将土豆切成条,然后浸泡到油里炸。注意的是要用小火,免得出现外面焦了里面还没熟的情况。可以将盐放到油里。

五、青椒土豆丝

将切好的土豆丝在水里过滤一下,去掉表面的淀粉。在水烧开之后,加点白醋(没有白醋、黑醋也可以),将土豆丝放进去过一下,稍微煮一下,煮的时间不要太长。过一下就好,加醋是为了让土豆丝更脆。将锅中放入植物油,烧热。然后撒入花椒颗粒,爆出香味后倒入土豆丝翻炒,再放入切好的青椒丝,翻两下就可以起锅了。然后再放入适量的盐。另外,如果炒的时候加黑醋,起锅之前需要加入适量的糖,这个时候就成了糖醋土豆丝。

六、土豆饼

面粉、鸡蛋加花椒粉、胡椒粉、糖和成糊状,搅拌均匀,按照个人口味加葱花和香菜末。将切成片状的土豆裹上面粉以后放到中火油锅炸。可以根据个人喜好在面浆里加不同的材料,比如胡萝卜碎末等。

七、薯球

将土豆剁碎,再用面粉、鸡蛋加胡椒等调料和成糊状,搅拌均匀,然后再用勺子像煮肉丸一样一勺一勺地放到油锅里炸。然后,做圆一点就形成了薯球,做不圆的话索性将其拍扁,就形成了薯饼。

八、西红柿土豆汤

先将西红柿切块,然后放入少量的油,再进行翻炒。不用起锅,直接加入适量的水,然后放入土豆片(记得切薄一点)。等土豆熟了,还可以将锅中打个蛋,然后,倒在汤里便成了蛋花。此时便可以食用了。

健康饮食宜与忌

土豆与芹菜同食,能够起到降血压、缓解疲劳、防便秘的作用。

土豆如果和柿子一起吃的话,会因为难消化而不易排出。

萝卜：萝卜通气降血压，做法独特口感好

名词解释

萝卜被称做莱菔，根肉质，长圆形、球形或圆锥形，原产于我国，品种也很丰富，具有多种药用价值。

营养分析

萝卜中含有能够诱导人体自身产生干扰素的多种微量元素，因此能够起到增强机体免疫力的功效，并且能够抑制癌细胞的生长，对防癌、抗癌也有很重要的意义。在萝卜中，芥子油和膳食纤维是可以促进胃肠蠕动的，并且有助于体内废物的排出。常吃萝卜也可以起到降低血脂、软化血管、稳定血压、预防冠心病、动脉硬化、胆石症等疾病的功效。

萝卜除了本身具备的肉质脆嫩多汁、形美色艳、可食用外的特点外，还可充当装饰品，比如说在宴席上刻成造型精致悦心的雕花，从而达到刺激食欲，美化生活的作用。它除含葡萄糖、蔗糖、果糖、多缩戊糖、粗纤维、维生素C、矿物质和少量粗蛋白外，还含有多种氨基酸。

萝卜的历史评价

在我国民间，对萝卜的称谓有很多。它有"小人参"之美称，可见其营养价值之高；也有"萝卜上市、医生没事""萝卜进城，医生关门""冬吃萝卜夏吃姜，不要医生开药方""萝卜一味，气煞太医"等说法。民间还有一个俗语表现了萝卜的益处："吃着萝卜喝着茶，气得大夫满街走。"

在元代有位诗人，他为了赞美萝卜的功效，还写下了这样的诗句："熟食甘似芋，生吃脆如梨。老病消凝滞，奇功真品题。"

到了明代，著名的医学家李时珍对萝卜也极力推崇，在他的《本草纲目》中提到萝卜能"大下气、消谷和中、去邪热气"，主张每餐必食。

萝卜的烹饪方法

一、白萝卜煲羊腩汤

材料:干净萝卜一个、羊腩 500 克左右、生姜 3 片、食盐少许

制法:选优质大白萝卜一个,洗干净之后去掉皮,将生姜也洗干净,白萝卜切成大小均匀的块,并且将生姜切成三片,备用。随后将羊腩用清水洗干净,切成块状以备用。在瓦煲内加入适量的清水,然后用猛火煲至水开即可,然后将以上全部的材料都放入锅中,随后,改用中火继续煲 3 个小时左右,加入少许食盐调味,即可食用。

功效:本方具有补中益气、健脾消积食等功效、也能够用来预防皮肤干燥、皲裂、生冻疮等情况。

二、萝卜煲鲍鱼

鲜萝卜 300 克(去皮洗净)、鲍鱼 25 克左右,煮汤服食。隔日一次,6 ~ 7 次为一个疗程。

功效:此汤有滋阴清热、宽中止渴的功效,并且对于糖尿病的辅助治疗也是有一定帮助的。

三、萝卜饼

材料:白萝卜 250 克左右,瘦猪肉 100 克,生姜、葱白、精盐、菜油各适量,面粉 250 克

制法:将萝卜切丝,并用菜油炒至五成熟与肉丝等调料搅拌均匀拌成馅,然后将面团加馅最后制成饼,最后,放油锅里烙熟。可以作主食,也可长期服用。

功效:对痰湿中阻之眩晕头痛、呕吐、咳喘及食后腹胀等症有一定的功效。

四、白菜萝卜汤

将 500 克白菜心切成碎末,再需要白萝卜 120 克,将其切成薄片,加入 800 毫升的水,煮至 400 毫升,再加入红糖适量。

功效:每次饮用 200 毫升,一天两次即可,连服三四天可以治疗感冒。

五、萝卜酸梅汤

鲜萝卜 250 克,将其切成薄厚均匀的片,放置酸梅 2 枚,加入大约 3 碗的

清水，煎至一碗半，用食盐少许调味，去渣饮用。

功效：适用于饮食积滞或进食过饱引起的胸闷、烧心、腹胀、肋痛、烦躁气逆等症。

六、蜜蒸萝卜

鲜萝卜 1 个、蜂蜜 60 克，将萝卜洗净削去皮，将萝卜中心挖空，然后装入适量蜂蜜，再用碗盛载，隔水蒸熟即可服食。

功效：此方具有润肺、止咳、化痰的功效，并且适用于慢性支气管炎、咳嗽、肺结核之咽干、痰中带血等症状。

七、五汁饮

用 60 毫升甘蔗汁，30 毫升荸荠汁、萝卜汁、梨汁，60 毫升西瓜汁，然后隔水共蒸熟，放凉后代茶饮。每日 1～2 次。可辅助治疗麻疹。

八、白萝卜烧墨斗鱼

原料：白萝卜、墨斗鱼、红尖椒、绿尖椒、葱、姜适量

调料：盐少许、味精、色拉油少许、高汤、淀粉适量

制法：将白萝卜切成菱形块，红、绿尖椒切成大小均匀的块，再用温油将蔬菜焯一下。将墨斗鱼洗干净，再用沸水焯一下，捞起后待用。在锅内放少许的底油，放葱末、姜末，再下入全部原料和适量的高汤一起烧，大约 3 分钟之后，调味勾芡，即可。

健康饮食宜与忌

1. 一般人群均可食用。

2. 弱体质者、脾胃虚寒的人不宜多食，并且有十二指肠溃疡、慢性胃炎、单纯甲状腺肿、先兆流产、子宫脱垂等情况的人不宜多食。

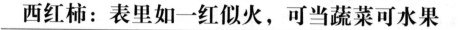

西红柿：表里如一红似火，可当蔬菜可水果

名词解释

番茄又被称做西红柿、洋柿子。古代的时候有六月柿子喜报三元的说法。西红柿的果实营养丰富，并且具独特的风味，既可以生吃，也可以煮熟食用，同时还可以加工成番茄酱汁或者是用果罐来储藏。西红柿是全世界栽培最为普遍的果菜之一，不管是在美国、俄罗斯、意大利还是在我国都栽种着大面积的西红柿，这些都是其主要的生产国。在我国的很多地方都有种植番茄，并且栽培面积也都在不断地扩大。

营养成分

1. 番茄中含有十分丰富的胡萝卜素、维生素 C 和 B 族维生素。

2. 每 100 克番茄能量含量达到了 11 千卡，维生素 B 有 0.06 毫克，蛋白质 0.9 克，脂肪 0.2 克，碳水化合物 3.3 克，除此之外，叶酸和膳食纤维含量分别为 5.6 微克和 1.9 克，维生素 A 63 微克，胡萝卜素 375 微克，硫胺素 0.02 毫克，核黄素 0.01 毫克，烟酸 0.49 毫克，维生素 C 14 毫克，维生素 E 0.42 毫克，钙 4 毫克，磷 24 毫克，钾 179 毫克，钠 9.7 毫克，碘 2.5 微克，等等。

番茄中的食用部位为多汁的浆果。当然，番茄的品种也有很多，红色的番茄果实颜色呈火红色，一般多是呈微扁的圆球形，脐小并且肉厚，味道也是比较沙甜的，汁也是比较多的，十分的爽口。西红柿不管是生食、熟食均可以，当然，还可以将其加工成番茄酱和番茄汁。

根据营养学家的研究和测定发现，如果每个人每天食用 50 克 ~ 100 克的新鲜番茄，那么就可以满足人体对某几种番茄中所含的矿物质的需要了。番茄中含有丰富的番茄素，因此，具有抑制细菌滋生的作用；并且，其中含有的苹果酸、柠檬酸和糖类也是十分惊人的，具有帮助消化的功能。

番茄的传说

相传番茄的老家本来是在秘鲁和墨西哥地区，原先这种生物是一种生长在森林里的野生浆果。当地的人们都把这种红色的果子当做是有毒的果子，并且称它为"狼桃"，只是用来观赏，根本无人敢吃。当地人传说狼桃是有毒的，吃了狼桃就会浑身起疙瘩、长瘤子。虽然它成熟时鲜红欲滴，红果配绿叶，也是十分的美丽诱人，但是正如色泽娇艳的蘑菇有剧毒一样，人们仍然还是对这种水果敬而远之，未曾有人敢吃上一口这种水果，只是把它作为一种观赏植物来对待。

据相关资料记载，到了16世纪，英国有位名叫俄罗达拉的公爵，他在南美洲旅游的时候，很喜欢番茄这种观赏植物，于是便将这种植物视如珍宝，将它带回了英国，并且作为爱情的礼物献给了情人伊丽莎白女王以此来表达自己的爱意，从此之后，番茄成为了"爱情果""情人果"，这种美名也就开始广为流传了。但此时的人们只是把番茄种在庄园里，并作为象征爱情的礼品赠送给爱人，也根本没有人食用这种植物。过了一代又一代，仍没有人敢吃番茄。

直到17世纪的时候，有一位法国的画家，他曾多次对番茄进行描绘，而他面对番茄这样美丽可爱并且"有毒"的浆果，实在是难以抵挡它的诱惑，于是他产生了想要亲口尝一尝它是什么味道的念头，因此，他便冒着生命危险吃了一个，当将其吃到口中之后，反而觉得它甜甜的、酸酸的、酸中又有甜味儿，十分地好吃。然后，他便躺到床上等着死神的光临。但是一天过去了，两天过去了，他还躺在床上，却丝毫没有疼痛感，也没有任何中毒的征兆。他吃了一个像毒蘑一样鲜红的番茄居然没死！从此之后，他便知道了，原来番茄是可以吃的，并且还是没有任何毒素的。他把这个消息告诉了自己的朋友们，当时，他们都惊呆了。不久，番茄无毒的新闻震动了西方，并迅速传遍了整个世界。

吃西红柿注意事项

在制作熟食热菜的时候，番茄可以按照烹饪方法的不同，来表现出酸甜两种口味。如果在烹调的时候，想获得酸口味就要延长加热番茄的时间。相反地如果不希望出现酸味，那么就应该缩短烹饪的时间。

西红柿的烹饪方法

一、西红柿蛋汤

材料：番茄约300克（最好是切成小块），鸡蛋两个（按照人口数），精盐、味精、湿淀粉等各适量，清油20毫升

制法：

（一）先将番茄倒入炒菜锅中，然后加入适量的精盐，直到炒成糊状，再加入适量的水将其煮沸。

（二）放入少量的味精进行打欠，然后再倒入蛋液，起锅后再加入少许的芝麻油即可食用。

二、番茄炒蛋

食材：番茄4个即可、鸡蛋2个

调料：葱、姜、盐少许、白糖少许

制作：

（一）将番茄去掉皮，然后切成大小均匀的块，备用；将鸡蛋打成散状，然后再切少许的葱姜。

（二）再将锅内倒入适量的油进行加热，然后将鸡蛋炒熟后盛到盘子内。

（三）然后，再加入少许的食用油，倒进葱姜爆炒，再倒入番茄进行翻炒。

（四）炒到出现汁液的时候，再加入已经炒好的鸡蛋，然后再进行翻炒。

（五）最后加入适量的盐、白糖和鸡精。

三、番茄拌火腿

原料：洋葱1个、火腿3片（可适量增加）、小西红柿4个、香菜2大匙、小辣椒1个

辅料：鱼露2大匙、糖1大匙、柠檬汁2大匙

制作：

（一）将洋葱剥去外面的膜，然后切成两半，再切成粗细均匀的细丝，随后放入冷开水中进行浸泡，等到5分钟之后沥干多余的水分。

（二）将火腿切成丝状，再将小西红柿切成两半，然后再将香菜切成碎状，小辣椒切成末状。

（三）先将辣椒末和调味料搅拌均匀，然后放好。

（四）将洋葱丝、火腿丝、小西红柿、香菜混在一起，加入综合调料调味并搅拌均匀。

健康饮食宜与忌

1. 不宜生吃。尤其是对脾胃虚寒以及在月经期间的妇女。因为番茄含有大量的可溶性收敛剂等成分，如果其与胃酸发生了反应，那么就会很快凝结成不易溶解的块状物体，这就容易引起胃肠的胀满、疼痛等不适的症状。如果只为了补充维生素 C，那么就可以选择在盛夏的时候，洗干净直接生吃就行了。

2. 不宜空腹吃。在空腹的时候，胃酸的分泌量也会不断增加，因为当番茄中所含有的某种化学物质与胃酸相结合的时候，便会很容易形成不溶于水的块状物体，这种物体一旦被人类食用，那么往往会引起腹痛，最终会造成胃不舒服、胃胀痛。

3. 不宜吃还没有成熟的青色番茄。因为在还没有熟透的番茄中往往会含有毒的龙葵碱。如果食用了这些物质，首先会感觉到十分的苦涩，如果吃得过多，在严重的情况下，可能会导致中毒的出现，甚至会出现头晕、恶心、浑身不舒适、呕吐以及全身疲乏等症状，更严重的还会对生命造成威胁。

4. 不宜长时间高温进行加热。因为番茄中的红色素在遇到光、热和氧气的时候，往往会容易分解，从而会失去保健的作用。因此，在烹调的时候，应避免长时间高温加热。

5. 西红柿不宜和青瓜、黄瓜一起食用。

因为在青瓜中含有维生素 C 分解酶，这种物质往往会破坏其他蔬菜中的维生素 C。而番茄中则富含维生素 C，如果二者一起食用的话，自然就达不到补充营养的效果了。

6. 日常生活中，如果在服用肝素、双香豆素等抗凝血药物期间也是不宜食用西红柿的。番茄中含有较多的维生素 K，而维生素 K 的主要功能是催化肝中凝血酶原以及凝血活素的合成。当维生素 K 出现不足的时候，往往会造成凝血的时间逐渐延长以至造成皮下和肌肉出现明显的出血现象。

7. 服用新斯的明或加兰他敏等药物时禁止食用。

8. 在饭前吃番茄可以达到瘦身的效果。因为番茄中的茄红素可以降低对热量的摄取量，从而便能够减少脂肪的积累，并且可以补充多种维生素，从而能够起到保持身体营养均衡的作用。很多女性如果想要达到瘦身的效果，那么可以在饭前食用一个番茄，因为番茄中含有的食物纤维不能够被人体消化吸收，这种元素不仅仅能够起到减少米饭和高热量饭菜的摄食量的作用，同时，还能够起到阻止身体对食物中脂肪进行吸收的作用。番茄具有独特的酸味，这种酸味还可以刺激胃液的分泌，从而促进肠胃的蠕动，这样一来，自然也就帮助人体排出多余脂肪和废弃物。但是，对于寒性体质和胃肠虚弱的人则要注意，这类体制的人可以选择饮用加热过的番茄或番茄汁。

9. 番茄还适合那些热性病发热、口渴、食欲不振的人食用，对于习惯性的牙龈出血、贫血、头晕、心悸、高血压、急慢性肝炎等患者也有一定的缓解效果，尤其适合夜盲症和近视眼者食用。

南瓜：甘甜可口做法多，粥中有它色味全

名词解释

南瓜是属于葫芦科南瓜属的一种植物。南瓜拥有不同的称谓，原因是因为产地的不同。南瓜又被称为麦瓜、番瓜、倭瓜、金冬瓜，在中国台湾则称之为金瓜。南瓜的原产地为北美洲。南瓜在我国各地都有栽种，栽种面积也是比较广的。而日本在北海道种植的数量也很多。鲜嫩的南瓜味道甘甜可口，也是夏秋季节的瓜菜之一。比较老的瓜可以用作饲料或是杂粮，所以在很多地方南瓜又称为饭瓜。当然，在西方国家南瓜也会经常被用来做成南瓜派，也就是我们日常所说的南瓜甜饼。南瓜全身上下都是宝贝，它的瓜子也可以当做是零食来食用。

营养价值

在南瓜中，不仅含有淀粉、蛋白质、胡萝卜素，还含有一定量的维生素，比如维生素 B、维生素 C，其营养十分的丰富。这种蔬菜开始是深受农村人喜爱

的，但是现在也在逐渐地流入城市人的生活中，是城市人不可缺少的一种菜。

经过研究发现，每 100 克南瓜中就含有蛋白质 0.6 克、脂肪 1 克、5.7 克的碳水化合物，粗纤维含量也能够达到 1.1 克，灰分能够达到 6 克，钙的含量也能够达到 10 毫克，磷 32 毫克，铁 0.5 毫克，除此之外，还含有胡萝卜素 0.57 毫克、核黄素 0.04 毫克、0.7 毫克的尼克酸、抗坏血酸 5 毫克。当然这并不是其含有的所有营养物质，它还含有很多对人体有益的物质。

南瓜中对人体有益的成分有很多，比如多糖、氨基酸、活性蛋白、类胡萝卜素及多种微量元素等。

1. 多糖类：这种糖类是一种非特异性免疫增强剂，能够起到提高人体的免疫功能，从而也能够促进细胞因子的生成，最终能够调节人体的免疫系统。

2. 类胡萝卜素：南瓜中含有丰富的类胡萝卜素，这种物质可以在人类的机体内快速转化成具有重要生理功能的维生素 A，这种转化能够迅速地促进人体的上皮组织的生长产生分化，从而维护正常的视觉效果，并对促进骨骼的发育也起到了重要的生理功能。

3. 矿质元素：南瓜中的钙、钾的含量都很高，并且还有低钠的元素特点，特别是对中老年人和高血压患者有很好的食用效果，这些矿物质能够预防骨质疏松和抑制高血压。除此之外，南瓜还含有少量的磷、镁、铁、铜、锰、铬、硼等金属元素。

4. 氨基酸和活性蛋白：南瓜中含有人体所需的多种氨基酸，其中要以赖氨酸、亮氨酸、异亮氨酸、苯丙氨酸、苏氨酸等的含量较高。此外，在南瓜中的抗坏血酸氧化酶的基因类型与烟草的基因类型相同，但其活性明显高于烟草，这就表明了在南瓜中免疫活性蛋白的含量是非常高的。

5. 脂类物质：经研究发现，南瓜种子也具有很丰富的营养物质，其中的脂类物质就对泌尿系统疾病以及前列腺增生具有良好的治疗和预防作用。

历史传说

在清代海盐区有个名人叫张艺堂，年少时喜欢读书，人也非常聪明，但是由于家庭条件不好，没有富余的钱交纳学费。当时有个大学问家叫丁敬身，张艺堂想拜他为师。第一次去拜师时，他身后背着个大布囊，里面装着送给老师的礼物。到了老师家以后，他放下沉重的布袋，从里面捧出两只大南瓜，每只约重十余斤。旁人看了都哈哈地大笑,而丁敬身先生却欣然接受了,并当场用这南瓜煮粥来招待自己的学生,虽然这顿饭只有南瓜菜,但师生们却吃得津津有味。在海盐一带,这种"南瓜礼"一直被传为一段佳话。

南瓜雕空当灯笼的故事则源于古代的爱尔兰。故事说的是一个名叫杰克的人,他是个喜欢恶作剧的醉汉。有一天杰克将恶魔骗上了树,并且随即在树桩上刻了个十字,以此来恐吓恶魔,不让他从树上下来。最后杰克与恶魔约法三章,条件就是让恶魔答应自己,并给自己施法,让杰克永远不会犯罪。如果恶魔帮自己实现了这个愿望,那么作为条件才让他从树上下来。在杰克死后,就因为这件事情,他的灵魂既不能上天又不能下地狱,于是他的亡灵就只能够靠一根小蜡烛照着。这个小蜡烛指引他在天地之间徜徉着。

当然,在古老的爱尔兰传说里,放置这个小蜡烛的是一根挖空的萝卜,它称做"杰克-LANTERNS",而那个古老的萝卜灯演变到了今天,就变成了由南瓜做成的杰克-O-Lantern了。还听说爱尔兰人到了美国没多长时间,就发现南瓜不论是从来源,还是从雕刻手艺上来说都要比萝卜更胜一筹,这样南瓜就替代了胡萝卜成了万圣节的宠物。

吃南瓜的注意事项

南瓜不仅食用价值很高,而且还有着不可忽视的食疗作用。《滇南本草》中记载:"南瓜性温,味甘无毒,入脾、胃二经,能润肺益气,化痰排脓,驱虫解毒,治咳止喘,治疗肺痈便秘,还有利尿、美容的作用。"近年来,国内外的医学专家对这种蔬菜进行了研究,发现经常食用南瓜对治疗前列腺肥大有很大的帮助,还可以预防前列腺癌,并且也能够起到防治动脉硬化和胃黏膜溃疡、化结石的作用,因此患有此类病症的人可以适量多食用一些。

南瓜烹饪方法

一、糖醋南瓜丸

原料:南瓜、面粉各500克,精盐、白糖、醋、淀粉、植物油各适量

做法:将南瓜的皮和里面的白瓤去掉,然后洗干净后切成块状,随后,放入蒸笼里慢慢地蒸熟,随后取出控水,再加入白面粉、白糖、食盐,然后再揉成面团状。在锅内放入足够的油,烧至七成热即可,把南瓜挤成小圆球

状的丸子，然后放入油中炸至金黄色的时候再捞出。在锅内放入底油，倒入清水约100毫升，不要太多，然后加白糖和少许精盐勾芡，随后滴入少许的香醋，再倒入丸子里调匀即可食用。

功能：此菜肴不仅具有补中益气的作用，还有温中止泻的功效，更适用于脾胃虚弱者和泄泻体倦等病症。

二、紫菜南瓜汤

原料：老南瓜100克左右，紫菜20克，虾皮20克，鸡蛋1枚，酱油、猪油适量，黄酒、醋、味精少许，香油适量。

制作：先将紫菜放到冷水中浸泡，洗干净，再把鸡蛋打入碗内搅拌均匀，把虾皮用黄酒进行浸泡，南瓜去皮、瓤，洗干净之后切成块状。再将锅放到火上烧热之后，倒入猪油，然后直接放入酱油炝锅，随后加入适量的清水，倒入虾皮、南瓜块，大约煮30分钟。这个时候再把紫菜投入，10分钟左右之后，将搅好的蛋液倒入锅中，加入作料调匀即可装盘食用。

功效：此汤具有护肝、补肾的功效，特别是适合肝肾功能不健全的人食用。

三、南瓜汤

南瓜约250克。将南瓜去皮、瓤，然后清洗干净之后切成小块，随后放入锅中加入适量的清水（500毫升），然后等到瓜煮熟以后，再加入调料即可食用。

功效：喝着汤汁吃着煮熟的南瓜块，早、晚各服食1次。本汤对于血压高和糖尿病患者来讲是比较好的食物，糖尿病患者可以常服食。

健康饮食宜与忌

1. 南瓜和绿豆混合可以补中益气、清热生津。因为南瓜有补中益气、降低血脂的功效。而绿豆可以起到清热解毒、生津止渴的作用，与南瓜一同食用就会起到更好的保健作用。

2. 如果是南瓜与猪肉烹制食用则会增加营养、降低血糖。南瓜有降血糖的作用，猪肉中含有丰富的营养成分，具有滋补的作用，两者同时食用对保健和预防糖尿病有较好的作用。

3. 南瓜和山药一同食用可以提神补气、强肾健脾；南瓜同辣椒一起吃会破坏维生素C；南瓜和羊肉放到一起煮又会引发腹胀便秘。

芹菜:降压去脂好处多,防病还能保健康

名词解释

芹菜,属于伞形科的植物。可以分为水芹和旱芹两种,这两种芹菜的功能是十分相近的,药用以旱芹为最佳。旱芹的香气也是比较浓的,因此又被称做是"香芹",也可称为"药芹"。芹菜是高纤维食物,它经过肠内的消化作用可以产生一种木质素或肠内脂的物质,而这类物质又是一种很好的抗氧化剂,所以说常吃芹菜,尤其是经常吃芹菜的叶子,就可以预防高血压的产生,从而能够防止动脉硬化,并且还具有辅助治疗的作用。

营养价值

芹菜性凉,味道也比较甘辛,无毒;入肝、胆、心包经。主要能够起到清热除烦、平肝、利水消肿、凉血止血的功效。还主治高血压、头痛、头晕、暴热烦渴、黄疸、水肿、小便热涩不利、妇女月经不调、赤白带下、瘰疬、疔腮等病症。芹菜虽然性凉但是却有着质滑的特点,所以脾胃虚寒,肠滑不固者应该慎用,不宜多食。

芹菜中含酸性的降压成分,经过试验表明,对兔、犬静脉注射有明显的降压作用;临床对于原发性、妊娠性及更年期高血压症状均有一定的疗效。

从芹菜叶子中分离出来的一种碱性成分,不仅对动物能够起到镇静的作用,而且对人体的健康也能够起到一定的安定作用。芹菜甘或芹菜素口服有利于安定情绪,消除烦躁。

芹菜中也含有利尿的有效成分,因此,可以起到利尿消肿的作用。临床上以芹菜水煎有效率达85.7%,可治疗乳糜尿。

芹菜又属于高纤维食物,它能够经过肠内的消化作用来产生一种木质素或肠内脂的物质,然而这类物质在浓度高的时候便可以抑制肠内细菌产生的致癌物质。它还可以加快肠道的蠕动,从而促使粪便在肠内的运转速度,从而减少致癌物与结肠黏膜的接触,这样便能够达到预防结肠癌的目的。

芹菜的历史

古埃及人与希腊人常常把芹菜和葬礼联系在一起，由此可见他们把芹菜作为哀伤和死亡的象征。然而，埃及人还利用芹菜来减轻四肢的肿胀。

到了晚近时代，我们很容易就能够在南欧的一些边界碱土上发现芹菜的踪迹。到了 17 世纪时，芹菜更是被意大利人拿来进行栽植，并且由原来的单一品种发展为后来的不同的品种。当然，芹菜在很多时候又会被称做是"芳香野芹"，因为这整株植物在烹调的过程中，均扮演着调香的角色，当然，在很多时候，这种奇妙的食物常用于汤和色拉中，它富含矿物质，可提供低盐的餐饮。卡尔培波主张将其用以解除女性的心理障碍，由此可知芹菜对生殖系统具有正面的影响力。除此之外，它还是出了名的鸟饲料、神经方面的补品以及调味料。

吃芹菜的注意事项

在日常的生活中，有许多人在食用芹菜的时候常常会把叶去掉，其实这是不科学的食用方法和习惯。因为芹菜叶子中也含有丰富的营养，如果是新鲜的叶子则也是具有食用价值的，并且其营养价值也能够很好地被人体吸收。

芹菜的烹饪方法

一、芹菜拌干丝

原料：芹菜 250 克左右，豆干 300 克，葱白适量，生姜适量

制作：芹菜洗净后切去根头，并且切成小段；豆干切成细丝，葱切成段，生姜拍松；将锅放到旺火上进行烧热，然后倒入花生油，烧至七成热的时候，下姜葱煸过后再加入精盐，随后倒入豆干丝再翻炒 5 分钟左右，随后加入芹菜一块儿进行翻炒，然后将味精调水泼入，炒熟后起锅即可食用。

功效：本菜鲜香可口，并且具有降压平肝、通便的功效，此菜适用于高血压、大便燥结等病症。

二、芹菜粥

原料：芹菜 40 克，粳米 50 克，葱白 5 克。

制作：先将芹菜洗干净然后去根，将锅中倒入适量的花生油并且烧热，

将葱倒入锅中,添加适量的米、水、盐,然后煮成粥,加入芹菜稍煮片刻,然后放入适量的调味精即可。

功效:此菜具有清热利水的功效,并且可以作为高血压、水肿患者的辅助食疗品来食用。

三、糖醋芹菜

原料:芹菜500克,糖、醋各适量

制作:先将嫩芹菜去掉叶子,然后留茎,清洗干净,倒入沸水中汆过,等到茎软的时候,再捞起沥干多余的水分,切成寸段,再加入糖、盐、醋搅拌均匀,然后淋上香麻油,装盘即可食用。本菜酸甜可口,有去腻开胃的功效,并且具有降压、降脂的功效,对高血压病患者来讲也是不错的选择。

四、芹菜小汤

原料:芹菜150克左右,奶油50毫升,牛奶150毫升左右,面粉适量

制作:将芹菜清洗干净,然后去掉叶,切成段,再用150毫升的水煮开,并将食盐、奶油及2匙面粉调入牛奶内,将这些东西一并倒入芹菜汤中,一滚即可食用。此汤清淡适口,鲜香开胃,不仅具有益胃养阴、止血通淋的功效,而且对糖尿病、小便出血、小便淋痛者均有一定的疗效。

健康饮食宜与忌

对于脾胃虚寒,肠滑不固的人来讲,以及血压偏低的人,婚育期男士都应少吃芹菜,因为芹菜具有杀精的功能。

菜花:菜中生出花色来,多食防病保健康

名词解释

花椰菜,学名叫做球叶甘蓝。大部分的人称其为"花椰菜"或者是叫做"菜花"、"椰菜花",此外,还有花菜、菜花、椰菜花的叫法。菜花是一种蔬菜,花椰菜、西兰花(青花菜)和结球甘蓝都是甘蓝的变种。

营养价值

1. 很多人都知道西兰花最显著的功效是防癌抗癌，菜花含有大量的维生素C，这种蔬菜比大白菜、番茄、芹菜的维生素C的含有量都高，尤其是在防治胃癌、乳腺癌方面的效果更是突出。经过研究表明，患胃癌的时候，人体血清硒的水平会明显下降，自然，在胃液中的维C浓度也会呈现明显低于正常人的趋势。而菜花不但能够给人补充一定量的硒和维生素C，同时也能供给丰富的胡萝卜素，因此能够起到阻止癌前病变细胞形成的作用，也能够抑制癌肿的生长。根据美国营养学家的研究，菜花内还含有多种吲哚衍生物，此种生物能够起到预防乳腺癌的发生的作用。此外，研究还表明，从菜花中提取的一种酶，这种物质能预防癌症的发生，有提高致癌物解毒酶活性的作用。

2. 另外西兰花还是增强机体免疫的高手，菜花的维生素C含量极高，不但对人体的生长发育有很重要的作用，并且还能够提高人体的免疫功能，从而促进肝脏的解毒，增强人的体质和增加抗病能力。

历史传说

在1954年的时候，印度人埃迪尔氏（英国医学博士，曾经在日本学过针灸）回国时途经中国的香港地区。埃氏从来不吃肉类，他是素食主义者，他的菜肴只限于若干素菜，因此每次请他吃饭，常到斋菜馆中。据他自己说，他信奉宗教，饮食通常是很简单的，只求有营养，向来不追求美味。

当他吃到以中国方式烹饪的素菜之后，方才理解"美味"两字。尤其是当他吃到了奶油焗花椰菜，他说这是他一生以来从未吃到的"美味"。因此，他说中国人的生活文化高人一等，认为这是中国文明所寄，其他的国家是无法达到的。

吃菜花的注意事项

在炒食的时候，不宜切得过碎，并且在切菜的时候刀上的铁元素会加速维生素C的氧化，如果切得过碎，可能会造成维生素C的损失，从而也会影响食用时的口味，故炒食时不宜切得过碎。

菜花烹饪方法

一、清炒花椰菜

原料：西兰花 500 克，胡萝卜一根

做法：

（一）把西兰花的根稍微切掉一点，然后用手掰成小朵就行了，清洗一下。

（二）将胡萝卜清洗干净，可以去皮也可以不去，然后切成片。

（三）锅中烧入适量的水，水开后加入盐，倒入西兰花过一下热水，时间不宜太长，2 分钟就可以了。

（四）水再次开的时候倒入胡萝卜，过水一分钟捞出来。

（五）先用淀粉加水点勾芡。

（六）锅中滴油（适量），油热后倒入西兰花和胡萝卜，然后大火翻炒 2 分钟即可。

（七）然后加入盐、鸡精适量，倒入芡粉翻炒就可以起锅了。

二、蒜蓉花椰菜

原料：西兰花 400 克左右，大蒜 4 ~ 5 瓣，盐 1/4 茶匙，橄榄油 1 汤匙（或其他植物油）

做法：

（一）先将西兰花洗净掰成小朵，大蒜剁碎，然后备用。

（二）先将西兰花在沸水中焯一分钟，时间不要长，至水再次煮开，捞出浸入凉水中以防变成黄色。

（三）将炒锅中倒入适量的橄榄油，油烧到七成热后即可，将蒜末翻炒出香味，然后倒入焯好的西兰花，随后进行翻炒 3 分钟左右，然后加少许盐出锅即可食用。

三、花椰菜炒虾仁

原料：虾仁 15 个左右，西兰花一棵

做法：

（一）先将西兰花清洗干净，将根去掉，然后掰成小朵。在锅中倒入水，然后烧开后放点盐，随后，放入适量的西兰花，滚上一会儿，大约在十几二

十秒钟后，水不要太多，盖过西兰花就行了。

（二）先将锅中油热熟后，再将虾仁放入，迅速过油至熟（最好用去过虾线的虾仁）。

（三）然后倒入焯水后的西兰花炒一下，再加点盐，可以稍微加点水。

（四）炒 1 分钟就可以出锅了。

四、凉拌花椰菜

原料：胡萝卜一根，西兰花一棵。

配料：干辣椒段（依照个人口味放置），花椒四五颗，盐适量，鸡精少许，香油几滴，蒜末、白醋适量。

做法：

（一）先将西兰花掰成小朵洗净，然后将胡萝卜纵切成两半，随后再切成厚约 1~2 毫米的半月形薄片。

（二）在锅中烧开水后，加入少许的盐、色拉油，先焯胡萝卜片，再焯西兰花。

（三）焯好后将其捞到准备好的冷开水中，然后过水晾凉。在晾凉的西兰花、胡萝卜里加入少量的盐、鸡精拌匀。

（四）将锅中倒入香油，并放入花椒、干辣椒段，开中火，炸出香味后捞出花椒粒、辣椒段，然后趁热把油浇在西兰花上拌匀，最后拌入少许的白醋（醋多了会使西兰花变色）。

（五）先把拌好的西兰花的绿花朝下，然后整齐码放在一个圆形的小碗里，码好后拿一个盘子盖在碗上，再翻转 180 度把碗底朝上倒扣在盘子上，随后取出小碗。再把胡萝卜片摆在西兰花的四周，围成花边的形状。

健康饮食宜与忌

菜花性凉、味甘，可以起到补肾填精、健脑壮骨、补脾和胃的作用，并且对久病体虚、肢体痿软、耳鸣易健忘的人也有帮助，更是能够对脾胃虚弱、小儿发育迟缓等病症起到一定的作用。

水果：鲜果甜美难相忘，果篮一捧多

　　水果是男女老少都无法抵抗的食物，它甜酸可口，丰富多汁，它维生素丰富，它延缓人的衰老。总而言之，水果在人们的眼中就是那么的好人缘，只要吃上一口就会让人爱不释手。每天，都会有不同的水果从我们舌尖上滑过，而每一种水果都会给我们的心情带来各种各样奇妙的变化。其实水果也是有各种各样新奇有趣的故事的，它的制作方法也有着各种各样的演绎。只要你愿意，它一定会像一个与你形影不离的朋友，给你带来青春，带来朝气，带来无数生活的乐趣，同时还会告诉你什么是幸福、什么是真正的甜甜蜜蜜。

西瓜：红瓤黑籽沙瓤脆，汁多减肥人苗条

名词解释

　　西瓜属于葫芦科，原产地是今天的非洲。它是一种双子叶开花的植物，形状像藤蔓，叶子也会呈现出羽毛状。它所结出的果实是假果，且属于植物学家称为假浆果的一类。果实的外皮光滑，会呈现绿色或是黄色并且有花纹，果瓤多汁为红色或黄色（罕见白色）。

营养价值

　　1. 西瓜可清热解暑，除烦止渴，是夏季的佳品。并且西瓜中含有大量的水分，对于急性热病发烧、口渴汗多、烦躁的人，吃上一块又甜又沙、水分十足的西瓜，症状马上会得到改善。

　　2. 西瓜所含的糖和盐能够利尿并消除肾脏的炎症，它富含的蛋白酶能把不溶性蛋白质转化为可溶的蛋白质，从而能够增加肾炎病人的营养。

　　3. 西瓜还含有能使血压降低的物质，所以说对降低血压也是有帮助的。

　　4. 吃西瓜后会发现尿量明显增加，这能够起到减少胆色素的含量的作用，并且可使大便保持通畅，对治疗黄疸也有一定的作用。

　　5. 新鲜的西瓜汁还可以起到增加皮肤弹性的作用，并且能够减少皱纹的形成，增添面部光泽。

　　6. 西瓜果肉中含有蛋白质、葡萄糖、蔗糖、果糖、苹果酸、瓜氨酸、谷氨酸、精氨酸、磷酸、内氨酸、丙酸等元素，并且还富含乙二醇、甜菜碱、腺嘌呤、萝卜素、胡萝卜素、番茄烃、六氢番茄烃、维他命 A、维他命 B、维他命 C、挥发性成分中含多种醛类。在西瓜的种子中富含脂肪油、蛋白质、维生素 B_2、淀粉、戊聚糖、丙酸、尿素、蔗糖等。

西瓜的历史由来

我国自古以来是世界上最大的西瓜产地,但是西瓜并非是我国土生土长的作物。西瓜的原生地是在非洲,它原本是葫芦科的野生植物,后来经人工培植成为了食用西瓜。早在4000年前的时候,埃及人就开始种植西瓜。后来西瓜逐渐北移,最初的时候,是由地中海沿岸传至北欧地区,而后传播方向发生变化,朝南进入了中东、印度等地,四五世纪的时候,才由西域传入我国,所以称之为"西瓜"。

据明代科学家徐光启《农政全书》记载:"西瓜,种出西域,故之名。"明李时珍在《本草纲目》中也有记载:"按胡峤于回纥得瓜种,名曰西瓜。则西瓜自五代时始入中国;今南北皆有。"这说明西瓜在我国的栽培已有悠久的历史。

吃西瓜注意事项

1. 西瓜是夏令瓜果,在夏天食用为妙,冬季不宜多吃,应循季节规律。

2. 不宜在饭前及饭后吃很多西瓜,因为西瓜中含有大量的水分,这样会冲淡胃中的消化液,在饭前及饭后吃都会影响食物的消化吸收。如果在饭前吃还会有饱腹的感觉,影响食欲,使就餐中摄入的多种营养素大打折扣,特别是对于孩子、孕妇和乳母的健康影响更大。当然,如果是肥胖者想要通过节食减肥,那么不失是一种减少食物摄入的好方法。

3. 少吃冰西瓜。虽然在夏季,吃冰西瓜的解暑不失为一种好办法,但是对胃的刺激性很大,很容易引起脾胃损伤,所以应该注意把握好吃的温度和数量。如果想要吃凉一些的西瓜,那么最好把西瓜放在冰箱冷藏室的最下层,温度大约是8℃~10℃,这个温度口味最好,并且也会起到解暑的作用。而每次吃的量不要超过500克,且要慢慢地吃,千万不要吃得太快。对于有龋齿(蛀牙)和遇冷后即会感到酸、痛的牙齿过敏者,或者是胃肠功能不佳者就不宜吃冰西瓜。

4. 西瓜果肉中含有瓜氨酸、精氨酸成分,这些成分能够增大鼠肝中的尿素形成,从而能够起到利尿的作用。而西瓜种子中含有一种皂样的成分,具有降血压的作用,从而缓解急性膀胱炎的功能。当然,新鲜的西瓜皮在盐腌

后可作为小菜来吃。

5. 西瓜生吃能起到解渴生津、解暑热烦躁的作用，因此西瓜有"天生白虎汤"之称，中国民间有谚语云："夏日吃西瓜，药物不用抓。"这充分说明暑夏最适宜吃西瓜，不但可解暑热、发汗多，还可以补充身体所需的水分，号称夏季瓜果之王。在新疆哈密地区，日夜的温差很大，白天很热，夜里十分的寒冷，故俚语云："朝穿皮袄午穿纱，怀抱火炉吃西瓜。"

西瓜的吃法

一、一般吃法

（一）可直接切成几份生吃。

（二）也可以在做水果粥的时候，放进去煮着吃。

（三）将西瓜皮切丝后炒着吃。

（四）用榨汁机榨汁，喝新鲜的西瓜汁。

（五）也可多种水果放在一起冰着吃。

二、西瓜酪

（一）做法一

原料：带皮红瓤的西瓜 1000 克，金糕 15 克，白糖 100 克左右，桂花少许，水淀粉 2.5 克左右，红色食色素水 1 滴

制法：

1. 将炒锅内放入适量清水约 500 克，加入白糖、桂花上火化开，然后烧开，撇去表面的浮沫，然后滴入 1 滴红色素水，用水淀粉勾成琉璃薄芡，水淀粉少些即可，然后倒入小盆内，晾凉后放入冰箱待用。

2. 将金糕切成大小均匀的小丁，再将西瓜去皮去籽，切成小丁，食用的时候取出来，放进冰箱中的小盆，然后放入西瓜丁及金糕丁即成。

3. 功效：西瓜，味甘、寒，是夏季最好的解暑水果之一。西瓜不但能够起到清热解暑、除烦止渴的作用，而且还可以加工出各种各样的美味菜肴来。

（二）做法二

原料：西瓜 1 个（重约 2500 克），罐头橘子 100 克，罐头菠萝 100 克，罐头荔枝 100 克，白糖 350 克，桂花 2.5 克

制作步骤

1. 将整个西瓜洗干净,然后在西瓜的一端 1/4 处打一圈人字花刀,将顶端取下来,然后挖出瓜瓤,在瓜皮上刻上花纹,这样比较美观。

2. 将西瓜瓤去籽,切成 3 份见方的丁,大小均匀即可。再把菠萝、荔枝也改成 3 分大小的丁。

3. 铝锅上火,在锅中放清水 1.25 升,随后加入白糖煮开,撇去表面的浮沫,倒入桂花。等水开后把水过箩晾凉,再放入冰箱。随后将西瓜丁、菠萝丁、荔枝丁和橘子都装入西瓜容器内,然后,浇上冰凉的白糖水即成。

功效:清凉、甘甜、清香。能够起到解暑除烦、止渴利尿的作用。并且也能够用于暑热烦渴、热病伤津、口干心烦、小便不利等症。

三、柠汁翠衣

材料:

西瓜皮、柠檬、白糖、盐少许

做法:

(一)将瓜皮切下表皮的部分;

(二)用刨皮器将瓜皮刨成很薄的片;

(三)再加入少许精盐,腌制约 10 分钟,随后倒掉腌出的汁;

(四)再加入适量的白糖,搅拌均匀;

(五)随后挤入柠檬汁,再用刨皮器刮入少许柠檬皮拌匀即可。

四、双皮粥

材料:西瓜皮、虾皮、粳米、盐少许

做法:

(一)将西瓜皮去翠衣、红瓤,然后洗净,随后切成小丁。

(二)将虾皮清洗干净之后,切碎以备使用。

(三)粳米淘洗后放入沙锅内,加入适量清水,随后大火烧开,小火熬制。

(四)等到米粒煮熟后加入虾皮煮约 10 分钟。

(五)最后再加入西瓜皮丁、盐进行第二次沸煮,两分钟后即可。

五、西瓜饮

配料：西瓜 1 个

制法：把西瓜剖开，取汁 1 碗。

功效：具有清热解暑、除烦止渴、利小便的功效。中寒湿盛者忌饮。

六、大蒜西瓜汁

配料：大蒜 50 克左右、西瓜 1000 克

制法：将西瓜剖出一个三角形的洞，然后放进去剥好的大蒜，把剖去的瓜盖盖好，一起盛入大碗中，蒸 10 分钟即可。要热饮。

功效：具有清热利尿、行滞降压的功效；对高血压病有疗效。

七、西瓜皮卤肉

原料：西瓜皮、五花肉、八角、酱油适量

制作步骤

（一）五花肉清洗干净然后切块，西瓜切小段后去表皮（红肉部分可以多留一些）待用。

（二）将西瓜皮、五花肉放入锅中，加适量的清水、八角、酱油，用中火炖 30 分钟左右即可食用。

健康饮食宜与忌

1. 西瓜是一种天然饮料，而且含有十分丰富的营养物质，因此对人体益处很多。西瓜虽然具有很多优点，但是大量或长期吃副作用也是不可轻忽的。

2. 西瓜变质后是不可以吃的，如果食用了变质的西瓜，那么很容易引起胃肠病而下痢。《本经逢源》写道："西瓜，甘寒降泻。子仁甘温性升，开豁痰涎之理是其本性。"《相感志》云："食西瓜后食其子，即不噫瓜气，其温散之力可知。"

3. 一般人群均可食用西瓜，尤其是对于高血压患者、急慢性肾炎患者、胆囊炎患者、高热不退的人食用。

4. 以下人群不宜食用：

（1）产妇：产妇的体质是比较虚弱的，而西瓜属寒性，所以吃多了会导致过寒而损伤脾胃，不利身体的健康。

（2）肾功能不全者：

西瓜富含丰富的水分，肾功能出现问题的病人如果吃了太多的西瓜，会因摄入过多的水分，又不能及时排出体外，因此会造成水分在体内储存过量，血容量增多，容易诱发急性心力衰竭等情况。

（3）糖尿病患者：西瓜富含糖分，吃西瓜会导致血糖的升高。病情较重的甚至会出现代谢紊乱从而致酸中毒，危及到生命。

（4）口腔溃疡患者：口腔溃疡是阴虚内热、虚火上扰所导致的。吃西瓜致使口腔溃疡患处复原所需要的水分被过多排出，往往会加重阴虚和内热的症状，最终会导致患者愈合时间延长。

哈密瓜：西域风情甜蜜蜜，风味独特口感好

名词解释

哈密瓜是甜瓜的一个变种。最有名的哈密瓜产自新疆，在维吾尔语中称之为"库洪"，这一叫法源于突厥语"卡波"，意思即"甜瓜"。哈密瓜素有"瓜中之王"的美称，它含糖量在 15% 左右。哈密瓜形态各异，风味也很独特，有的还带有奶油味、柠檬香等，但都味甘如蜜，奇香袭人，深受人们的喜爱。哈密瓜不但香甜，而且营养价值也是很丰富的，并且也有一定的药用价值。哈密瓜的品种也很多，又有早熟夏瓜和晚熟冬瓜之分。冬瓜耐储存，可以放到来年春天，味道仍然很新鲜。

营养价值

哈密瓜不但有着独特的风味，而且富有营养。据专家分析，哈密瓜的干物质中，除了含有 4.6%～15.8% 的糖分，还含有纤维素 2.6%～6.7% 左右，除此之外，还有苹果酸、果胶物质、维生素 A、维生素 B、维生素 C，尼克酸以及钙、磷、铁等元素。在哈密瓜中，铁的含量要比鸡肉多两三倍，高出牛奶 17 倍。

新疆人都很爱食哈密瓜。哈密瓜除供鲜食以外，还可制作成瓜干、瓜脯、

瓜汁食用。瓜蒂瓜籽是可以入药治病的，瓜皮也可以用来喂羊，达到促肥增膘的效果。哈密瓜籽也可用于做高纯度的精油，有药用、美容、保健、生理活性的诸多作用。

在每 100 克瓜肉中还有 0.4 克的蛋白质，脂肪达到了 0.3 克，灰分元素 2 克。其中含有钙 14 毫克、磷 10 毫克、铁 1 毫克。而这 1 毫克的铁对人体的造血功能和发育有很大的关系。同肉类相比，哈密瓜中的铁含量较之等量的鸡肉多 2 倍，鱼肉多 3 倍。

哈密瓜肉中维生素的含量也是相当高的。在哈密瓜鲜瓜肉中，维生素的含量比西瓜多 4~7 倍，是苹果的 6 倍，比杏子也高 1.3 倍。这些成分，对人体的心脏和肝脏工作以及肠道系统的活动都是有一定的促进作用的，促进内分泌和造血功能，加强消化过程。

哈密瓜民间传说

"哈密瓜"一名出自康熙大帝的金口玉言。在康熙三十七年的时候，清廷派理藩院的郎中布尔赛来到哈密地区，进行编旗入籍。哈密一世回王额贝都拉对中央大臣进行了热情的款待，他用香甜的哈密瓜进行款待。多次品尝哈密甜瓜，布尔赛对清脆香甜、风味独特的哈密甜瓜大加赞赏，并且主动建议额贝都拉，希望把哈密甜瓜作为贡品向朝廷贡献。

当年的冬天，额贝都拉入京朝觐康熙大帝，就在元旦的朝宴上，康熙大帝和群臣们品尝了他带来的哈密瓜。在品尝之后，康熙皇帝和大臣们都赞不绝口，但是当时此瓜还没有名字，也不知道从何而来。康熙大帝问属臣，均不知叫何名。初次入朝的哈密回王额贝都拉跪下答道："这是哈密地区的臣民所贡的，特献给皇帝、皇后和众大臣享用的，以表臣子的一片心意。"康熙大帝听后很是高兴，思忖之后，心想这么好的瓜，应该有一个既响亮又好听的名字，随后说，它既产自哈密地区，又贡之哈密，那么就叫"哈密瓜"吧。从此之后，哈密瓜便名扬四海，深受人们的喜爱。

吃哈密瓜注意事项

哈密瓜风味独特，富有十分丰富的营养。比如含有葡萄糖、果糖、蔗糖，容易被人体吸收利用。适当多吃哈密瓜有益健康。但是哈密瓜性凉，不宜吃得过多，以免引起腹泻等不利健康的状况。

哈密瓜的吃法

一、哈密瓜盅

原料：小哈密瓜 1/2 个，豆腐 2 块，胡萝卜 1/4 个，圣女果 2 个，豆腐干 2 片，意粉适量

做法：将意粉煮熟，沥干后捞出来，放在哈密瓜"碗"里。此时，也可以与其他东西一同清煮，要根据每种食物的性质，并且掌握入锅和出锅的时间。放入适量的葱丝，然后浇上哈密瓜碎末和番茄酱就可以吃了。

二、哈密瓜炒虾仁

原料：哈密瓜 150 克，鲜虾仁 80 克，青椒 1 只，胡萝卜 20 克，生姜 10 克

调料：花生油 500 克，盐 5 克，白糖 1 克，湿淀粉适量

做法：

将哈密瓜去皮切成大小均匀的丁，将鲜虾仁洗干净后，再将青椒切成丁，并将胡萝卜去皮切成丁，生姜切成小薄片。将锅内倒入油，烧热，当油温为 50 摄氏度的时候，加入虾仁炒至九成熟时再倒出以备使用。锅内留有余油，再加入姜片、青椒片、胡萝卜丁、哈密瓜丁等。用中火炒至快熟的时候，投入虾仁，调入盐、白糖翻炒透后，用湿淀粉勾芡，入碟即可。

功效：哈密瓜果肉为橙黄色，并且它富含丰富的蛋白质、维生素和纤维素等，能够治疗便秘，可作断奶期的营养食谱。

三、哈密瓜百合汤

主料：哈密瓜 400 克，百合 100 克

调料：盐 1 克，陈皮 1 克

做法：

将哈密瓜洗干净去皮，去籽，切成大小均匀的块；将陈皮浸泡软，百合清洗干净，以备用。在锅中放入适量的清水，然后加入哈密瓜、陈皮、百合等原料，用大火煮半个小时；然后，转慢火煮 2 个小时，再加入盐进行调味，即可趁热食用。

四、哈密瓜苹果瘦肉汤

原料：哈密瓜 500 克，苹果 1 个，瘦猪肉 100 克，生姜 2 片即可。

做法：

将哈密瓜去皮核切成大小均匀的块，然后苹果需要削皮去籽并切成片状，瘦猪肉也切片处理。所有配料配以生姜2片，文火炖汤即可。

五、哈密瓜汁

原料：新鲜哈密瓜200克左右

做法：将新鲜哈密瓜去皮、去籽，切成块状处理。并且将切好的哈密瓜放入榨汁机中榨出哈密瓜汁，除去哈密瓜渣，用温水以1：2的比例稀释后即可。

健康饮食宜与忌

1. 一般人群均可食用。特别对于肾病、胃病、咳嗽痰喘、贫血和便秘患者有很好的疗效。

2. 对于患有脚气病、黄疸、腹胀、便溏、寒性咳喘以及产后、病后的人不宜多食。

3. 哈密瓜含糖比较多，糖尿病人更应慎用。

山竹：上帝之果赐福人间，降火清心酸酸甜

名词解释

山竹既可以用来指植物山竹，也可以指这种植物的果实山竹。山竹原名为莽吉柿，原产于东南亚地区，一般种植10年之后才开始结果，并且对环境要求也是非常严格的，因此是名副其实的绿色水果，与榴莲齐名，号称"果中皇后"。在热带地区一年四季都能够盛产新鲜的水果，但被人们称为"果后"的山竹每半年却只产一次。在气候温和的北美和欧洲，人们对山竹几乎闻所未闻，更是很少见到。而在热带雨林地区，山竹却家喻户晓，人们称其为"果中之后"和"上帝之果"。

营养价值

山竹的果肉含可溶性固形物达到 16.8% ,柠檬酸也能够达到 0.63% ,还含有其他维生素 B_1、B_2、维生素 C_4 和矿物质,它的营养十分丰富,并且具有降燥、清凉解热的作用,因此,山竹不仅味美,而且还有降火的显著功效,最特殊的是它能克榴莲之燥热。在泰国地区,人们将榴莲山竹视为"夫妻果"。如果吃了过多榴莲上了火,那么可以吃上几个山竹就能缓解上火的症状。

另外,山竹也含有丰富的蛋白质和脂类,对人体有很好的补养作用,并且能够调养人体,比如体弱、营养不良、病后都有很好的作用。

历史传说

在欧美很多与水果相关的传说故事中,就有一个堪与杨玉环"一骑红尘妃子笑"媲美的故事。讲的是英国的维多利亚女王曾经在亚洲偶然一次机会吃到了一种叫做山竹的水果,她后来回到了白金汉宫,之后却一直念念不忘这种水果,便多次托人往宫里捎山竹吃,岂知漫长的旅途已然让果肉变了质。

于是她为了吃到新鲜的山竹悍然下了一道悬赏令,宣告谁能给她带来新鲜的山竹就赏给谁 100 英镑,后来价码越加越高,最后居然以爵位相许,但是最后也未能够如愿。因为维多利亚女王的这则逸闻,山竹在西方便被称为"果中女王"。

碰巧,在亚洲,山竹也被人们唤做"水果之后",这一本土封号和维多利亚女王无关,只是因为山竹具有很强的去火功能。因为榴莲吃多了很容易让人上火,而它却能够很快地帮助人们败火,所以二者的地位是相生相克的。人们索性将这两种水果进行"婚配",分别授以"水果之王"与"水果之后"的头衔。

吃山竹的注意事项

山竹吃起来很是甜美,但是它却没有那么浓烈的香气,因为其气味的化学组分量约是芳香水果气味的 1/400。山竹的清香气味主要为挥发性成分,其中包括乙酸己酯、叶醇以及 α – 古巴烯(Copaene)。

山竹的营养十分丰富,抗氧化作用也很强,而且具有很强的保健功效,不过食用的时候要注意剂量,因为虽然正在研究中的氧杂蒽酮被指出可能有

抗病效果，但过量摄入此物质也是没有好处的。

　　山竹富含丰富的蛋白质、糖质和脂类，对于脾虚腹泻、口渴口干、烧伤、烫伤、湿疹、口腔炎有一定的治疗效果。山竹果肉性寒，能够起到去火的作用，但是也不宜多吃，并且肾病患者要慎食，心脏病患者、糖尿病者更应慎食，湿热腹痛腹泻者不可服用。外果皮粉末内服也会起到治疗腹泻、赤痢的作用，外敷的同时也能够治疗皮肤病，干燥的山竹叶可用来泡茶，可见山竹上下都是宝贝。

山竹的烹饪方法

一、山竹哈密瓜汁

　　材料：山竹 2 个、哈密瓜 300 克

　　制法：山竹去皮去籽、哈密瓜去皮去籽切大小均匀的小块，然后将两种材料同时放入果汁机中，加冷开水 200 毫升，拌匀即可。

　　功效：益智醒脑、改善健忘。

二、山竹生菜沙拉

　　材料：山竹 2 个、番茄 1 个、苹果 1 个、生菜 1 棵、沙拉酱

　　制法：山竹去皮去籽、番茄切成薄片、苹果去皮并切片、生菜要清洗干净。所有材料混合拼盘，淋上沙拉酱即可。

　　功效：具有净化血液、降低胆固醇的功效。

健康饮食宜与忌

　　1. 一般人都可以食用。

　　2. 体弱、病后的人更适合，虽然一般人都可食用山竹，但是每天吃 3 个足矣，不可多食。因含糖分较高，肥胖者宜少吃，糖尿病者更应忌食。

　　3. 它亦含较高钾质，所以肾病及心脏病人应少吃。

　　4. 山竹相对榴莲，性偏寒凉，能够起到解热清凉的功效，若皮肤生疮、年轻人长青春痘，也可生食山竹，会起到一定的辅助治疗的功效。

　　5. 山竹富含纤维素，在肠胃中会吸水膨胀，如果过多地食用很容易引起便秘。若不慎吃得过量，可用红糖煮姜茶来缓解。

　　6. 另外，正因为山竹是最寒的水果，所以体质虚寒者少吃尚可，千万不

要多食,也切勿和西瓜、豆浆、啤酒、白菜、芥菜、苦瓜、冬瓜荷叶汤等寒凉食物同吃,这样会加重身体承受的负担。

荔枝:贵妃独爱荔枝美,晶莹剔透散淤结

名词解释

荔枝与香蕉、菠萝、龙眼一同号称"南国四大果品"。荔枝是中国土生土长的水果,原产地为中国南部,是亚热带果树,常绿乔木,树木高约 10 米。果皮呈多数鳞斑状突起,颜色为鲜红或者是紫红。果肉鲜时半透明凝脂状,气味香甜,但不容易储藏。古代的文人墨客都写下了大量关于荔枝的诗词。荔枝属于性热的水果,多食很容易上火,并可能会引起"荔枝病"。荔枝果实除食用之外,核入药也能够起到收敛止痛的效果,对于心气痛和小肠气痛的治疗也是有一定的帮助的。

营养价值

荔枝含丰富的糖分,因此具有补充能量的作用,同时也有增加营养的作用。经过研究表明,荔枝不仅对大脑组织有补养作用,还能够明显改善失眠、健忘、神疲等症状;在荔枝肉中,含有丰富的维生素 C 和蛋白质,是十分有助于增强机体免疫功能的,对于提高抗病能力,荔枝也有着不可或缺的价值。

荔枝有消肿解毒、止血止痛的作用,并且荔枝已经拥有了丰富的维生素,同时,可促进微细血管的血液循环,从而防止雀斑的发生,令皮肤更加的光滑。并且,果肉具有补脾益肝、理气补血、温中止痛、补心安神的功效;荔枝核具有理气、散结、止痛的功效。荔枝还有补脑健身、开胃益脾、促进食欲的功效。

荔枝的传说

"荔枝"名字的由来,其实源自于一个悲壮的传说,原来这本是一对勇敢姐妹的名。相传,在很久以前荔枝并不叫"荔枝",而叫"山红"。有一天,村里所有的山红树的果汁都被突如其来的双角兽吸光了,所结出的果子又小又涩,

根本没有办法吃。村里人都想要捉住这只双角兽，但是却始终没有抓住。

有一天，一对姐妹来到了这个人烟稀少的村庄，看到这个村庄的情景。这对姐妹分别叫"荔"和"枝"。姐妹俩都是十分的勇敢，于是，她们决定带着村民的期盼去勇战双角兽。当她们来到双角兽居住的地方的时候，它正在吮吸一棵山红树的汁。姐妹俩看到转眼间，青绿的树木就枯黄了，十分的气愤，便立刻挥剑上前砍双角兽。此时，被砍一剑的双角兽也发怒了，猛摇着双角向她俩进攻。可荔与枝却十分的勇敢，毫无惧色地扑上前去，挥剑将双角兽的脑袋砍了下来。最后，双角兽被杀死了，可是荔与枝也身受了重伤，最终，因流血过多而死去，她们的鲜血染红了整片山坡，也染红了山红树。

第二年，山红树结的果又变得又大又甜，个个笑傲枝头。人们为了纪念荔与枝这两位勇敢的姑娘，便把山红改名为"荔枝"。于是，这个美丽的名字便一直沿用到现在。

食用荔枝注意事项

驾车的人要慎食荔枝，因为大量进食荔枝并且吃饭很少的话，极容易引发突发性的低血糖症，会出现头晕、口渴、恶心、出汗、肚子疼、心慌等现象，严重的情况下，会发生昏迷、抽搐、呼吸不规则、心律不齐等症状，这些症状往往就是大量食用了荔枝后产生的突发性的低血糖。医学上专业术语为荔枝急性中毒，也称"荔枝病"。开车时，本身人体会消耗大量的热量，而人体中的热量却主要来源于食物中的糖类。根据研究发现，司机在开车前或开车时食用荔枝如果过多，不但起不到及时补充糖分的作用，反而还会增加发生交通意外的风险。对司机来说，这是十分危险的。如果是在吃荔枝后，出现饥饿、无力、头晕等症状的时候，要赶紧口服糖水或糖块，这是紧急的情况，一般多能很快地恢复状态。

鲜荔枝不宜空腹食用，因为鲜荔枝中含糖量很高，空腹食用会刺激胃黏膜，时间久了会导致胃痛、胃胀的情况。而且空腹时，吃鲜荔枝过量会发生"高渗性昏迷"，这是因为体内突然渗入过量高糖分而造成的。

荔枝性热，吃多了容易上火，所以应注意每次食用的量，可适量喝凉茶预防和去除火热。荔枝壳有下火的作用，民间亦常用荔枝壳熬水喝下，下火效果明显。

荔枝的吃法

一、百合荔枝

原料：荔枝 20 颗（要去皮去核），鲜百合 3 两左右，西芹（要切成丁），西红柿少许

做法：在锅里放少量的食用油，先将西芹进行翻炒，加少许的盐，再加入百合和荔枝，翻炒 1 分钟左右即可，起锅时再加入西红柿粒即可食用。

二、双色荔枝果冻

原料：荔枝 10 颗左右、玫瑰茄 2 朵、鱼胶粉 18 克、蜂蜜 2 小勺（按照自己的口味可增减）

做法：

1. 先将荔枝冲洗干净后，再去壳去核，然后放入搅拌机中，打成汁。（荔枝果肉本身的含水量是很高的，所以搅打的时候是不需要加水的。）

2. 将 18 克鱼胶粉和 120 毫升开水充分混合起来，然后待鱼胶粉完全溶解之后，晾至完全冷却。

3. 将荔枝汁和一半量的鱼胶粉的溶液，加入 1 小勺的蜂蜜，然后混合并搅拌均匀。

4. 准备两个干净的玻璃杯，将荔枝溶液倒进杯子里，然后再放入冰箱冷藏至凝固。

5. 用 250 毫升开水将玫瑰茄冲泡开，然后将茶汤和剩下的鱼胶粉溶液进行混合，并且搅拌均匀，在晾凉后加入 1 勺蜂蜜，然后再次搅拌均匀，备用。

6. 等到荔枝层凝固好之后，将 1 汤勺玫瑰茄溶液加入杯中，然后放进冰箱冷藏到凝固。

7. 如此，一层凝固后，再加入另一层溶液，这样就能够制造出分层的效果了。

健康饮食宜与忌

1. 一般人群均可食用。尤其是对于产妇、老人、体质虚弱者、病后调养者更宜食用；而贫血、胃寒和口臭者食用，也会达到很好的效果。

2. 如果有阴虚火旺的情况。那么就应该慎服。在《食疗本草》中有记载："多食则发热。"《海药本草》："食之多则发热疮。"《本草纲目》："鲜者

食多，即龈肿口痛，或衄血。所以病齿匿及火病人尤忌之。"

3. 糖尿病人慎用荔枝。

4. 荔枝搭配红枣食用，不仅能够促进毛细血管的微循环，还有养血补血的作用，所以可起到更好的补血及美容养颜功效。

5. 荔枝与绿豆汤同食，能减少上火的影响。

6. 荔枝不宜与黄瓜、南瓜、胡萝卜、动物肝脏同食，因为黄瓜、南瓜、胡萝卜中所含的维生素 C 分解酶会破坏荔枝中的维生素 C 的营养，而动物肝脏中的铜、铁离子也会破坏荔枝中的维生素 C。如果与这些食物同食，会使原有的营养价值降低，所以不宜同食。

7. 荔枝与李子同食会更加容易上火，所以尽量不要一起食用。

桃子：芳香诱人惹人爱，粉面桃红女倾心

名词解释

桃本属于蔷薇科、桃属的植物。我国桃子品种也是非常丰富的，据相关统计，全世界约有 1000 个品种以上，我国就有 800 个品种。桃果汁多并且味道味美，芳香诱人，色泽也是十分的艳丽，并营养丰富。

营养价值

桃的果肉中富含有蛋白质、脂肪、糖、钙等物质，并且还有维生素 B、维生素 C 及大量的水分，其对慢性的支气管炎、支气管扩张症、肺纤维化等病症有一定的治疗作用，同时能够起到养阴生津、补气润肺的保健作用。

桃子有补益气血、养阴生津的作用，对于大病之后的人来讲，尤其是适合出现气血亏虚、面黄肌瘦、心悸气短的人食用。桃的含铁量也是比较高的，所以说它是缺铁性贫血病人的理想辅助食物。

桃仁还有活血化淤、润肠通便的作用，可用于闭经、跌打损伤等病症的辅助治疗。从桃仁中提取的物质具有抗凝血作用，并能抑制咳嗽。

断袖分桃的典故

卫灵公喜好男宠，尤其是喜欢男宠弥子瑕，这个人长得很漂亮并且聪明。有一次，弥子瑕陪伴卫灵公游园玩耍。园中的桃树正是果实累累的季节。弥子瑕摘下一只桃子，然后吃了一口，便把剩下的顺手递给了灵公。此时，灵公没有多想，几口就将桃子吃下了肚，还扬扬得意地说："爱我哉！忘其口味，以啖寡人。"这就是有名的"断袖分桃"中的"分桃"典故。

吃桃注意事项

有的人会对桃子过敏，一旦出现过敏的情况，比较轻的反应是会出现嘴角发红、脱皮、瘙痒的现象，在这时应该停止食用，然后将脸、手都洗干净。如果症状比较严重，比如嘴唇、口周、耳朵、颈部出现大片红斑，甚至有水肿的现象，就应该重视了。

如果出现了上述的情况，那么就要泡一些绿茶，在里面放一些盐，用热茶水清洗过敏部位，之后用干毛巾擦干，再涂上六一散。如果皮肤出现水肿的现象，平时还可以多吃些萝卜，多喝水。

桃子的吃法

一、莲子桃子番茄汤

主料：莲子150克、桃子2个、番茄沙司50克左右

做法：

（一）先将莲子提前用清水泡一夜。

（二）将桃子去核切块备用，再将莲子、番茄沙司同时放入清水中煮沸，然后文火煲30分钟左右。

（三）加入桃子煮沸后，转文火煲10分钟左右，就可以了。

二、雪塌桃脯

主料：桃子2个

辅料：鸡蛋清1个、白糖适量、冰糖适量、樱桃果酱适量

做法：

（一）先将桃子清洗干净。

（二）去皮，切成十字刀分成4瓣，随后去核，放在沸水中焯一下，然后再捞出盛在一个大碗里，加白糖，上屉蒸半个小时左右。

（三）将鸡蛋清打入碗中，随后将鸡蛋打成蛋泡液，再在沸水锅中烫熟成雪花蛋，然后待用。

（四）在不锈钢锅中放入清水，加冰糖熬成浓汁；再将蒸好的桃脯码放在盘子里，淋上糖汁，盖上雪花蛋，再在上面点缀一点自制的樱桃果酱即可食用。

健康饮食宜与忌

1. 平时有内热偏盛、易生疮疖的人应该少吃。

2. 在生活中，尽量不要给婴幼儿喂食桃子，因为桃子中含有了大量的大分子的物质，这些物质是婴儿无法吸收的，很容易造成过敏反应。

3. 对于那些多病体虚的病人来讲不宜多食用，因为它会增加肠胃的负担。

4. 吃桃会引发过敏的人群，当然也要注意。

5. 没完全熟透的桃子尽量不要吃，吃了会引起腹胀或腹泻。

海棠：海棠年年花岁岁，生津止渴脾胃通

名词解释

海棠果，又被称做是楸子、海红、红海棠果、柰子，因为果实上有八道棱状突起，又叫"八棱海棠""大八棱"，甚至还有沙果之称。

营养价值

1. 海棠果性平、味甘微酸，能入脾、胃二经；具有生津止渴，健脾止泻的功效；并且对消化不良、食积腹胀和肠炎泄泻都有一定的效果。

2. 海棠果中含有糖类、多种维生素及有机酸等物质，可用来帮助补充人体的细胞内液，因此，具有生津止渴的效果。

3. 海棠果中富含维生素、有机酸，这些物质能帮助胃肠对饮食物进行消化，因此，可用于治疗消化不良食积腹胀的症状。

4. 海棠味甘微酸，具有收敛止泄的功效，对泄泻下痢、大便溏薄等病症有一定的效果。

5. 海棠中蕴涵有大量人体必需的营养物质，比如糖类、多种维生素等，这些可以供给人体足够的养分，从而提高机体的免疫力。

老北京小吃冻海棠

在 20 世纪 30 年代的时候，住在北京地区清贫人家的孩子们都知道一种食物，那就是在冬季里吃的上冻的海棠，这对孩子来讲是一种享受！"大八棱"海棠果，个头较小，长长的果把儿，果子的颜色也是与众不同的，紫里透红，红里透亮。在果子上有一道道不十分显眼的棱，像是地理课讲的"条带丘陵"。

在每年秋后的时间里，对于刚摘下来的果子来讲并不是那么好吃和爽口，并且果子略有酸涩，这个时候必须要储存一段时间才好吃。

到了大雪、冬至前后，西北风一吹，那果子表面就会有一层淡淡的白霜，这个时候，海棠果的特殊味道才能够充分地显示出来。天再寒冷，等到上了大冻，此时将果子放到院子里，一夜寒风过后，果子就会冻成一个个梆硬的冰疙瘩。这时小贩便拿到街巷进行出售。

海棠果的吃法

西式泡海棠果

主料：带蒂把的脆海棠果 10 克左右。

调料：醋精 75 克、白糖 750 克、丁香 10 克、桂皮 10 克、清水 10 千克

做法：

（一）将大小均匀的海棠清洗干净，入开水锅中，然后过一下水，迅速捞出来晾凉，切记时间不要太长，然后放入消过毒的搪瓷桶内。

（二）将烫过海棠果的水加入丁香、桂皮、白糖煮开，打去表面的浮沫，然后盖上盖子，改用文火煨 30 分钟左右即可。关掉火，待晾凉后再下入醋精，随后倒入提前预备好的桶内，再压入竹箅，使汤汁没过海棠果即可。盖

上盖子，放入冷柜进行保鲜，以 3℃ 左右进行保存，腌 5~10 天的时间即可。在食用的时候，将其用干净的筷子夹出来，然后码入盘中。

健康饮食宜与忌

1. 一般人群都可以食用。
2. 海棠的味道发酸，胃溃疡及胃酸过多患者忌食。

苹果：食疗之用不可少，口口果香安护身

名词解释

苹果，属于落叶乔木，叶子呈现出椭圆形，所绽放的花呈现白色，并带有些许红晕在上面。果实多呈圆形，味甜或略酸，是常见的水果之一，具有十分丰富的营养成分，不仅有食疗的功能，还能够治疗其他疾病。苹果原产地为欧洲、中亚、西亚和土耳其一带，在 19 世纪的时候传入中国内地。

营养价值

据研究测定，在每 100 克苹果中就含有果糖 6.5~11.2 克左右，葡萄糖高达 3.5 克，蔗糖含量也能够达到 1.0~5.2 克；还含有微量元素锌、钙、磷、铁、钾等元素，除此之外维生素 B_1、维生素 B_2、维生素 C 和胡萝卜素等的含量也是超群的。其中还含有大量的果胶，这种可溶性纤维质是可以降低胆固醇及坏胆固醇的。

未削皮的苹果可提供 3.5g 的纤维质，如果是削了皮的苹果，也含 2.7 克的纤维质。在生活中，营养专家建议每日摄取苹果量在 10% 以上。而且苹果中仅含有 80 卡路里的热量，对肥胖者来讲这是不错的水果。其中，深红色的生果皮，如苹果及提子等，均检验出有白藜芦醇这种元素。该物质不仅可以减少呼吸系统包括气管及肺部的并发症，还可以起到控制哮喘和慢性阻塞性肺炎等病症的作用。

苹果中的果胶和鞣酸具有收敛的作用，因此，可以将肠道内积聚的毒素和废物彻底地排出体外。在苹果中粗纤维的含量能够起到松软粪便的作用，这有利于排泄；并且，有机酸还能够刺激肠壁，从而增加肠胃的蠕动作用；而维生素 C 能更有效地保护心血管疾病的发生。

苹果的身世

苹果的身世还是没有那么复杂的，其实所有的栽培苹果都是来自于一个祖先，即塞威士苹果（又被称做是新疆野苹果）。但是这种苹果的分布范区并没有多大，只有在中亚地区的一些山坡丘陵上才会看到它们的踪影。目前，几乎所有苹果的家谱都要追溯到这个老祖宗身上。

大约在 2000 年以前的时候，世界各地的果园中都有各自要栽培的苹果。在西汉时期，一次巧合的机会新疆的塞威士苹果来到了中原，并且有了一个特殊的名字——柰。但是不可怀疑的是这种叫做柰的水果很有可能同目前流行的苹果不是同一种食物，而这种被称为绵苹果的家伙储藏期是比较短的，当然，水分的含量也并不高，所以说，在当时，贩卖"柰"的果农绝对不会称赞自己的水果多汁和脆甜。

与此同时，另一种塞威士苹果进入了欧洲。据考古数据显示表明，就在公元前 1000 年的以色列地区就开始栽培苹果了。当然，在以后的数千年间，这支塞威士苹果队伍便巧妙地借助了人的双脚，从中亚高原走向了世界各地，并且都是各自找到了自己独到的色、味"装束"，从而形成了一个庞大的群体。

吃苹果注意事项

1. 每天吃 1～2 个苹果就可达到很好的养生效果。

2. 生活中，男性吃苹果的数量应多于女性，因为在苹果中有降低胆固醇含量的物质。也正是因为苹果具有了丰富的营养，所以在吃苹果的时候，不要大口咀嚼，应该要细嚼慢咽，这样不仅对消化有帮助，更重要的是可以减少人体疾病发生。

3. 当然不管是什么水果，都不要在饭后马上吃，以免影响正常的进食及消化。

4. 在苹果中，富含糖类和钾盐等元素，这就要求患有肾炎及糖尿病的人少吃。

5. 尽量不要空腹吃苹果，因为苹果所含的果酸和胃酸混合后会增加胃的负担。

健康饮食宜与忌

1. 大多数的人都可以食用，特别适宜婴幼儿和中老年人食用。

2. 对慢性胃炎、消化不良、气滞不通的患者有一定的帮助。

3. 适宜便秘、慢性腹泻、神经性肠炎的患者食用。

4. 适宜高血压、高血脂和肥胖患者食用。

5. 对于溃疡性结肠炎的病人来讲，是不适合生吃苹果的，尤其是在急性发作期的时候。这个时期肠壁溃疡会变薄，苹果质地是比较硬的，再加上含有 1.2% 粗纤维和 0.5% 有机酸的刺激，对于肠壁溃疡面的愈合是十分不利的，且还可能因为机械性作用使肠壁诱发肠穿孔、肠扩张、肠梗阻等并发症，影响是比较严重的。

6. 对于有白细胞减少症状的病人和前列腺肥大的病人来讲，也是不易生吃苹果的，以免使症状加重或影响治疗的效果。

7. 患有冠心病、心肌梗死、肾病、糖尿病的人应该慎用。

8. 平时有胃寒症状的人忌生吃苹果。

相克食物

苹果不可与胡萝卜一起食用，这样容易产生诱发甲状腺肿大。

相宜食物

1. 苹果如果和牛奶一起吃，可以起到清凉解渴、生津去热的作用。

2. 苹果中富含的果胶十分的丰富，有很好的止泻作用，并且与清淡的鱼肉相互搭配，会更加美味可口、营养丰富。

3. 苹果和洋葱都含有黄酮类的天然抗氧化剂，同食可以起到保护心脏的作用。

雪梨：润肺清热第一果，洁白如雪似佳人

名词解释

雪梨是梨的一个品种，顾名思义，因为这种梨的果肉十分的嫩并且白得像是雪，所以就称之为雪梨。雪梨味甘性寒，营养丰富，不仅含有苹果酸、柠檬酸、维生素 B_1、维生素 B_2、维生素 C 和胡萝卜素等元素，而且还具有生津润燥、清热化痰的功效，特别适合在秋天食用。

营养价值

梨本身含有蛋白质、脂肪、糖、粗纤维、钙、磷、铁等矿物质，还含有多种维生素，因此具有降低血压、养阴清热的功效，对于患高血压和心脏病的人来讲吃雪梨是大有益处的。并且，雪梨能够促进食欲，从而帮助消化，并且有利尿通便和解热的功效，可用于高热时补充水分和营养。当然，煮熟的梨是有助于肾脏排泄尿酸和预防痛风、风湿病和关节炎等病症的治疗的。

通过研究发现，梨还具有润燥消风、醒酒解毒等功效，因此在秋季气候干燥时，对于一些皮肤容易过敏的人来讲，往往会感觉到皮肤瘙痒，如果能够每天吃一两个梨，那么就能够缓解秋燥与皮肤干燥的症状，有益健康。梨树的全身都是宝，据研究发现梨皮、梨叶、梨花、梨根均可入药，并且能够起到润肺、消痰、清热、解毒等功效。梨具有"百果之宗"的美誉，因为其鲜嫩多汁、酸甜适口，所以又有"天然矿泉水"之称。

梨的传说

在很久以前有个老头，他的儿子得了痨病。医生经过诊断后告诉他，说他的儿子的肺快烂完了，所以不能再治了。病人没有办法，就只好等死。

这个老头平日里就非常吝啬，不但在钱财方面抠得很紧，而且还经常会差使自己的儿子。如今，虽说这个儿子病得就快要死了，这个时候老头不但

不让他休息，还说："有病也不能吃闲饭，你去看梨园吧！"

这年的秋天，突然一场暴风雨来临了，梨园里没熟的梨都掉在了地上。要知道当时雪梨还没有熟透，卖吧，自然会没人要；丢了呢，又太可惜。于是老头就把梨煮熟来当饭吃。他计算着，这样可以把省下来的大米拿去卖掉，把梨的损失补回来。可怜的是，他那得了痨病的儿子一连好几天都是顿顿吃梨。

过了些日子，他的儿子再次碰见了医生。医生一看病人的气色，竟然大吃了一惊，对他的儿子说："来，我再给你把把脉，看看你的病情到底怎么样了。"

医生切过脉后，竟然一脸大喜，叫道："哎呀，你的病情好像减轻了，这些日子你都吃了些什么药？"

"没吃药啊，就是天天拿梨当饭。"病人说。

"吃梨？"医生问明情况，想了想又说，"也许是这梨能治你的病，我看你就再吃些梨吧？"

没想到第二天，医生来老头家买了许多梨回去了，随后又将患有痨病的人都找了来，然后让他们回去煮梨吃。这样过了大概有一个多月的时间，病人们的病情都有了好转。医生生怕鲜梨不好保存，迅速腐烂，就把鲜梨制成了"梨膏"当做药，让病人继续吃。半年过去了，原来治不好的病人现在全都好了。

从此，人们知道了原来梨对治疗痨病是有一定的帮助的。

吃雪梨的注意事项

因为有的品种的雪梨皮比较厚，所以当老年人在食用的时候，可以将表皮削掉。

在洗雪梨的时候，可以在盐水中浸泡一会儿，这样能够起到更好的清洗作用。

千万不要吃腐烂的雪梨，以免肠胃不适。

雪梨的烹饪妙方

一、雪梨蛋奶羹

材料：雪梨1个，鸡蛋1个，鲜奶半杯左右，冰糖适量

做法:

(一) 将雪梨去皮去核,然后清洗干净,切成大小适中的小薄片;

(二) 先把牛奶倒入锅中,然后放入梨片和冰糖,随后用小火煮至冰糖溶化、梨片变软即能够停火,晾凉备用;

(三) 然后将鸡蛋打散,倒入熬好的牛奶中;

(四) 随后,将熬好的汤汁盛入盘中,去掉表面的浮沫,然后用保鲜膜覆盖,入蒸锅大火蒸 15 分钟左右;

(五) 取出去掉保鲜膜即可食用。

二、雪梨大豆猪手汤

原料:雪梨 1 个,大豆 50 克左右,猪手 2 个,姜片 3 片,料酒 1 勺,盐 1/2 勺

做法:

(一) 先将姜片加入到水中,然后将猪手过水,这是为了祛除异味,然后将其切成块。再加入去核切成块的雪梨、大豆和姜,倒入足够的清水煮到锅开为止,加入少量的料酒,开盖维持旺火继续沸煮 15 分钟左右。

(二) 转为文火再煲 1 个小时左右,加盐调味即可食用。

三、红酒雪梨

原料:红酒 700 毫升,雪梨一个,冰糖适量,肉桂粉少许或桂皮一块,柠檬半个

做法:

(一) 先将水晶梨去皮去核对切成两半,然后放入泡有柠檬的清水中以防止梨变色;

(二) 准备一个锅,然后将红酒倒入锅中,随后放入适量的冰糖、肉桂粉,煮至冰糖溶化为止;

(三) 在锅中放入水晶梨,中小火煮至红酒翻滚后,改用小火继续煮一个小时即可。

四、芒果梨丝

原料:芒果 3 个、梨 1 个、蜂蜜适量

做法:

(一) 先将梨去皮,然后切成细丝,备用;

（二）将芒果剥皮取出果肉，切丝。

（三）将芒果丝和梨丝同盛入碗中，滴入适量的蜂蜜，搅拌均匀即可食用。

健康饮食宜与禁忌

1. 梨性偏寒助湿，多吃往往会损伤脾胃，因此脾胃虚寒、惧冷食者应该少吃。

2. 梨中富含的果酸比较多，因此，胃酸分泌过多的人不应多吃。

3. 梨具有利尿的作用，所以在夜间尿频的人，睡前应尽量少吃梨。

4. 对于血虚、畏寒、腹泻、手脚发凉的患者来讲不可多吃梨，如果想吃的时候，最好是煮熟后再吃，以防止湿寒症状的加重。

5. 梨的含糖量还是比较高的，所以糖尿病患者应当慎用。对于慢性肠炎、胃寒病患者来讲更忌吃生梨。

6. 梨中含有较多的果酸，因此，不宜与碱性药物同时服用，比如氨茶碱、小苏打等碱性物质更不应该同时服用。

7. 对于想要起到止咳化痰作用的人来讲，不宜选择含糖量过高的甜梨。

8. 梨不宜与螃蟹一起吃，以防引起腹泻的出现。梨味甘，微酸，且性寒，而螃蟹味咸，也性寒，但具有微毒。二者皆是冷性食品，同食往往会伤及肠胃。

9. 吃梨时喝热水，很可能会导致腹泻。

10. 由于脾胃虚寒而导致的大便稀薄的人不要吃雪梨，女性产后、小儿起水痘后忌用。

适宜人群

对于咳嗽痰稠或是无痰、咽喉发痒发干的人来讲是适合饮用雪梨的。对于慢性支气管炎、肺结核患者以及高血压、心脏病患者，肝炎、肝硬化患者都可以食用。雪梨能够起到醒酒的功效，因此，喝醉酒之后可以食用。梨可以清喉降火，也可以起到保护嗓子的作用。

肉类：红肉白肉质鲜美，食里食外多记载

肉是来源于动物的，自打人类学会了利用火以后，肉的烹制也就此掀开了崭新的一页。从食用生肉到烤制熟肉，之后又发明了多种肉类食材的烹制方法，创造了无数以肉食为原料的美味佳肴，这不能不说是一种人类进步的演变过程。其实，每一种肉的烹制都倾注了人类无数的智慧和心血，尽管那不过是普普通通的盘中餐，但吃到嘴里美味可口，必定是要依仗几代人不断探索得出来的烹制经验的。肉虽简单，但吃的却是一种文化，一种不同地域不同做法。不同种族对美食不同思想的一种理解和诠释。从舌尖流走的那一瞬间，每一个人想的事情不同、思考的问题不同，就在这不断演变的过程中，人类的文明在不断地创新发展。而这种肉类的美食，也必将随着人类智慧的发展，而向着更高的境界发起冲刺。

牛肉：肉中骄子无可替，唯留强健在人间

名词解释

牛肉是全世界人都爱吃的食品之一，在中国人消费的肉类食品之中，仅次于猪肉。牛肉的营养十分丰富，它的蛋白质含量很高，而脂肪却含量很低，所以味道鲜美，受人喜爱，享有"肉中骄子"的美称。

营养价值

牛肉含有丰富的蛋白质，并且氨基酸组成要比猪肉更接近人体的需要，因此，牛肉不仅能够提高人体的功能，并且能够提高人体的抗病能力，对生长发育及手术后的人们也有一定的辅助治疗的功效。对病后调养的人补充失血和修复组织等方面有一定的辅助作用。在寒冬的季节食用牛肉，不仅能够起到暖胃的作用，而且还是寒冬滋补的一道美味菜肴。中医普遍认为，牛肉不仅具有补中益气、滋养脾胃、强健筋骨的功效，对于化痰息风、止渴止涎也有很好的作用。对于中气下陷、气短体虚、筋骨酸软和贫血久病及面黄目眩之人有很好的治疗作用。

牛肉的传说

传说在英国，国王亨利八世特别喜欢吃牛肉。有一天，他吃了一块特别美味的牛排，这块儿牛排的味道是他从来没有吃到过的鲜美，于是，他在十分高兴的情况下，便把这种牛排封了爵。

吃牛肉注意事项

1. 牛肉富含肌氨酸

牛肉中所含有的肌氨酸的含量要比任何其他食品都要高，这使得它对增长肌肉、增强力量特别的有效。

2. 牛肉含维生素 B$_6$

牛肉中含有足够的维生素 B$_6$,因此能够帮助人类增强免疫力,同时还能够促进蛋白质的新陈代谢和合成,从而十分有助于在紧张训练后身体的恢复工作。

3. 牛肉含肉毒碱

在鸡肉、鱼肉中肉毒碱和肌氨酸的含量都是很低的,牛肉中的含量却很高。肉毒碱主要是用于支持脂肪的新陈代谢,从而产生支链氨基酸,并且对健美运动员增长肌肉起重要作用。

牛肉的烹饪方法

一、生拌牛肉丝

原料:

牛里脊肉 300 克,白梨 100 克,炒熟的芝麻 25 克,香菜少许,精盐适量、味精、酱油、醋精、醋、辣椒油、白糖、白胡椒粉、蒜泥、葱丝、香油适量

做法:

1. 将牛里脊肉切成均匀的细丝,并且用醋精拌匀,然后放在凉开水里洗净,与芝麻和各种调料拌匀待用;把香菜清洗干净,沥干水分之后,装入盘内垫底。

2. 将盘中放入牛里脊丝和白梨丝,并与香菜进行均匀的搅拌,即可食用。

二、干拌牛肉

原料:

牛肉 150 克,炒花生米 10 克,熟辣椒油 10 克(可以不放),酱油 40 克,葱 5 克,盐 1 克,白糖 1 克,花椒粉、味精各少许

做法:

1. 将牛肉洗净,并在开水锅中进行烫煮,时间不宜太长,然后捞起晾凉后切成薄片;葱切成 2.5 厘米长的段;将花生米碾细。

2. 将牛肉片盛入碗中,放入适量的盐进行拌和,使其能够入味,接着放入辣椒油、白糖、酱油、味精、花椒粉再进行拌搅,最后下入葱及炒花生米细粒(或炒熟的芝麻),盛入盘中即可食用。

特点:味道麻辣鲜香,酒饭均宜。

三、拌麻辣牛肉

原料：

牛后腿肉 750 克，黄酒 25 克，大葱白 15 克，酱油 50 克，芝麻仁 5 克，精盐 1 克，花椒 30 粒，白糖 5 克，香油 15 克，味精 2 克，干辣椒粉 5 克（按照个人口味可调整），葱段 15 克，清汤 1500 克，姜块 10 克

做法：

1. 将牛后腿肉清洗干净，然后切成两块，放在冷水里浸泡 1 小时左右后捞起，沥干水分，然后放在汤锅中，加入清汤、葱段、姜块、花椒、黄酒等调味料，上火烧沸，撇去表面的浮沫，最后转小火上煮 3 个小时左右，等到牛肉九成烂的时候，再捞出控去汤，晾凉。

2. 将芝麻仁炒熟；葱白洗干净，切成碎末；将干辣椒粉放碗中，加适量开水进行调湿，然后浇入八成热的香油进行搅匀。再将花椒放入锅内，使用微火焙至焦黄，最后取出研成粉末，和辣椒油、白糖、精盐、味精、花椒粉、酱油调匀成麻辣汁。

3. 将煮熟的牛肉切成长方形的薄片，码在盘中，然后浇上足够的麻辣汁，撒上已经炒熟的芝麻仁与葱末即可，吃时要进行拌匀。

特点：牛肉比较柔韧，并且味香麻辣，最宜于佐酒食用。

四、白切牛肉

原料：

需要牛腱子肉 600 克，白酱油 25 克，红辣椒丝 20 克，味精 1 克，香菜段 5 克，香油 25 克，蒜蓉 10 克，精盐 1 克，葱段 10 克，姜块 5 克，八角 2 枚（可以不放），黄酒 10 克

做法：

1. 将牛腱子肉清洗干净，漂去表面的血水，再用沸水烫一次，然后放入锅中，加入适量的清水淹没，随后放置在旺火上进行烧沸，撇去表面的浮沫，然后加入黄酒、八角、姜块（拍松）、葱段、精盐适量，盖上锅盖，一定要盖严，然后移至小火上煮至酥烂，用筷子可以戳穿的时候则是已经熟透，端下锅进行晾凉，此时可以取出牛肉。

2. 随后将牛肉切成薄片，薄厚要均匀，然后可以整齐地摆在平盘中，并将白酱油、味精、香油同时放入碗中调匀，最后浇在牛肉片上，紧接着再撒

上香菜段、红辣椒丝、蒜蓉（适量），如果不喜欢辣椒可以少放或者不放，随后即可上桌。

特点：牛肉色泽灰白，原汁原味，酥烂香鲜。

五、炝肉丝莴笋

原料：

生瘦牛肉150克，净莴笋150克，鸡蛋清1个，湿淀粉40克，熟豆油500克（实耗50克），精盐、味精适量、花椒粒、姜丝、葱丝各适量

做法：

1. 将生牛肉切成细丝，放入少许的精盐、湿淀粉、蛋清搅拌均匀，随后放入温油内迅速划散开，见到变色变化的时候就可以捞出了，再用凉水过凉，尽量沥干水分；将莴笋切成均匀的细丝，用开水烫透后直接捞出，并且用凉水过凉，沥净水进行装盘。

2. 在莴笋丝上放上一些肉丝、葱丝、姜丝，然后浇上炸好的花椒油，盖上盖子略焖一会儿，随后再加适量的精盐、味精，最后搅拌均匀便可食用。

特点：味鲜，质脆嫩。

健康饮食宜与忌

（1）牛肉不宜反复加热或者是冷藏，吃这样的牛肉更不利于健康。

（2）内热盛者禁忌食用。

（3）不宜食用未摘除甲状腺的牛肉。

（4）不宜食用炒其他肉食后未清洗的炒菜锅炒食牛肉，容易招致细菌。

（5）牛肉与猪肉、白酒、韭菜、薤（小蒜）、生姜同食容易导致牙龈炎症。

猪肉：浑身上下都是宝，美容养颜不可少

名词解释

猪肉又被称做是豚肉，它是主要家畜之一猪科动物家猪的肉。其性味甘甜咸平，肉质中含有丰富的蛋白质及脂肪、碳水化合物、钙、磷、铁等成分。猪肉作为日常生活的主要副食品，不仅具有补虚强身、滋阴润燥、丰肌泽肤的作用，并且对病后体弱、产后血虚、面黄羸瘦的人来讲也是不错的营养滋补之品。

营养价值

猪肉的营养价值在畜肉中蛋白质含量是最低的，脂肪含量则是最高的。瘦猪肉内含有蛋白质还是比较高的，每 100 克可含高达 29 克的蛋白质，含脂肪为 6 克。经过煮炖以后，猪肉的脂肪含量是可以降低的。猪肉中还含有比较丰富的维生素 B，这种物质能够使身体感到更有力气和精神。与此同时，猪肉还能提供人体必需的脂肪酸。具有滋阴润燥的作用，可以提供血红素（有机铁）和促进铁吸收的半胱氨酸，能改善缺铁性贫血的症状。猪排滋阴，猪肚补虚损、健脾胃。

猪肉的历史

根据文献资料的记载发现，先秦时期将猪列为五畜或六畜、六牲之一，并且常用来做祭品，当时与羊一起为少牢。当时，猪肉已经开始被食用，并且用猪肉制作的菜肴已有很多，比如猪肉羹、豕炙（也就是炮猪肉）、濡豚（整煮小猪）、蒸豚（蒸小猪），等等。而著名的"炮豚"则是"周代八珍"之一。从那以后，猪肉的名肴层出不穷，比如"东坡肉""清炖蟹粉狮子头"

"粉蒸肉"等, 以及出现了用猪的肉与内脏制作的冷荤食品或是小吃, 除此之外, 用猪肉制作的肉制品的品种和数量也是十分多的。

当然, 在当今, 猪肉已成为中国人民肉食的主体, 这种习惯是有别于西方以牛肉为肉食主体的, 成为世界肉食体系中独特的一支。因此, 也有不少的文人墨客开始以诗文来赞颂猪肉的烹饪效果, 比如苏东坡喜欢吃猪肉, 便留有脍炙人口的《食猪肉》诗:"黄州好猪肉, 价贱如粪土。富者不肯吃, 贫者不解煮。慢著火, 少著水, 火候足时它自美。每日起来打一碗, 饱得自家君莫管。"

吃猪肉注意事项

1. 现在人们的生活条件逐渐提高, 所以每天对肉类的摄入量也在不断增加、其实对于成年人来讲, 每天只需摄入 80 ~ 100 克的猪肉, 儿童则每天只需要吃 50 克猪肉。如果调煮得宜, 猪肉可成为"长寿之药"。猪肉如果经长时间炖煮后, 脂肪量会减少 30% ~ 50%, 此时不饱和脂肪酸则会增加, 从而便降低了胆固醇的含量。

2. 吃猪肉的时候, 最好是与豆类食物进行合理的搭配, 因为豆制品中含有大量卵磷脂, 这种物质可以乳化血浆, 从而使胆固醇与脂肪颗粒都变小, 从而能够悬浮于血浆中而不用向血管壁进行沉积, 从而能够防止硬化斑块的形成。

3. 猪肉不是越新鲜越好, 不宜在猪刚被屠杀后立刻煮食, 食用之前不宜用热水进行浸泡, 在烧煮的过程中忌加入冷水, 也不宜多食煎炸的咸肉。在日常的生活中, 不宜多食加硝酸盐腌制的猪肉, 忌食用猪油炸猪肉吃。高温烹炒猪肉时往往会产生化学物质, 会与香烟里致癌的化学物质结合起来, 从而便会提高致癌的概率。对于中国女性而言, 缺乏相应的抵抗基因, 若中国女性中的吸烟人群在做饭时, 经常会烹炒猪肉的话, 那么患上肺癌的可能性就是一般吸烟者的 2.5 倍, 后果也是极其严重的。

4. 一般情况下, 猪肉中的脂肪和胆固醇含量要比其他肉类要高一些。因此, 肥胖和血脂较高者不宜多食, 服降压药和降血脂药时更是不宜多食猪肉。

5. 不宜大量饮茶，因为在茶叶中富含鞣酸。这种物质会与蛋白质合成具有收敛性的鞣酸蛋白质，这种物质会导致肠蠕动迅速减慢，会延长粪便在肠道中的滞留时间，所以会造成便秘的情况，而且还很有可能会增加人体对有毒物质和致癌物质的吸收，影响到身体健康。

6. 生活中，不要吃涮猪肉，人如果吃了半生不熟、带有旋毛虫的猪肉，很可能就会感染上旋毛虫病，严重者会出现发烧、流鼻涕等症状。当然，也不要吃烧焦的猪肉。

7. 孩子、老人不宜多食猪瘦肉。如果幼儿长期过量地吃动物性食物，尤其是猪肉，势必会摄入大量的脂肪、饱和脂肪酸和胆固醇，时间久了，体内便会因脂肪大量堆积而导致身体的肥胖，甚至会出现高血压等情况。

猪肉的烹饪方法

一、炖猪肉

这道菜具有丰富的营养价值，味道鲜美，是烹饪的好原料。

制作：

1. 肉块一定要切得大一些。在猪肉内，含有可溶于水的呈鲜含氮物质，如果在炖猪肉的时候能够释放出越多这种物质，那么炖出来的猪肉的味道也越浓，同样，肉块的香味也会相对地减淡一些，因此炖肉的肉块切得要适当大一些，以减少这种物质的外溢，尽量让肉质保持具有这种香味。

2. 不要用旺火进行猛煮。因为当肉块儿遇到急剧的高热，肌纤维变硬，肉块就不易煮烂，甚至会变得很硬；二是肉中的芳香物质会随猛煮时的水汽蒸发掉，从而减少了肉香。

3. 在炖煮中，少加一些水，以使汤汁滋味醇厚。

二、当归瘦肉汤

猪瘦肉 500 克，切块处理，大小要均匀。选用当归 30g。加入适量的水，用小火进行煎煮。可以稍加食盐进行调味，然后除去药渣，饮汤吃肉即可。

功效：当归具有补肝益血的作用，同瘦肉配用可以增强补血生血的作用。可以适当地用于贫血或血虚所致的头晕眼花的症状，并且对疲倦乏力以及产妇缺乳的病人也是十分有利的。

三、京酱肉丝

原料:瘦猪肉、葱白、豆腐皮

调料:姜、盐、蛋清、甜面酱、料酒、白糖、淀粉

做法:

1. 将猪肉切成细丝,然后放入碗中,加入适量的料酒、盐、蛋清进行搅拌,淀粉抓匀上浆。其中不要多放盐,因为甜面酱中已经有足够的咸味了。

2. 随后将葱白切成丝,放在盘中垫底。

3. 姜切成薄片,略拍一下,取出少量葱丝同放在一个小碗内,加少量清水,泡成葱姜水,以备使用。

4. 坐上锅,将油加热,放入肉丝进行炒散,至八成熟的时候捞出来,然后沥油。

5. 原锅进行烧热,放入少许的油,再加入甜面酱略进行翻炒,最后放入葱姜水、料酒、白糖,不停地翻炒,等到白糖全部溶化、酱汁开始变粘的时候,再放入肉丝,不断地进行翻炒,从而使甜面酱均匀地裹在肉丝上,将肉丝放在盛有葱丝的盘子上,卷着豆腐皮,即可食用。

四、葱香千层肉饼

原料:

面粉 300 ~ 400 克、猪肉馅 200 克、香葱或大葱适量、鸡蛋 1 个、盐 1 小匙、料酒 1 小匙、生抽 2 小匙、老抽 1 小匙、姜末少许、香油少许、色拉油少许、胡椒粉 1 小匙

做法:

1. 将葱清洗干净,随后切成葱花备用;姜切末备用。

2. 面粉和成面团揉透揉匀。

3. 在肉馅中加入适量的盐、料酒、姜末、老抽、香油、胡椒粉、色拉油进行搅拌,再打入一个鸡蛋,继续搅打至肉馅上劲。

4. 将肉馅、葱花、面团三者准备好,然后就可以开始做了。

5. 下面的做法跟葱油饼的折叠法是完全一样的,然后取出一小块面团,

再将面团擀成圆形，随后用勺子均匀地涂上一层肉馅，再撒上一层碎葱花，最后擀成圆饼，然后在平底锅中放入油，煎熟即可。

健康饮食宜与忌

猪肉配合大蒜可以起到延长维生素 B_1 在人体内停留的时间的作用，这对促进血液循环以及尽快消除身体疲劳、增强体质都有至关重要的作用。

猪肉不宜吃得太多，否则会出现肥胖，肥肉尤其如此，多食则助热，使人体脂肪蓄积，或血脂出现升高，以致出现动脉粥样硬化，产生冠心病、高血压等症状，因此，对于血压高、过度肥胖的人来讲应该慎用或忌用。

在日常生活中，小儿或者是儿童不宜多食，并且对于老人来讲，更是不宜多食瘦肉。食用前不宜用热水浸泡猪肉。在烧煮过程中忌加冷水。

对那些阴虚不足、头晕、贫血、燥咳无痰、大便干结，以及营养不良的人来讲，食用猪肉是有好处的。

湿热偏重、痰湿偏盛、舌苔厚腻之人则不适合食用猪肉。

鸡肉：白肉减肥又滋补，益寿延年功盖主

名词解释

鸡的肉质比较细嫩，滋味鲜美，适合很多种烹调方法，并富有一定的营养物质，同时，也有滋补养身的作用。鸡肉不但适于进行热炒、炖汤，而且也是比较适合进行冷食或者是凉拌的肉类。但切忌吃过多的鸡翅等鸡肉类的食品，以免引起肥胖。

营养价值

以 100 克食部含量为例：

可食部分 34%，水分 74.2 克，蛋白质 21.5 克，脂肪 2.5 克，糖 0.7

克,热量 111 千卡,钙 11 毫克,磷 190 毫克,铁 1.5 毫克,胡萝卜素 0,硫胺素 0.03 毫克,核黄素 0.09 毫克,尼克酸 8.0 毫克,粗纤维 0,灰分 1.1 克。

鸡肉的历史

在三国时期,军事家曹操就是十分喜欢吃鸡肉的,所以有了"鸡肋、鸡肋,食之无味,弃之可惜"的名言问世。曹操连生病时最后也靠着鸡肉治病,可见曹操对鸡肉的喜爱程度,所以就产生了"曹操鸡"。

明朝的开国皇帝朱元璋在当乞丐流浪期间,就很爱吃鸡肉,后来当上了皇帝,仍旧十分怀念鸡肉的美味,因此,后来就流传有了一道名菜"流浪鸡"。

左宗棠本是晚清时代的著名将军,因他自幼就十分喜欢吃鸡肉,后来民间为了表示对他的尊重,就有一道"左宗棠鸡"的问世。

吃鸡肉的注意事项

经常吃鸡肉的人会发现,在鸡皮和鸡肉之间有一层薄膜,这层薄膜在保持肉质水分的同时也能够起到防止脂肪外溢的作用。因此,对于想要减肥的人来讲,可以在烹饪后再将鸡肉去皮,这样不仅可减少对脂肪的摄入量,还能够保证鸡肉味道的鲜美。

在烹饪鸡肉的时候,会发现黑色的营养色素从鸡骨头中不断渗出,不要以为这是不好的物质,这证明其中含有铁,完全可以安全食用。

鸡肉的烹饪方法

咖喱鸡块做法

做法:

1. 将鸡肉清洗干净,适当切成大小均匀的块,再放入水锅中进行稍煮,然后捞出洗净的浮沫待用;将土豆削皮然后切成适当大小的块;大葱切成小段;蒜也剁泥处理。

2. 在锅中放入油烧至五成热即可,然后倒入土豆炸至结壳黄亮,然后捞

出土豆，沥干里面的油；这个时候鸡块也用油炸至表面略干时，捞出来，备用。

3. 将炒锅放油约两汤匙，不要过多，然后放入咖喱粉、面粉、蒜泥，随后用小火炒出香味即可，随后加入大葱煸香，倒入小半杯水将面和开，再加入一饭碗水，随后放入鸡粉搅匀，这个时候再放入鸡块，烹入绍酒，然后，盖上盖子，再用中火加热约 5 分钟，再倒入土豆，调好咸淡之后，煮至鸡肉熟烂，然后等到汁浓的时候，淋香油出锅即可。

白斩鸡

材料：土鸡

调料：葱、沙姜、生抽适量

做法：先烧沸一锅水，把整只鸡放入水中，熄火；盖好盖子，焖约 10 分钟，以斩出来的鸡块骨髓带血为适，斩件后，蘸着调料直接吃即可。

干炸鸡

材料：鸡、盐、料酒、味精、葱姜丝、蛋、团粉、水、油、花椒盐适量

做法：先将鸡择洗干净，然后切成小方块，加入食盐、料酒、味精、葱姜丝腌制一会儿，再挂上鸡蛋、团粉和水和成的糊，过油炸至金黄，凉后再炸一次至熟，吃时蘸花椒盐直接食用。

沸油鸡

材料：鸡、盐、料酒、酱油、水、油、花椒盐适量

做法：先将鸡择洗干净，去除骨，抹上适量的盐、料酒、酱油，过油炸熟之后，再用筷子挑起离油，然后用勺子舀起热油反复浇在鸡身上，浇至鸡皮烫焦，然后捞起，改切成小块，吃时蘸花椒盐直接食用。

锅烧鸡

材料：鸡、肉汤、葱段、姜块、蒜片、盐、料酒、酱油、白糖、花椒、大料、蛋清、团粉、油、花椒面

做法：将鸡择洗干净之后，放进锅内添上肉汤，加葱段、姜块、蒜片、盐、料酒、酱油、白糖、花椒、大料，煮熟去骨，再挂由蛋清团粉和成的糊，过油炸黄，捞出之后，剁成 1 寸长段或条盛盘内，最后撒上花椒面即成可以食用。

葱油鸡

材料：鸡、水、料酒、盐、大料、桂皮、五香面、葱姜丝、味精、油适量

做法：将鸡择洗干净之后，放入锅内，将锅中添水，再加入料酒、盐、大料、桂皮、五香面，煮烂之后，与汤一同取出盛到盆内，加上盖子焖 2 小时左右，取出切块盛盆，再加葱姜丝、味精、原汤少许，随即将油烧开，然后倒出浇在葱姜丝上即可以食用。

健康饮食宜与忌

1. 在食用的时候，不应只喝汤不吃肉。

2. 禁忌食用鸡头、鸡臀尖等部位。

3. 不宜与芝麻、菊花、芥末、糯米、李子、大蒜、鲤鱼、鳖肉、虾、兔肉一起吃。

4. 服用铁制剂的时候也不宜食用。

5. 与菊花相克：同食会出现食物中毒。

羊肉：羊肉养血散风寒，补肾养身不长肉

名词解释

羊肉可以分为很多种，比如山羊肉、绵羊肉、野羊肉。在古代的时候，又称羊肉为羖肉、羝肉、羯肉。羊肉的营养价值很高，既能御防风寒，又可以补身体，对一般的风寒咳嗽、慢性气管炎、虚寒哮喘、肾亏阳痿都有一定的治疗效果，并且对于腹部冷痛、体虚怕冷、腰膝酸软、面黄肌瘦、气血两亏的人也是有好处的。尤其是在病后或产后身体虚亏的情况下，选择食用羊肉则能够达到很好的补益效果，羊肉适合在冬季食用，故被称为冬令补品，深受人们的欢迎。

由于羊肉有一股羊膻怪味，所以有一部分人会不喜欢食用羊肉，其实，一公斤羊肉若能放入 10 克甘草和适量料酒、生姜一起烹调，则能够去其膻气而又可保持其羊肉风味。

营养分析

羊肉鲜嫩，营养价值也很高，凡肾阳不足、腰膝酸软、腹中冷痛、虚劳不足的人都适合食用这种食物。

羊肉的营养十分丰富，不仅对肺结核、气管炎、哮喘、贫血、产后气血两虚有一定的功效，并且对腰膝酸软，阳痿早泄以及一切虚寒病症均有很大裨益；具有补肾壮阳、补虚温中等作用，适合男士经常食用。

羊肉的历史

说起吃羊肉可谓是历史悠久，最早可以追溯到 1100 多年以前。在现在出土的壁画中就有对人们吃羊肉的描绘，而到了宋朝，上至北宋太祖赵匡胤，下到南宋名将韩世忠都十分喜爱吃羊肉。由于元代具有鲜明的游牧民族特色，所以在当时宫廷太医忽思慧所写的《饮膳正要》中，就有对羊肉的记载，并且在当时，含有羊肉的菜占到了 80%。后来到了清朝时期，羊肉的吃法可以说是发挥到了极致，从乾隆爷下江南的饮食档案中可以看到，最著名的当属清朝宫廷的 108 道羊肉大宴了。

吃羊肉的注意事项

烤肉可谓是人们喜欢的一种吃法，但是在做烤肉的时候应注意选择羊肉，要选用鲜嫩的后腿和上脑部位，剔除筋膜，压去水分，切成薄片。如果是一些不够新鲜的肉，那么烤制出来的味道会大打折扣。如果切得厚薄不匀，或筋膜剔得不干净，吃的时候会有一种腥膻味，影响口感。

吃羊肉串的时候也要多加留神，要知道炸羊肉的代表菜就是松肉、烧羊肉等。通常情况下松肉是用油皮包裹肉糜制成条状炸制而成，会呈现出金黄的色泽，质地也比较酥软，咸鲜干香。烧羊肉则来源于宫廷菜"卤煮锅烧羊肉"。烧羊肉可选用鲜肥羊腰窝或是前眼肉，再加上作料以小火焖熟至烂，再上油锅炸，这种方法的食用很受人们的欢迎，并且能够保存更为丰富的营养，营养也不易流失。

在《本草纲目》记载："羊肉以铜器煮之：男子损阳，女子暴下物；性之异如此，不可不知。"这其中的道理就是要表明，铜遇酸或碱并在高热的状态下，往往会发生化学变化从而会生成铜盐。羊肉通常为高蛋白食物，所以用铜器烹煮时，往往会产生某些有毒的物质，从而会危害到人体的健康，因此不宜用铜锅烹制羊肉。

羊肉的烹饪方法

一、涮羊肉

这是大家最熟悉的一种吃法了。尤其是在隆冬之际，外面的天气十分的寒冷，此时此刻人们为了保暖，往往会选择吃涮羊肉，这种食物会让你在严冬中变得周身舒泰。涮肉选料也是十分有讲究的，在一般情况下，只有上脑、大三叉、小三叉、磨裆、黄瓜条五个部位较适合。吃法也比较简单，只要将薄薄的肉片放在锅中涮至变色，然后再捞出，蘸上作料吃起来就会很香。

二、羊肉萝卜汤

羊肉500克切块，萝卜500克切块，草果两个（去皮），甘草3克，生姜5片

制作：将所有的材料都同时放入锅内煮汤，加少量的食盐进行调味，然后倒出即可食用。

功效：对补中健胃、益肾壮阳有一定的作用，并且适用于病后体虚、腰疼怕冷、食欲不振等症。

三、羊肉小麦生姜粥

材料：羊肉500克切块，小麦60克，生姜10克

制作：同煮粥食用，早晚各一次，连续服食一个月。

功效：有助于元阳的回复，并且对益精血、补虚劳很有效，是病后体弱调养身体的补益佳品，当然，也是最适宜于冬季滋补之用的食物。

四、参芪归姜羊肉羹

材料：羊肉 500 克切小块；生姜片 25 克；黄芪、党参各 30 克；当归 20 克

制作：将材料装入纱布内包好，与羊肉一同放入锅内加水煮至熟烂，随量经常食用。

功效：此羹有补气养血、强身壮体的作用，并且适用于病后或产后气血虚弱、营养不良、贫血的人，对低热多汗、手足冷等症也有一定的缓解作用。

五、仲景羊肉汤

制作：将羊肉去骨、剔除筋膜，入沸水焯一下，然后切成大小均匀的长约 5 厘米、宽 2 厘米、厚 1 厘米的条。将沙锅中放入适量的清水，并把切好的羊肉、当归、生姜同时放入锅内；然后，旺火烧沸后撇去表面的浮沫，放入如葱、料酒等调料，改用小火煮 1 小时左右，等到羊肉熟透，再加胡椒面、盐即可以食用。

健康饮食宜与忌

1. 一般人群都适合食用，尤其是对于体虚胃寒的人更是适合加量使用。

2. 有发热、牙痛、口舌生疮、咳吐黄痰等上火症状的人则不宜过多食用；对于肝病、高血压、急性肠炎或其他感染性疾病及发热期间不宜食外感病邪用；并且在暑热天或发热病人则更需要慎食；如果出现水肿、骨蒸、疟疾、外感及一切热性病症情况，禁食羊肉。

3. 羊肉不宜与醋同时吃。许多人在吃羊肉的时候，很喜欢配食醋作为调味品，觉得吃起来会更加的爽口，其实这种吃法是十分不合理的。因为醋中含有很多蛋白质、糖、维生素、醋酸及多种有机酸，性温，宜与寒性食物搭配，与热性的羊肉很不适宜。

4. 吃完羊肉之后不宜马上饮茶。因为羊肉中含有十分丰富的蛋白质，而茶叶中却含有较多的鞣酸，如果在吃完羊肉后选择马上饮茶，那么会在体内产生一种叫鞣酸蛋白质的物质，这种物质很容易引发便秘情况的发生。

5. 肝炎病人忌吃羊肉。因为羊肉甘温大热，吃得过多往往会促使一些病灶的发展，反而会加重病情。另外，蛋白质和脂肪同时大量摄入后，因肝脏有病不能全部有效地完成氧化、分解、吸收和代谢,再加上代谢功能不够强壮,从而往往会加重肝脏的负担,从而会导致发病。

6. 羊肉与南瓜相克,同吃往往会发生黄疸和脚气病。

7. 羊肉与乳酪不宜同时食用,二者功能是相反的。

8. 羊肉与醋相克,醋宜与寒性食物相配,而羊肉属于大热,不宜和醋搭配使用。

9. 羊肉不宜与竹笋同时食用,同食往往会引起腹痛、中毒。

10. 羊肉与半夏相克,同食之后会影响营养成分的吸收。

11. 羊肝与红豆相克,同食往往会引起中毒,对人体产生危害。

鸭肉:驱逐毒热补虚劳,补充脑力将它找

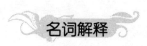

名词解释

鸭肉通常会被当做是餐桌上的上乘肴馔,也是人们进补的佳品良材。鸭肉的营养价值与鸡肉相仿,但是也不完全相同,在中医看来,鸭子吃的食物与鸡吃的食物不同,鸭子吃的多为水生物,因此其肉性味甘、寒,入肺胃肾经,故此就具备了滋补、养胃、补肾的功能,并且具有除痨热骨蒸、消水肿、止热痢、止咳化痰等作用。凡是体内有热的人适宜食鸭肉,体质虚弱、食欲不振、发热、大便干燥和水肿的人也可以吃一定量的鸭肉,从而帮助缓解这种不良的症状。民间还有传说,鸭是肺结核病人的"圣药"。在《本草纲目》中有这样的记载:鸭肉"主大补虚劳,最消毒热,利小便,除水肿,消胀满,利脏腑,退疮肿,定惊痫"。

营养分析

鸭肉中所含 B 族的维生素和维生素 E 较其他肉类要多一些,这样就能够有效抵抗脚气病、神经炎和多种炎症,并且还能够抵抗衰老。同时,鸭肉中

含有较为丰富的烟酸，它是构成人体内两种重要辅酶的成分之一，并且对心肌梗死等心脏疾病患者有很好的保护作用。

鸭肉包子的传说

现在，鸭肉包子很受人们的欢迎，但是它并不是现代人的新兴发明，早在乾隆年间的时候，京城就有一个厨师，人们都叫他"鸭子章"，而他最擅长的就是对鸭肉的料理，并且，鸭肉包子也都是他发明的。

据说，在当时，康熙皇帝也禁不住鸭肉包子的诱惑，还亲自微服私访，并且在吃完之后还大肆赞叹说："这里的包子是'天下美味'！"

吃鸭肉的注意事项

在鸡、鸭、鹅等禽类屁股上端长尾羽的部位，学名叫做"腔上囊"，这个部位是淋巴腺比较集中的地方。因为淋巴腺中的巨噬细胞可以吞噬病菌和病毒，即使是一些致癌的物质也是能够吞噬的，但是却不能够分解，所以说"腔上囊"是个藏污纳垢的部位，是绝对不能吃的。

鸭肉的烹饪方法

一、辣炒鸭肉

材料：

鸭肉，姜丝，辣椒，盐

做法：

1. 将鸭肉和姜丝、辣椒一起放入烧热的油锅中翻炒，锅中的油不可多放；

2. 然后放入适量的盐就可以了，如果要是能有酸柠檬就更好了，可以适当地放一片柠檬，这样口感会更好。

二、鸭肉粥

材料：

米（按照人数来择量），鸭血，鸭肉，姜，葱，芹菜，枸杞，冬菜，盐少许，酱油适量，食用油少许，清水适量

做法:

1. 先将米淘洗干净;鸭血最好是在水中泡一两分钟,洗净、切成大小均匀的块(如果没有,可以不放);再将鸭肉清洗干净、切成大小相当的丁;姜,切几片即可;葱,切小段;芹菜,切成小丁;并将枸杞洗净(可放可不放)。

2. 在炒锅中加入少许的油。

3. 等到油温变热的时候,倒入鸭肉丁以及姜片进行煸炒。

4. 等到鸭肉变了颜色后再放入米,炒约两分钟即可。

5. 将锅中加水。

6. 煮开之后放少许盐。

7. 再倒入电饭锅,插上电源。

8. 煮至粥熟的时候,中途可以放进鸭血同煮。

9. 再加入芹菜丁、冬菜、枸杞,并搅拌均匀。

10. 最后,再加入少许的酱油,搅拌,再次煮开之后,约五六分钟,拔下电源即可。

健康饮食宜与忌

1. 鸭肉适用于体内有热、上火的人,对降火有一定的功效;对于发低热、体质虚弱、食欲不振、大便干燥和水肿的人来讲,鸭肉也是不错的选择。同时也适宜于营养不良,产后病后体虚、盗汗、遗精、妇女月经少、咽干口渴等症状的人食用;还适宜于癌症患者及放疗化疗后的人食用,对于糖尿病、肝硬化腹水、肺结核、慢性肾炎浮肿者也是不错的选择。

2. 对于素有虚寒现象,或者是因为受凉引起的不思饮食的现象,胃部感觉冷痛、腹泻清稀、腰痛及寒性痛经以及肥胖、动脉硬化等症状、慢性肠炎者应适量少食;如果是处在感冒期间,则更是不宜食用。

3. 鸭肉如果与兔肉、杨梅、核桃、鳖、木耳、胡桃、大蒜、荞麦一起食用,往往会对身体造成危害。

饮食宜忌

1. 鸭肉宜与山药一起食用，此时能够达到降低胆固醇、滋补身体的作用。

2. 鸭肉宜与红小豆一起食用，有利尿解毒的作用。

3. 鸭肉宜与当归同食，这样可以起到补血的作用。

4. 鸭肉如果和白菜同食，不仅能够促进血液循环，还能够促进胆固醇的代谢。

5. 鸭肉不宜与鳖肉同食，如果一起食用往往会产生阴盛阳虚、水肿泄泻的作用。

6. 鸭肉忌与鸡蛋一起食用，否则会大伤人体中的元气。

兔肉：荤中之素有佳名，美容保健益延年

名词解释

兔肉可以分为两种，即家兔肉和野兔肉，而家兔肉又被称为是菜兔肉。兔肉通常是属于高蛋白质、低脂肪、少胆固醇的肉类，所含的营养也是十分丰富的。兔肉中蛋白质的含量高达70%左右，要比一般的肉类都要高，但是它所含有的脂肪和胆固醇却远低于所有的肉类，因此它有"荤中之素"的说法。在每年深秋至冬末的季节中，则是食用兔肉的最佳时间，这个时候的味道也是最佳的，当然，也是肥胖者和心血管病人的理想肉类食品，在全国各地均有出产和销售。

兔肉的营养价值

1. 在兔肉中，含有一种叫做卵磷脂的物质，这种物质是大脑和其他器官发育中不可缺少的，并且具有健脑益智的功效。

2. 经常食用兔肉则可以保护血管壁，从而阻止血栓的形成，并且对高血

压、冠心病、糖尿病患者也是十分有益的，与此同时，还可以增强体质，从而使肌肉健康，兔肉还有一定的美容的效果，因为它能保护皮肤细胞的活性，从而使皮肤更有弹性。

3. 兔肉中所含有的脂肪和胆固醇比其他肉类的含量都要低。而且在兔肉中的脂肪大部分也是不饱和脂肪酸，所以说经常吃兔肉的人，往往身体是比较强壮的，而且也不会增加体重，它是肥胖人群理想的肉食品。女性食用兔肉，可以起到保持身材的作用，因此，在国外女性把兔肉称为"美容肉"。又因为经常吃兔肉，还会有祛病强身的作用，所以有人还将兔肉称为"保健肉"。

4. 在兔肉中，不仅含有多种维生素，还含有 8 种人体所必需的氨基酸，因此，常食兔肉能够对有害物质的沉积起到预防的作用，能够让儿童健康成长，有助于老人延年益寿。

兔肉的历史

在 3000 万年以前，就有了兔子的化石，可见在那个时候就有了这种生物。而目前我们所养的兔子，经过研究发现，大多数都是欧洲野兔的后代，只有少部分是源自美国的野兔。

在公元前 1100 年的时候，就有腓尼基人把兔子成批地运到西班牙的记录了。而古罗马人则是最早了解到兔子的"价值"的人，因为兔子的体积并不算大，可以轻易地携带并运输，因此，这就变成了他们战争的时候，日常必需的肉食，当他们在横扫欧洲的时候，兔肉便成为他们的桌上佳肴。而到了今天，兔肉的价值更是被世人所认知，喜爱的人群也越来越广。

吃兔肉的注意事项

1. 兔肉的烹饪方法有多种，适用于炒、烤、焖等烹调方法；也可红烧、粉蒸、炖汤，其中比较常见的菜有兔肉烧红薯、椒麻兔肉、粉蒸兔肉等，这些都是人们所喜爱的美味佳肴。

2. 如果将兔肉和其他食物一起烹调，便会让兔肉吸收到其他食物的味道，所以兔肉又被称为"百味肉"。

3. 兔肉肉质不仅细腻而且鲜嫩，肉中基本上没有什么筋络。所以说在切兔肉的时候，最好是顺着纤维纹路来切，这样在加热以后，才能更好地保持菜肴的形态整齐和美观，同时，肉味才会变得更加的鲜嫩；如若切法不当，经过加热后的兔肉很有可能会变成屑粒状，而且会不容易煮烂，影响到口感。

4. 兔肉性凉，适宜夏季食用。因此，兔肉还具备了治疗热气湿痹、止渴健脾、凉血、解热毒、利大肠的功效。

5. 将兔肉洗干净后和党参、山药、大枣、枸杞一起蒸煮，做成的食物十分适于那些气血不足、营养不良的人食用。

兔肉的烹饪方法

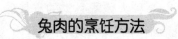

一、兔肉火锅

主料：

洗净的兔肉 750 克

辅料：

白菜 500 克左右，湿粉丝 250 克，绍酒 25 克，盐 10 克（按照个人口味添加），姜 2 片，葱结 1 只，熟酱油 50 克，辣酱油 50 克（没有可用辣椒代替），鲜汤 1000 克

制法：

（1）先将兔肉切成 4 厘米大小的小方块，大小均匀，然后放入盛有开水的锅中略焯取出，时间不宜过长，在清水中洗净，然后放入炒锅里，随后加入清水 1500 克左右，依次放入葱结、姜片，最后盖上盖子，大火煮沸，撇去表面的浮沫，加酒焖烧至兔肉煮熟。

（2）将白菜切成 5 厘米左右长短的小条，然后放入开水锅中焯熟然后取出，再将湿粉丝洗净备用。

（3）先将白菜和粉丝放入火锅中，再放入煮熟的兔肉块，并且倒入兔肉汤。此时，再准备鲜肉汤 1000 克，为中间的添加备用。加入适量的盐和味精，然后盖上锅盖，随后点燃火锅烧沸后即可食用。准备熟酱油和辣酱油各 1 小碟，然后供蘸食。

二、桂花兔肉

原料:

兔肉 150 克左右,醋 5 克左右,熟花生油 500 克(实耗 60 克),苏打粉 2 克,精盐 1 克,鸡蛋 50 克,料酒 10 克,淀粉 15 克,味精适量,面粉 5 克,大葱 5 克,白糖 5 克,桂花 5 克,生姜 10 克,酱油 5 克,芝麻油 15 克,鲜汤 10 毫升

制作过程:

1. 将兔肉放入清水中浸泡一段时间,然后捞出,沥干水分,将其切成宽约 2 厘米、厚 3 毫米、长 5 厘米的片状,大小均匀,然后放入瓷碗中,再加清水用苏打粉浸泡约 30 分钟,目的是为了去除肉质的血腥味,再用冷水漂洗两遍,用纱布包裹野兔片,挤去浮水,加入料酒、酱油腌渍入味。随后沾上面粉,就是桂花兔肉生坯。

2. 将大葱、生姜均切成细丝;在碗中打入鸡蛋,然后加淀粉搅拌均匀,在另一只碗中倒入 10 毫升鲜汤、精盐、绍酒、白糖、桂花、味精、芝麻油适量搅拌均匀,勾兑成咸甜味芡汁。

3. 将锅烧热,然后加入适量熟花生油,中火烧至五成热时,再将沾有面粉的兔肉片逐片拖蛋糊,放入油内炸至色泽黄色,随后倒入漏勺,沥油。

4. 将原炒锅洗干净后,在锅中放入 25 克熟花生油,将葱丝、姜丝放入锅中,进行煸炒,并且炒出香味,随后,倒入已经炸好的野兔肉片,倒入勾兑好的调味芡汁炒匀,随后再顺着锅边淋入适量的醋,炒匀,撒入剩余的芝麻油即可。

健康饮食宜与忌

1. 兔肉与橘子

橘子是一种营养丰富的水果,属于温性的水果,所以吃多了容易上火。而兔肉是酸冷性食品,在吃过兔肉以后,不要立刻就吃橘子。如果在吃完橘子之后立刻吃兔肉,往往会因此肠胃功能的紊乱,以致腹泻。

2. 兔肉与芥末

芥末性温,具有利膈开胃的效果,然而味道辛辣,往往会刺激皮肤黏膜,

从而达到扩张毛细血管的作用，如果大量食用，还会使血容量和心率出现下降。兔肉则酸冷性寒，与芥末的性味正好相反，不宜一起食用。当然，芥子粉碎之后也可以用作调味品，但烹制兔肉时却是不可使用的。

3. 兔肉与鸡蛋

鸡蛋甘平微寒，如果二者同吃，容易刺激肠胃，引起腹泻，所以不宜同食。

4. 兔肉与姜

兔肉酸寒，性冷，干姜则是辛辣性热，两者正好相反，所以说如果同食，很可能会导致腹泻。所以，在烹制兔肉时是不宜加姜的。

5. 兔肉忌与芹菜同食，否则会引起脱皮、脱发等症。

6. 忌与小白菜一起食用，食后容易产生呕吐、腹泻的现象。

7. 一般的人均可食用兔肉，尤其是对于肥胖者和患有肝病、心血管病、糖尿病患者来讲，兔肉是最理想的肉食品。

驴肉：天上龙肉地间驴，人间美味别错过

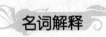

名词解释

"天上龙肉，地上驴肉"，是人们对驴肉的一种最高表扬。鲁西、鲁东南、皖北、皖西、豫西北、晋东南、晋西北、陕北以及河北一带的许多地方都形成了各种独具特色的传统食品和地方名吃。如青州府的夹河驴肉、肥东石塘的训字驴肉、莒南的老地方驴肉、高唐老王寨驴肉、河间驴肉烧饼、广饶肴驴肉、保定漕河驴肉火烧、曹记驴肉、上党腊驴肉和焦作闹汤驴肉，等等。

驴肉的营养价值

1. 一岁半的驴的脂肪含量仅为 1.63%，而牛肉是 6.48%，羊肉是 7.98%，猪肉最高为 37.34%，差异十分显著。

2. 驴肉中各种微量元素的含量与牛、羊、猪肉相比较高,维生素含量与牛、羊、猪肉几乎相近。

3. 驴肉中眼肌肉的肌纤维直径细为 33.34mm,猪、牛的眼肌直径小,每 mm3 肌纤维的根数为 600.23。

4. 驴肉具有"两高两低"的特点:高蛋白,低脂肪;高氨基酸,低胆固醇,对动脉硬化、冠心病、高血压患者有着良好的保健作用。另外,还含有动物胶、骨胶朊和钙等营养成分,能为老人、儿童、体弱者和病后调养的人提供良好的营养补充元素。

驴肉火烧的传说

唐太宗李世民登基之前来到河间县,一书生"杀驴煮秋"招待李世民。他吃后连连说:"好吃好吃。"清代乾隆下江南,从河间路过,借住一户农家并在民间吃饭,主人就将剩下的饼拿来夹上驴肉放在大锅里温热。乾隆吃后连连称赞真是美味可口。河间有句俗语叫"常赶集还怕看不见卖大火烧的",这也说明了大火烧在老百姓心目中的地位以及大家对这种食品的喜爱程度。

改革开放以后,驴肉火烧便又活跃了起来,新一代的面点师傅学习了老一代的经验再加以改进,把"大火烧夹驴肉"这一传统食品发扬光大,很快地就推向了长江以北各地区,并且深得各地美食家的好评。

吃驴肉的注意事项

一次不要吃过多的驴肉,这样可能会对肠胃造成负担。尤其是吃完驴肉之后,不要马上喝大量的水,这样会加重肠胃的负担。

驴肉的烹饪方法

驴肉煲汤

主料:驴肉 300 克,驴骨头 200 克,香葱 2 棵,生姜 1 块,大料适量

调配料:香油 2 小匙,料酒 1 大匙,胡椒粉 2 小匙,精盐 2 小匙,味精 1 小匙

制作过程：

1. 先把驴肉和驴骨头用清水洗净，香葱洗净后打成结，生姜洗净拍松，香菜洗净切成末；

2. 将驴肉、驴骨头放入大锅中加香葱结、生姜、大料同煮，驴肉至肉烂时捞出，切成片；

3. 待汤汁呈现乳白色时，再放入驴肉片烧开，同时加入精盐、味精、胡椒粉、料酒、香油即可。

健康饮食宜与忌

一般人均可食用，身体瘦弱者尤宜。

1. 适于长年劳损、久病之后的气血亏虚、气短乏力、倦怠羸瘦、食欲不振、心悸眼差、阴血不足、风眩肢挛、失眠梦多、宫能性子宫出血和出血性紫癜等症。

2. 平素脾胃虚寒，有慢性肠炎、腹泻者忌食驴肉。

3. 驴肉的营养非常丰富，而金针菇中含有多种生物活性物质，同时食用会引发心痛。

鱼类：一方之水养一方鱼，边吃边把传说听

　　中国是一个渔业大国，有着悠久的捕鱼史。中华民族在长期的渔业劳动中所形成的鱼文化，伴随着中国灿烂的传统文化一起发展，成为中国传统文化宝库中的一颗明珠。中国鱼文化是中华民族的伟大创造，是中国文化史上光彩夺目的一章。自古以来，人类就认为鱼是象征自由的物种，而捕捉它成为盘中餐则是一种对于美食以及寻觅养生之道的心境演变。鱼的种类繁多，做法不同，吃法也必然有所不同。或许是因为感恩，或许是因为对于自然的崇拜，人类在品味美食的同时，也用自己的智慧赋予了这种游离生物诸多动人的传说。尽管这些故事并不尽然是真实的，却常常能够打动我们的心。常言道，一方水土养一方人，在这种水土相依的自然界中，人与鱼之间似乎有着很多说不清楚的感情。它不仅仅象征着一种吃食、一种美味，同时也是一种自然文化的见证、一首永远唱不完的动人情歌。

鲈鱼：肉质白嫩无腥气，清蒸红烧并蒂莲

名词解释

鲈鱼又被称做花鲈、寨花、鲈板、四肋鱼等，在生活中俗称鲈鲛，可见其名字是多样的。鲈鱼肉质白嫩、清香，没有丝毫腥味，因此颇受人们喜爱。它肉质的形状为蒜瓣形，最适合清蒸、红烧或炖汤，这三种做法是鲈鱼常用的烹饪方法。鲈鱼多分布在太平洋西部、中国沿海及通海的淡水水体中也都有鲈鱼的身影，在我国的黄海、渤海也是比较多的。是常见的经济鱼类之一，也是发展海水养殖的绝佳品种。

营养价值

食部100g，其中含有水分78g，蛋白质含量可达 17.5 克，脂肪和碳水化合物含量分别为3.1 克和0.4 克，灰分1 克；钙56 毫克，磷131 毫克，铁1.2毫克，核黄素0.23 毫克，烟酸1.7 毫克。台湾产的鲈鱼营养物质有，水分76.10％，粗蛋白19.39％，粗脂肪1.16％，灰分1.16％。关于维生素，100克中有维生素 A180 微克，维生素 $B_1$130 微克、维生素 $B_2$110 微克，烟素2.4毫克。

肉质最为鲜美的鲈鱼是在秋末冬初的季节，这个时候的鱼肉质白嫩、清香，更是美味。此时，成熟的鲈鱼也是特别肥美，鱼体内积累的营养物质也更是丰富，所以是吃鲈鱼的最好时令。

历史传说

相传在八仙中，吕洞宾是很喜欢松江的，他经常会下凡到松江去游玩。有一天，吕洞宾到了松江，想看看这里的小辈是不是会尊敬老人，于是就变成一个中年的小商贩，然后，挑着一副汤圆担，走到那秀丽的桥上，然后放下担子，边敲梆子边喊："卖汤圆喽！大汤圆买三个两个铜钱，小汤圆三个铜板买两个，快来买汤圆喽!"

附近不仅只有他一个人在卖，有几个摊贩以为他是喊错了。此时一位大嫂实在是忍不住好奇，便问道："哎，卖汤圆大哥，小汤圆怎么还比大汤圆要卖得贵呢? 是不是里面的馅儿用的不同啊?"吕洞宾解释道："大嫂，我并没有喊错，里面的馅子也都一样，我只是把价格卖得比较特别，这叫做姜太公钓鱼——愿者上钩。"吕洞宾将梆子放下，然后，很熟练地做出了大小汤圆，并且，一个接着一个往锅里丢，不一会儿，汤圆的香味散发了出来，此时只见一位中年人带着大碗走来了。

"大哥，您要大的汤圆还是小的啊?"吕洞宾问道。

"馅子一样吗?"中年人问道。

"一样的。"

此时中年人从口袋中掏出钱便说道："大的便宜，我当然买大的，喏，给你四个铜板，舀二个咸的，四个甜的。"

吕洞宾笑着说："好的，二咸四甜，大哥您拿好，您买回家给谁吃啊?"

"给我儿子吃。"

中年人刚走了，此时，就来了一个青年小伙。

青年小伙子很直接，说道："喏，给你八个钱，大的都要咸的。"

然后吕洞宾又问道："你买这么多给谁吃啊?"

"我和老婆二人当点心吃。"青年小伙子说道。

就这样，他连问了十多个人，竟然没有一个是给长辈吃的。

过了一会儿，来了一个愁面苦脸的中年人，他付了六个铜钱，然后拿出大碗儿，却只要买四个小的汤圆，吕洞宾也有点好奇，便问他："大哥，你六个铜钱其实可以买九个大汤圆，你只买了四个小的，不怕吃亏吗?"

中年人叹了口气，然后说道："哎，我不瞒你说，我娘已经七十多了，现在已经生病好几个月了，但是她听到梆子声后说就想吃汤圆，怎么劝她都不听。我只好跑来了，所以我宁可买贵些，吃了怕她老人家顿食，更害怕她老人家吃大汤圆会噎，所以宁可买贵些的，买小的。家母一向喜欢吃咸的，来四只咸的吧!"

"有道理，尊敬长辈好啊!"吕洞宾听了这位中年人的话很开心，便跷起了大拇指。

　　吕洞宾仍然每天都会在秀野桥卖汤圆，就在三天后的一个中午，那位愁面苦脸的中年人像是换了一个人似的，满面笑容，春风得意。这次，他是搀着一位老太太来的。老太太一看到吕洞宾的汤圆担，根本不用儿子搀扶，便疾步走到吕洞宾面前，显然她的病已经好了。她向吕洞宾道了个万福，说道："谢谢，你的汤圆竟然医好了我的病啊，现在我是百病全消，手脚轻便。不过心里还是有些发闷，肚里却什么也不想吃，老这样什么也不吃，长久下去怎么行呢？"

　　吕洞宾听了之后，连忙说道："婆婆您不用谢我，这事很好办，您老人家过来，然后到桥栏干前面来，看看桥下有什么东西？"

　　此时，老婆婆走近栏杆然后往桥下一望，只见四条小鲈鱼向桥北游来了，说了声"鲈鱼"，这时，只见吕洞宾轻轻地用手在她的背上拍了一下，老婆婆竟然打了一个嗝，将吃下去的小汤圆都吐了出来。汤圆刚落到河面就被四条小鲈鱼一条一口分别吞进口里。咽不下去的小鲈鱼便会向两旁用力地挤，随后就化成了两鳃，这时，加上原来的两鳃就变成了四鳃。从那时起，这四条四个鳃的鲈鱼便就成了松江当地的名产"四鳃鲈鱼"最早的祖先了！

吃鲈鱼的注意事项

　　要想去掉鲈鱼的腥味儿，可以在去鳞剖腹之后，洗净，然后放入盆中，再倒一些黄酒，此时就能除掉鱼的腥味，并能起到让鱼的滋味更加鲜美的作用。

　　先将鲜鲈鱼剖开洗净，然后在牛奶中泡一会儿也可起到除腥的作用，又能增加鱼的鲜味。

烹饪方法

做法一：清蒸

原料：鲈鱼1条（500～600克），熟火腿30克，笋片30克，香菇4朵，香菜少许即可

辅料：姜片、葱丝各5克，盐5克（依照个人口味可增加），料酒15克，酱油少许，鸡汤50克

准备：将鲈鱼去除内脏，收拾干净，并且要多次清洗，然后擦净身上多

余水分，随后放入蒸盘中；将火腿切成与笋片大小十分相近的片，摆放在鱼的身上；再将香菇泡好，然后去蒂，切片，也码在鱼身及周围处，再将姜片、葱丝都切好之后，整齐地放入鱼盘中，再倒入适量的盐、酱油、料酒；再将香菜择洗干净，切段后决定备用。

做法：

1. 用大火烧开蒸锅中的水，然后放入鱼盘，再用大火蒸 8～10 分钟左右即可，鱼熟后立即取出，拣出姜片、葱丝。

2. 再将鸡汤烧滚后，浇到鱼的周身上，饰以香菜段即可食用。当然，要选用清蒸这种烹饪方法来制作鲈鱼的方法就要尽量的新鲜，除鲈鱼外，草鱼、武昌鱼、鳜鱼等也都可以。

特色：鲈鱼性温，因此具有补中气、滋阴、开胃、催乳等功效。鲈鱼秋后比较肥，肉白如雪，并且有"西风斜日鲈鱼香"之说。

做法二：锅贴

用料：肥猪肉 225 克，净鲈鱼肉 300 克，鸡蛋 3 个

调料：精盐 3 茶匙，味精 1.5 茶匙，香油适量、胡椒粉各 1 茶匙，湿淀粉、干淀粉各 0.5 汤匙，花生油 750 克、椒精盐各 1 碟

制作：将肥肉切成长 5 厘米、宽 3 厘米的长方形，肉片要薄厚均匀，然后腌制。鲈鱼肉改成长约 5 厘米、宽约 3 厘米的长方片放精盐、味精、麻油、胡椒粉搅拌均匀。

再将鸡蛋、湿淀粉调成浓糊，然后用 70% 涂匀在鱼肉上，再用 30% 将腌好的肥肉搅拌均匀。用一个大盘子，然后在上面撒上干淀粉，这次要把肥肉摆在盘上，再将鱼肉贴在肥肉上。锅底里放油烧热，这个时候将锅端离火位，并将鱼肉摆在锅中，随后放回炉上，进行半煎半炸至两面呈现出金黄，最后，倒入漏勺控油。用剪刀剪齐摆放在盘中。另撒上椒盐就可上桌了。

做法三：铁板

原料：鲜鲈鱼 1 条，粗盐少许、味精适量、玫瑰酒（没有可以不用）、酱油、玫瑰酱、豆瓣酱、蚝油、冰糖、白糖、味精、生抽、芝麻油、椒片、洋葱、黄油、红椒圈、葱段等

制作：

（1）鲈鱼剖洗干净，沥干水分，加入精盐、味精、玫瑰酒等调料腌渍 5

分钟，再将鲈鱼倒入温油锅中浸炸成熟，然后再捞出。

（2）在锅内留有少量的油，在油中放入酱油、玫瑰酱、豆瓣酱、蚝油、麻油、白糖、冰糖、味精、生抽、椒片等，调制勾芡。

（3）准备 1 张锡纸，并垫上洋葱丝，浇上黄油，随后放入鲈鱼，再浇上调好的芡汁，放上红椒圈与葱段，然后用锡纸包裹，放在烧热的铁板上，即可上桌了。

特色：这种制作方法比较新奇，造型也很美观，口味鲜嫩，别有情趣。

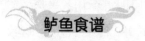

糖醋鲈鱼

材料：鲈鱼

调料：葱花、红椒丝、葱丝、姜末、蒜末、生抽、糖、醋、料酒、盐、香油、高汤油、湿淀粉适量

做法：

1. 将鱼洗干净后，沥干多余的水分，然后在鱼身两面各斜切一刀，随后用胡椒粉和少许盐稍腌。

2. 随后将调料调成糖醋汁以待使用。

3. 将红椒、葱白切成丝待用。

4. 将油烧至 7 成热，然后将湿淀粉均匀地涂在鱼的身上，随后提起鱼尾，先将鱼头入油稍微炸一下，再舀油淋在鱼身上，待淀粉凝固时再把鱼慢慢放入油锅内。

5. 待鱼炸至金黄色，捞出控油放入盘中待用即可。

6. 炒锅内需留有少量的油，然后放入葱花、姜末、蒜末爆香，再倒入调好的芡汁，待芡汁收浓起锅然后浇在鱼身上，最后撒上葱丝、红椒丝即可。

鲈鱼蒸水蛋

原料：鲈鱼、鸡蛋

调料：鸡油、盐、葱、姜、蒸鱼豉油、白糖适量

做法：

1. 将鲈鱼洗干净，然后在鱼脊骨上横切一刀，在鱼身上撒 1/2 汤匙盐，然后用手抹遍鱼身腌一下。将洗干净的葱姜和香菜都切成大小均匀的段，姜

切成丝。

2. 在鲈鱼的鱼腹内塞入少许的姜丝，再在鱼身上放些鸡油，然后加保鲜膜，放入微波炉中，开大火蒸6分钟左右。

3. 再将2只鸡蛋打到碗里，再用温水倒入碗里，用筷子顺着一个方向搅拌均匀。

4. 再取出鲈鱼，随后倒掉碟中的汤汁，放回锅内，将打好的蛋液倒入碟子里，加盖后，放入微波炉加热，用中火烧5分钟左右即可。

5. 热锅后添入3汤匙油，爆炒姜丝，放入葱段，倒入4汤匙蒸鱼豉油、1/4汤匙白糖、清水，然后将这些搅拌均匀，等到开了，都浇在鱼身上，撒上香菜末即可。

鲈鱼汤

原料：参须30克、红枣12粒、鲈鱼、姜3片、热水2000毫升

调味料：米酒30毫升、油2大匙、盐适量

做法：

1. 先将锅烧热，倒入油，把姜放入油锅中煎香。接着放入鲈鱼，煎至两面表皮呈金黄色后再起锅备用；

2. 取一炖盅，放入煎好的鲈鱼及姜片，随后再倒入参须、红枣几颗、米酒适量，注入热水，放入蒸笼锅中，以小火炖2小时左右，最后加入盐调味即可。

鲈鱼萝卜汤

原料：鲈鱼、萝卜、盐、糖

做法：鲈鱼放在油锅中，两面油煎，然后放入热水炖10分钟左右，最后放入萝卜炖10分钟，再加入盐糖即可。

健康饮食宜与忌

1. 根据前人的经验和记录，发现患有皮肤病疮肿者忌食鲈鱼。

2. 鲈鱼不可与奶酪一起食用。同时，鲈鱼的肝也不能吃，一旦吃了，会让人脸上的皮开始脱落，如果中了这种毒，可以喝芦根的汁来解。

草鱼：食欲不振食草鱼，嫩而不腻巧开胃

名词解释

草鱼属鲤形目鲤科雅罗鱼亚科草鱼属，也是我国比较常见的鱼类之一。草鱼的名字有很多，俗称鲩、油鲩、草鲩、白鲩、草鱼、草根（东北）、混子、黑青鱼等。草鱼多栖息于平原地区的江河湖泊，因此，这种鱼成为平原人们所食用的对象。草鱼一般喜居于水的中下层和近岸多水草的区域。草鱼活泼，喜好游动，游泳的速度也是很快的，活动灵敏，常成群觅食，为典型的草食性鱼类。它们会选择在干流或者是湖泊的深水处越冬。在生殖季节，草鱼常常会出现溯游的习性，并且已繁殖到了亚、欧、美、非各洲的许多国家。因为这种鱼生长比较迅速，饲料来源也很广，是中国淡水养殖的四大家鱼之一。

营养价值

1. 草鱼的肉质中含有丰富的不饱和脂肪酸，这种物质对血液循环十分有利，也是心血管病人的良好食物；

2. 草鱼的肉质中也含有丰富的硒元素，经常食用这种元素会有抗衰老、养颜的功效，而且还可以起到预防肿瘤的作用；

3. 而对于身体瘦弱、食欲不振的人来说，草鱼肉嫩而不腻，可以开胃、滋补，也是极佳的选择。

历史传说

赣州位于赣江的上游的章贡两江汇合处，当地是三面环水，只有一面依山，因此，古代有"富丽江城"的美称。当地瓜果、蔬菜都十分的丰富，当然，又有星罗棋布的山泥塘，这泥塘中盛产草鱼。草鱼肉质很嫩，腥味也比较小，是鱼制菜肴的好原料。当地人经常会用这种塘鱼来烹制一道菜，那就

是别具风味的"小炒鱼"。

小炒鱼是明代凌厨子的佳作，因得王阳明的欣赏从而声誉益彰。

王阳明本是明代浙江余姚人，传说他很喜欢吃鱼，并且在赣州做官的时候，特别喜欢赣州的草鱼。他曾聘用赣州本地的凌厨子到自己的家中为自己做菜。凌厨子为了能够显示自己的烹调技艺，因此会经常变换鱼的制作，做出很多种菜，也深得王阳明的赏识。

有一天，王阳明要招待几位客人，便吩咐佣人传话让凌厨子用草鱼做一份可口的下酒菜，要快一些。于是，凌厨子思索了一下后，便做了一份生炒鱼。因为他做饭的时候着急，忙乱中，重新加了一次醋。哪知这道菜刚一上桌，主、客吃完之后都称赞此菜的美味，其味醇香可口，别有风味。王阳明吃了也是十分高兴，此时，就让佣人把凌厨子叫了来，便问他这道菜叫什么名字。当时，面对突如其来的问话和其他的客人，凌厨子急中生智，就随口说道："小炒鱼。"从此，这道小炒鱼就流传到后世，并且深受喜爱。

吃草鱼注意事项

有的人很讲究吃鲜鱼，就是杀完草鱼之后，会立刻去烹饪，其实这是不正确的，因为草鱼的鲜味主要来源于核甘酸，而核甘酸的产生需要一段时间，尤其是在鱼死后的一段时间才可能产生。因此，刚宰杀的鱼马上食用，其鲜味并不够明显。所以说最佳的烹饪时间是当鱼体变得柔软不再僵硬后，这个时候鱼是最鲜美的。

草鱼烹饪方法

红烧草鱼

主料：草鱼

辅料：猪里脊、香菇适量

调料：葱、姜、蒜、盐少许，白糖少许，白酒、胡椒粉、生抽、湿淀粉、香油、食用油、料酒各适量

做法：

1. 将草鱼去除内脏，然后清洗干净，再在鱼的身上用刀切成"井"字，随后涂上盐稍腌制一会儿，时间不用太长，10分钟即可，再将葱、姜、蒜洗

净后切成末，随后将香菇洗净切成丝，猪里脊肉也切成丝。

2. 坐上锅，然后点火放入大量的油，油至六成热的时候，再将整条鱼放入锅中炸至两面金黄色，此时捞出锅中的鱼，沥干油。

3. 再次坐锅点火，锅内留余油，不要太多，随后倒入葱末、姜末、蒜末、香菇丝、肉丝进行翻炒，等到翻炒均匀之后，再加入适量的盐、少量的鸡精、白糖、草鱼、生抽、胡椒粉、香油搅拌均匀，然后盖上盖稍焖一会儿，勾薄芡捞出锅即可食用。（在烧鱼的过程中，尽量减少翻动，为了防煳锅可以将锅端起轻轻晃动，这样鱼不易碎。）

糖醋草鱼

原料：草鱼一条、鸡蛋1个、料酒3汤匙（45毫升）、干淀粉2汤匙（30克）、番茄酱2汤匙（30毫升）、姜丝15克、绵白糖50克、米醋3汤匙（45毫升）、盐1茶匙（5克）、湿淀粉1汤匙）

做法：

1. 先将草鱼去掉鱼头、鳞片和内脏部分，然后清洗干净，并且沿背骨从中间片开，此时将两侧的鱼肉剔下，再用斜刀片将其切成薄块。然后调入料酒腌制约20分钟。此时，再将鸡蛋磕入碗中，加入适量的干淀粉，随后搅打成蛋糊。

2. 在锅中加入适量的油，中火将锅中的油烧至七成热时，此时将鱼片均匀地裹上蛋糊，放入油锅炸至金黄色然后捞出，沥去多余的油分。摆入盘中。

3. 在锅内留有少许的油，然后放入姜丝煸炒几下，等到煸炒出香味之后，依次将锅中加入醋、绵白糖、番茄酱、盐和40ml清水，然后搅动几下即可，再调入一定量的湿淀粉，并且用铲子沿着一个方向进行搅动，随后调成糖醋汁。

4. 然后将调好的糖醋汁迅速淋在炸好的鱼片上即可。

草鱼豆腐

配料：一条约500克的草鱼，豆腐两块（共约250克），调配料各适量

制作方法：

1. 先将鱼切成片，用盐、料酒、淀粉，和少量的清水码味10分钟以上；

2. 再将锅内油烧热，加入一定量的干辣椒、花椒炒出香味；

3. 将郫县豆瓣和辣椒粉倒入锅中，炒出红油（不喜欢吃太辣的人可以稍

微放入点辣椒粉）；

4. 姜及蒜放入锅中，然后炒出香味后加少量清水、盐、鸡精；

5. 将水煮沸后，把鱼片一片片地放入，煮开后一分钟即可关火，一定不要煮时间过长，将鱼片盛锅后撒上少许的香菜叶。

鲜香麻辣草鱼

材料：草鱼

配菜：黄瓜、米凉粉

调料：鸡蛋、干淀粉、食用油、牛油、葱、蒜、麻辣鱼调料、红糖、白胡椒粉、盐、鸡精、花椒、干辣椒、干辣椒面、香菜

做法：

1. 将草鱼切成块，沾上打匀的鸡蛋汁，再放到干淀粉中滚一下，保证它沾满干淀粉，在60度油温的食用油中炸，待鱼块表面呈现出淡黄色后再捞起。

2. 然后用锅中剩下的油来炒麻辣鱼调料，油温不要过高，不停地翻炒，加入适量的蒜瓣、花椒、干辣椒（切成2瓣），然后倒入炸好的鱼块再进行翻炒，随后加水没过鱼块，最后加入盐、鸡精、胡椒面、辣椒面、2勺红糖、牛油和葱花，再把切成条的黄瓜和切成块的米凉粉直接倒入锅中，待配好菜，煮好即可起锅，装盘撒上葱花和香菜，即可食用。

花椒鱼片

主料：草鱼1条（约1000克），金针菇200克（可以增加），大葱50克，花椒30克

辅料：鸡蛋1个，豆粉20克，老姜20克

调料：精盐约3克，味精约5克，鸡精约3克，料酒25克，胡椒粉2克，色拉油100克，清汤200克

制作过程：

1. 草鱼宰杀去掉鳞和鳃，剖腹去除内脏，清洗干净，去骨后片成鱼片。最后，将葱切成节，再将姜切成片。将金针菇洗净然后放入沸水中进行略煮，最后捞出，盛入钵内打底。鱼片加入少许的料酒，码上蛋清豆粉待用。

2. 用旺火将炒锅烧制开，随后加入一定的色拉油，不要太多，50克左右即可。烧至六成热，再倒入姜片、葱节进行爆炒，出香味之后，掺入清汤，

加入一些料酒、盐、胡椒粉、鸡精烧沸。将腌好味的鱼片放入炒锅中煮，等到鱼片九成熟的时候，再起锅装入钵内，最后放入味精。

3. 另将一锅放置在旺火上，然后将锅中倒入少量植物油，烧至七成热后，下花椒炸香起锅淋在鱼片上面即可食用。

健康饮食宜与忌

1. 鱼胆是有毒的，不能使用；

2. 草鱼与豆腐一起吃，具有补中调胃、利水消肿的功效，并且对心肌及儿童骨骼的生长也是有特殊作用的，从而可作为冠心病、血脂较高、小儿发育不良、水肿、肺结核、产后乳少等患者的食疗菜肴。

鲤鱼：鲤鱼护心得长寿，一招跃起跳龙门

名词解释

鲤鱼又被称做鲤拐子、鲤子。它属于鲤科中的绿褐色鱼。这种鱼原产于亚洲，后来被引进到欧洲、北美及其他的地区。鲤鱼鳞比较大，上腭两侧各有二须，单独或是成小群地生活在平静且水草丛生的泥底的池塘、湖泊、河流中。这种鱼具有一定的杂食性，在寻觅食物的时候，经常会把水搅浑，增大混浊度，对很多动植物有很不利的影响。

营养价值

1. 鲤鱼的蛋白质含量不但很高，而且质量也是极佳的，人体的消化吸收率可以达到96%，并能够供给人体必需的氨基酸、矿物质、维生素 A 和维生素 D。经过研究发现，在每 100 克肉中就含有蛋白质 17.6 克、脂肪 4.1 克、钙 50 毫克、磷 204 毫克及多种维生素。

2. 鲤鱼的脂肪多为不饱和的脂肪酸，能够很好地降低胆固醇的数量，也可以防治动脉硬化、冠心病的发生，因此，多吃鲤鱼可以保持健康长寿。

"鲤城" 的历史

古代的泉州城经历了历代的拓修，从而形成了"府治中有衙城，外有子城，又外有罗城，有翼城"的格局，这种格局典型的特点是东西长而南北比较短。明朝在洪武初年的时候，在城东的仁风门和通淮门之间开辟了一个小东门，直接对着城外有名的风景区——东湖。何乔远曾在《闽书》中说道："小东门，其门直东湖之嘴，早日初升，湖光潋滟，如鱼饮湖水者然。"文中所说的也就是泉州民间盛传的"鲤鱼吐珠"的景象了。

明朝的郑之铉有登清源山诗句这样写道："鱼城烟火望来曾，百丈坪前一再登。"所谓"鱼城"即是鲤鱼城。在清施钰的诗中写道："鲤城弓挂月初三，乌屿川横练正兰。"而泉州的城墙在20世纪40年代的时候就已被拆尽了，只是留下了部分城墙的轮廓，而如今登上清源山顶之后，向南眺望泉州城，会发现"鲤鱼吐珠"的景象仍然清晰可见。城内的屋舍重重，鳞次栉比，掩映在万绿丛中。循着古城的遗址，再向西直接望去，西城墙上有两个大的弯曲，犹如鱼尾一样；然后再向东望去，东门的城墙也有两个较小的弯曲部分，而原来的小东门所在的位置，正好处在凹入的地方，这就是当时的鱼嘴，东湖碧波荡漾，宛如鲤鱼吐出的明珠一样闪烁可见；而北面的城墙就是鱼腹；南面城墙距离比较远，看上去只是成为了一条直线。就整个城墙形状来看，的确犹如一条大鲤鱼张口畅饮东湖的碧水。

泉州因形似鲤鱼而被称做是鲤城，因此有了泉州属鲤鱼穴的附会之说。当时，人们以人有肚脐，所以推断出鱼也会有肚脐，并且肚脐的位置应该在中心点的部位，又因为脐是圆形的，向下凹起，所以会把位于鲤城中心的一口古井说成是"鲤鱼脐"。此井俗称为"城心井"，在位于西街和花巷之间的井亭巷里，而这个古井附近有一座砖塔，名为"定心塔"，是建于明朝万历年间的。虽说这是无稽之谈，但是在城中心的那口井出泉真的是既多又快，每逢大旱之年其他的井都干了，而这口井却未曾干涸过，这也是一种奇怪的现象。在清康熙年间，曾任福建提督的泉州人蓝理写道"精于青鸟之术，以泉为鲤郭，宜动不宜静，故赛会迎神，凡以祈国泰民安之意"，可见当时已经有了通过迎接神赛会来活跃的"鲤鱼"的做法。

吃鲤鱼注意事项

1. 在鲤鱼鱼腹两侧各有一条同细线一样的白筋，这是可以看到的，去掉这细线一样的白筋可以除去腥味，鱼腥味儿会变得很小。在靠近鲤鱼鳃部的地方切出一个非常小的口，白筋就会显露出来，然后用镊子夹住，轻轻用力，即可抽掉。

2. 鲤鱼的烹调方法较多，以红烧、干烧、糖醋为主，当然这几种方法也是最直接的。

3. 炸食鲤鱼的时候，要手提鱼尾，边炸边用热油淋浇在鱼身上，定型后再将全部入油浸炸。

4. 巧去鱼腥味的办法很多，首先可以将鱼去鳞剖腹洗净后，在鱼身上倒入一些黄酒，这就能够除去鱼的腥味了，并且能够使鱼滋味变得十分鲜美。其次，将鲜鱼剖开后洗干净，然后在牛奶中泡一会儿既可除腥，又能增加鱼肉的鲜味。

5. 吃过鱼后，口里有味时，嚼上三五片茶叶，就会感觉到口气立刻变得清新了。

鲤鱼食谱

1. 糖醋鲤鱼

原料：鲤鱼 1000 克左右

辅料：姜 10 克、葱 15 克、蒜末 10 克、精盐 5 克、酱油 10 克、白糖 40 克、醋 40 克、清汤 150 克、湿淀粉 60 克、花生油 100 克

制作过程：

先将鲤鱼去鳞，开膛取出内脏，清洗干净，多次在水中冲洗，每隔 25 厘米左右，先直剖（1.5 厘米深）再斜剖（2.5 厘米深）成刀花，这需要一定的刀工。然后提起鱼尾然后促使刀口张开，最后将精盐撒入刀口稍腌、腌制时间不要太短，防止没有入味。

此时，再在鱼的周身及刀口处均匀地抹上一些湿淀粉。炒锅中放入一定量的花生油。将油至中火烧至七成热时，手提鱼尾，然后将鱼放入锅内，使刀口张开。用锅铲将鱼身托住，这样做是避免粘锅底，就这样入油炸 2 分钟，

再将鱼推到锅边，鱼身即成了方形。再将鱼背朝下，翻过来再炸 2 分钟左右，然后将鱼身放平，然后再用铲子将鱼头按入油里，这样再炸 2 分钟，待鱼全部炸至呈金黄色的时候，就可以捞出了，然后再摆在盘内。炒锅内要留少量的油，中火将其烧至六成热即可，温度不要太高，然后有次序地放入葱、姜、蒜末、精盐、酱油，加清汤、白糖、旺火烧沸后，倒入湿淀粉进行搅匀，烹入醋即成糖醋汁，趁着糖醋汁滚烫的时候，将其迅速地浇到鱼身上即可。

2. 葱烧鲤鱼

原料：主料鲤鱼 500 克，葱 25 克

辅料：

姜 2 片，酒 3 大匙，醋 2 大匙，酱油 4 大匙，香油 2 大匙，油 1 小碗，白糖 1 大匙

制作过程：

1. 将 250 克葱整理洗净，晾干多余的水分备用，然后将鲤鱼剖开清洗干净。并用酒、白糖拌和，浸腌半小时，并上下翻动。

2. 在锅中烧热生油约 1 小碗，将鱼放入油锅中煎香，另取出一只大点的锅，在底部铺上一层鲤鱼、一层葱，鱼及葱交替完为止。最后把姜丝撒在上面。

3. 将浸鱼的时候所有要用的调料全部倒入锅中，盖上锅盖，置文火上烧 40 分钟即可，最后淋上适量的香油，此时，便可盛盘上桌。

3. 糖酱鱼

原料：鲜鲤鱼 1 条（约 500 克）、白糖 200 克、酱油 0.5 汤匙、姜 3 片、醋 3 茶匙、植物油 800 克

制作：先将鱼清洗干净，去鳞、鳃、膛和内脏，再次清洗，然后切成大块。在锅内放入适量的植物油，烧至八成热的时候，把鱼放入锅内进行爆炸。两面都炸黄即可，千万不要等到炸焦了再捞出来。然后把锅内的油全部倒出来，随后放入炸好的鱼和酱油、白糖、姜、醋，最后在旺火上烧开，并用小火慢慢地炖，炖至汤干即成。

4. 珍珠鲤鱼

原料：鲤鱼 1 条

配料：黄瓜、红樱桃、蛋清

调料：葱、姜、蒜、花椒水、盐、味精、料油、料酒

制作：

（1）将鱼头和鱼尾彻底分开，并用葱、姜、蒜、花椒水、盐、味精、料酒调好口味蒸熟。将鱼去掉骨头，并将肉剁成泥放在碗内，加入适量的盐、花椒水、味精、清汤、蛋清搅拌均匀。

（2）将锅中放水烧开，再放入鱼肉，随后挤成丸子，然后摆放在头尾中间。

（3）大勺放清汤、盐、花椒水、味精勾芡。

健康饮食宜与忌

1. 凡患有恶性肿瘤、淋巴结核、红斑性狼疮、支气管哮喘的人不要食用鲤鱼，并且有小儿痄腮、血栓闭塞性脉管炎、痈疽疔疮、荨麻疹、皮肤湿疹等疾病之人也应忌食；同时鲤鱼是典型的发物，素体阳亢及疮疡者应慎食。

2. 不要将鲤鱼与绿豆、芋头、牛羊油、猪肝、鸡肉、荆芥、甘草、南瓜和狗肉一起食用，也忌与中药中的朱砂同服；鲤鱼与咸菜相克，共同食用之后会引起消化道癌肿。

鲑鱼：以鱼养劳健脾胃，做法名扬传四方

名词解释

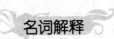

鲑鱼又称做是三文鱼，是深海鱼类的一种，也是世界上一种非常有名的溯河洄游的鱼类，它会在淡水江河上游的溪河中产卵，产完卵之后再回到海洋。这种鱼常被人们捉来食用，具有很高的营养价值和食疗作用。

营养价值

根据科研报告发现，野生鲑鱼每公斤鲑鱼肉就含有 5 毫克的天然虾青素，养殖的鲑鱼如果不使用虾青素那么就会是白色的，这种虾青素就是导致鲑鱼具有强大体力的根本原因，因为虾青素是迄今为止发现的一种具有很强的抗

氧化剂，因此生活在寒冷地带的长期吃鲑鱼的爱斯基摩人基本上没有心脏病、糖尿病、动脉硬化等症状，而且他们体力超强。

鲑鱼肉营养十分丰富，有补虚劳、健脾胃、暖胃和中的功能，同时可以治疗消瘦、水肿、消化不良等症状。

历史传说

大马哈鱼的学名叫做鲑鱼，大马哈是民间老百姓给起的名字，这其中还有一段历史传说。

相传在清朝乾隆年间的时候，东北地区的黑龙江和乌苏里江都属于是中国的两条内河，两岸地区都是中国的领土，并且也生活着汉、满、赫哲等民族的人民。他们以鱼猎为生，或是种植一些庄稼，人们的生活可谓是安居乐业。可离这里很远的俄罗斯沙皇派兵打了过来，并且占领了这里，他们不仅残杀中国百姓，还抢夺财物。乾隆皇帝得知此事之后，很生气，便立刻派兵征讨。

因为路途遥远，几万大军的粮草实在是接济不上了，而在那个时候，乌苏里江江东的人烟稀少，负责征讨的大将军愁得夜夜睡不着觉，天天派人到江边看粮草是否已经运到。

就在初秋的一天，三军已经好几天没吃上饱饭了，而这时，俄罗斯沙皇军队又要卷土重来。情形万分危急。当然，这个危急情况也被水中的龙王爷知道了，便紧急下令海中各种大鱼全都去乌苏里江然后为征讨大将军解围。各种大鱼得到命令，谁敢不从。征讨将军正在一筹莫展的时候，忽听乌苏里江水声哗哗，这时看到了好多条大鱼，便立即命令士兵下江捕捞。这个时候捕出的鱼便堆成了山，士兵们吃了，便有了劲头。但是战马却不吃别的鱼，只吃一种鱼，哪里有这种鱼，战马就会向哪里跑，而别的鱼战马连闻都不闻。没想到战马吃了这种鱼之后，跑得更快了。于是，士兵们就管这种鱼叫做大马哈鱼。战马在吃了大马哈鱼之后，便驮着征讨大将军和他的几万将士们，很快击退了沙皇军队的进攻，并把他们打到了库页岛以北的地区。从此，大马哈鱼也就名扬天下了。大马哈鱼为征讨大将军解围的故事一代一代地传了下来。

吃鲑鱼的注意事项

生姜有除去腥味儿的效果，但是在烹饪的过程中，千万不要过早地放入姜片，因为在开始煮鱼的时候会产生一种物质，这种物质会阻碍姜去腥的功效。

鲑鱼烹饪方法

鲑鱼豆腐煲

材料：鲑鱼300克，豆腐1块，大白菜100克，胡萝卜块、葱末各适量

调料：日本味噌30克，盐1小匙，白糖、香油各2小匙（根据自己口味可做调整）

做法：

1. 将买来的新鲜鲑鱼清洗干净，然后切块处理；将豆腐冲净后切成块；再将白菜洗净撕成小片。

2. 锅内加入味噌与适量的水，煮滚，然后放入鲑鱼块、白菜片、胡萝卜块及味噌、盐、香油、白糖等作料，开大火煮熟，然后改为小火，再加入豆腐块煮熟至入味，撒下葱末即可。

鲑鱼炒牛肝菌

材料：牛肝菌250克，鲑鱼150克，油菜1根（按照自己的喜好放），葱花、姜片各适量

调料：酱油、盐各1小匙，味精、胡椒粉各少许，高汤半碗。

做法：

1. 将牛肝菌切片；然后将鲑鱼也切片；油菜一切为二。

2. 再将油锅烧热，葱姜煸香，下牛肝菌、鲑鱼、油菜进行翻炒，加调料烧至入味，出锅即可食用。

健康饮食宜与忌

1. 痛风、高血压患者不宜多食。

2. 糖尿病患者也应该忌食。

3. 对海产品过敏的人慎食。

4. 鲑鱼与豆腐一起吃，不但能够将彼此的营养更加全面地进行补充，而且软嫩滑利，很适合牙齿的咀嚼功能不好的幼儿和老年人食用。

5. 如果鲑鱼与白萝卜搭配同食，可以起到健脑益智、预防老年痴呆的效果。

6. 鲑鱼不可与柿子同食，因为鲑鱼中的蛋白质会和柿子中的鞣酸凝结成鞣酸蛋白，然后聚集在人体的内部，从而会引起呕吐、腹痛、中毒等症状的发生。

黑鱼：凶猛色黑祛风湿，补气养虚多蛋白

名词解释

黑鱼也就是乌鳢的俗称，它生性比较凶猛，繁殖力也很强，胃口十分的大，经常能吃掉某个湖泊或池塘里的其他所有的鱼类，甚至在饥饿的时候，也不放过自己的幼鱼。这种鱼早在 2000 年前就被《神农本草经》定为，它与石蜜、蜂子、蜜蜡（蜂胶）、牡蛎、龟甲、桑螵蛸、海蛤、文蛤、鲤鱼等鱼类列为虫鱼的上品。黑鱼还会在陆地上进行滑行，它能够迁移到其他水域寻找食物，可以离水生活 3 天之久。它也是中国人的"盘中佳肴"。

营养分析

1. 黑鱼肉中含有丰富的营养物质，比如蛋白质、脂肪、18 种氨基酸等，同时，还含有人体必需的钙、磷、铁及多种维生素。

2. 黑鱼适用于那些身体虚弱、低蛋白血症、脾胃气虚、营养不良，贫血的人食用。在我国广西一带，民间常将黑鱼视为珍贵补品，用以催乳、补血。

3. 黑鱼具有祛风治疳、补脾益气、利水消肿的功效，因此在陕北地区常有产妇、风湿病患者、小儿疳病者觅乌鳢鱼食之，作为一种辅助的食疗法。

历史传说

黑鱼又叫做孝鱼，这是因为鱼妈妈在每次生鱼宝宝的时候，都会莫名其妙地失明一段时间，而在这段时间内，鱼妈妈则不能够出去觅食。不知道是不是出于母子的天性，也许此时的鱼宝宝们一生下来就知道鱼妈妈是为了它们才看不见的，它们似乎知道如果没有东西吃的话便会被饿死，所以鱼宝宝们便会自己争相游进鱼妈妈的嘴里，直到鱼妈妈复明的时候，她的孩子已经是所剩无几了。

传说，当鱼妈妈复明之后，便会绕着它们住的地方一圈一圈地游动，似乎是在祭奠自己的孩子。所以后来人们叫黑鱼为孝鱼。从前一般的人都不吃黑鱼，他们捉到黑鱼之后都会放生。因为黑鱼有两大特点：一是十分凶猛，攻击力很强；二是爱子如命，对其卵与幼鱼十分的爱护，会用一切力量加以保护自己的孩子。其实，这都是生物繁衍成长的自然现象。

钓黑鱼是特别容易的，当幼鱼成群游动时，雄雌亲鱼一后一前，同时加以保护。如果有敢来侵犯的，那么将会是一场血战。而且，乌鳢保护鱼卵与幼鱼，常是雄鱼先上阵，若失败（例如被钓鱼人钓走），过了片刻雌鱼则又会挺身而出，继续保护自己的鱼卵或幼鱼，真可以说是前仆后继，壮烈之至。

吃黑鱼要注意的事项

用黑鱼做的菜，一定要注意选料，就是鱼不能太大，一般在 8 两左右即可。这样的鱼龄不会超过一年半，是最适合做菜的，也是比较鲜嫩的。

蒸鱼的时间不宜过长，否则鱼肉吃起来会感觉变老。用葱叶系鱼卷时一定要系紧，否则鱼卷很容易散开。

黑鱼的烹饪方法

一、黑鱼丝薄饼

制作方法：

1. 将黑鱼去皮、去骨，然后切成细丝，胡萝卜、西芹、姜都切成丝。

2. 将切好的鱼丝倒上浆，将胡萝卜丝、姜丝、西芹丝倒入，进行搅拌，制成馅心。

3. 将馅心包入到春卷皮中，呈长约 6 厘米、宽约 4 厘米的薄饼，用热油炸成金黄色即可食用。

二、玉带黑鱼卷

制作方法：

1. 将黑鱼宰杀之后取出干净的鱼肉，然后切成大小均匀的块，再片成片，随后用精盐抹匀上味，拍上干淀粉；葱白洗净切成段；

2. 把鸡蛋清、水和适量的淀粉调拌成糊，并将火腿、鸡脯肉、香菇、玉兰片、生姜全部切成细丝，整齐地将其卷在鱼片内，再在外面抹上蛋清糊收住口，做成鱼卷来食用；

3. 把葱叶系在鱼卷中间，整齐地装盘，放入锅中蒸 5 分钟后再取出；

4. 将炒锅大火烧热，然后加入高汤，随后再放入蒸鱼卷的汁水，投入适量的葱段，再加入盐、味精，用湿淀粉勾薄芡，淋在鱼卷上，随后，撒上白胡椒粉，淋上香油即可。

三、汤卤黑鱼

制作方法：

1. 先用卤汤加香叶、干辣椒、葱姜、麻油少许上火之后烧开。

2. 再把黑鱼改刀沸水捞出后放入卤汤中，煮 10 分钟左右。

3. 将黑鱼装盘，然后加入少许的原汁卤汤，在鱼身上撒上红椒末、香菜末即可食用。

四、乳香黑鱼汤

材料：黑鱼 1 条 500 克左右、香葱 2 棵、生姜 1 小块

调味料：食用油 30 克、料酒 1/2 大匙、胡椒粉 1 小匙、精盐 2 小匙、白糖 1/2 小匙

制作方法：

1. 将黑鱼去鳞、鳃及内脏，清洗干净之后切成长短适中的段；香葱洗干净之后切段，生姜洗净切片。

2. 锅内放入食用油，烧热之后，放入黑鱼段稍煎，再加入适量的水和料酒、精盐、白糖少许、香葱段、生姜片，煮至黑鱼肉熟烂，拣去葱段、姜片，加入胡椒粉，再烧一会儿即可食用。

健康饮食宜与忌

1. 一般的人群均可食用，但是有疮的人不可食用，令人瘢白。

2. 有些人会对黑鱼过敏，过敏的时候症状通常为腹泻、呕吐、皮肤起疹等，严重的还会伴随着腰酸背痛等症状。一般刚吃的时候不会有什么不适症状，往往在吃完 5~6 小时的时候发作，因此，小孩、老人等抵抗力差的人群应当注意。

3. 如果出现了过敏症状，可以服用扑尔敏等抗过敏药来缓解这种情况，通常 24 小时内会缓解；若症状较为严重，请立刻去医院就诊，遵医嘱。

鲶鱼：刺少肉多口口鲜，强精壮骨赛鱼翅

名词解释

鲶鱼俗称塘虱，又被称做怀头鱼。鲶鱼，即"鲇鱼"，几乎分布在全世界，多数种类是生活在池塘或河川等的淡水环境中，但部分种类却生活在海洋里。普遍没有鳞，并且有扁平的头和大口，口的周围有数条长须，它们利用此须能够辨别出不同的味道，这就是它的特征。

营养价值

中医认为，鲶鱼味道甘性温，有补中益阳的作用，并且能够起到利小便、疗水肿等功效。

鲶鱼营养十分的丰富，据研究发现每 100 克鱼肉中能够含有水分 64.1 克、蛋白质高达 14.4 克，并且含有多种矿物质和一定量的微量元素，特别适合体弱虚损、营养不良的人食用。

鲶鱼全身都是宝贝，除了鲶鱼的鱼子有一些杂味而不宜食用以外，其他部位都能够食用。鲶鱼是名贵的营养佳品，早在史书中就有记载，它可以和

鱼翅、野生甲鱼相媲美，由此可见，它的食疗作用和药用价值是其他鱼类所不具备的，而他独特的强精壮骨和益寿作用是它独具的亮点。

鲶鱼不仅像其他鱼一样含有丰富的营养，而且它的肉质比较细嫩，其中含有的蛋白质和脂肪较多，对体弱虚损、营养不良之人有很好的食疗作用。并且经过研究发现，鲶鱼是催乳的营养佳品，并有滋阴养血、补中气、开胃、利尿等作用，是妇女产后食疗滋补的必选食物。

历史传说

鲶鱼又被称为是鲶胡子，也叫做鲶巴郎，关于此鱼的得名还有一段凄婉的传说。

相传在很久以前，在沱江河女儿滩生活着一个船夫，这个渔夫运了一船白糖到宜昌，回来之后，看到一个女人躺在了江边的沙滩上，她的臀部像是被什么动物咬了一口的样子，不断地血流。渔夫看到之后，便连忙将其抱到了船上，并且还请来了郎中，开始给她医治。船夫姓严，名巴郎，仅仅只有二十多岁，在他的嘴唇上长着两条长长的胡子，并且嘴巴也很大，于是人们便称他严胡子。因为他长得丑，到二十多也没人肯嫁给他，他心想这次莫非是天赐良缘，让他有了个俏女人，并且，那些船上的同伙们也在劝他，让他把那个女人娶为妻。后来才知道那女人姓李，也是孤身一人，是在江边洗衣服的时候，被恶狗咬伤的。最终，两个人成为了夫妻。

婚后两年李氏怀了身孕，在生育之前，她让丈夫准备一个大水缸，在水缸中装满水，放进屋内。她生孩子竟然不要接生婆，还把自己的丈夫也赶出了房间，更是不许丈夫偷看。此时，她便坐在水缸上，竟然将"孩子"生在了水缸里，然后又用斗笠盖上之后，这才把丈夫叫进屋子里，对丈夫说，孩子已经生在浴缸里，不过满月是不让看的，不然不吉利。严巴郎听了很着急说："你怎么把孩子生在了水缸里，会淹死的。"妻子说："这你就不用管了，到时候你就知道了。"

严巴郎是个老实人，很听老婆的话。虽然他很想看水缸中的孩子但还是不敢去看，生怕老婆生气。但是因为太盼望看到孩子了，他竟然将孩子满月的日期记错了，提前了一天。他打开斗笠，看到了水缸中竟然没有孩子，而是几十条游来游去的小鱼儿，不由得惊得目瞪口呆。此时，她老婆气急败坏

地说："你怎么就这么不听话，我告诉你，满月之后再看，这下可前功尽弃啦！"紧接着她便讲述了自己的身世。

原来她不是人，而是生活在西陵峡中的一条鲤鱼精；而严巴郎前世也只是一条鲤鱼，并且，与她有三生的缘分，这次她来是为了了结这份天缘。她生的儿子要是满了三十天之后，便能够成一个读书郎，长大后鲤鱼跳龙门，会当上状元。这下可好了，一个个全成了鱼。妻子说道他们的缘分已经尽了，这时忽然起了狂风暴雨，便把水缸卷到了沱江之中。鲤鱼精也现出原形，便跳入了江中。

此时的严巴郎也是很着急，便追赶到了江边，也纵身一跳，变成了一条鱼，但是却不是鲤鱼，也不是鲫鱼。这是一个新的鱼种，人们便叫它鲶巴郎，就是今天的鲶鱼。

吃鲶鱼注意事项

鲶鱼表面有一层黏稠的物质，这种物质很难清洗，所以在清洗的时候要用开水，然后往表面淋浇，这样表面黏稠的物质就很容易清洗干净了，然后再冲洗几遍即可。

鲶鱼制作方法

蒜香鲶鱼

材料：

鲶鱼1条（约750克），红辣椒2个，香葱1棵，生姜1小块，大蒜15瓣

调料：

食用油50克左右，酱油1大匙，高汤10大匙，料酒1大匙，郫县豆瓣3大匙，香醋1大匙，精盐1小匙，味精1小匙

做法：

将鲶鱼宰杀后冲洗干净，然后剁成大小适中的块；将辣椒洗净切成段；将葱洗干净，然后切成段，再将生姜洗净切成片，将豆瓣剁细剁碎；用大火烧热炒锅，然后倒入油后烧热，再放入郫县豆瓣进行翻炒至油色红亮，随后加入葱、姜、高汤，然后再依次加入适量的酱油、盐、料酒、鱼块、大蒜适量、辣椒，烧沸后转小火慢烧约10分钟，此时不要急于吃，待鱼熟透入味，

先将鱼铲起盛入盘内；再次调大火烧热锅中剩余的汤汁，加入适量的味精和香醋，待汁变得浓稠，然后再盛起来趁热浇在鱼块上即可。

特点：

浓香诱人，微辣适口。

红烧鲶鱼

材料：鲶鱼一条约 500 ~ 600 克，小鲜红辣椒 4 ~ 5 个（依照个人口味可多可少），香葱放入约 10 克，植物油约 500 克，料酒 15 克，酱油 15 克，花椒 4 粒，八角 1 个，味精、胡椒各少许，芡粉 10 克，高汤 200 克，香油 10 克

做法：

先将市场买回来的活鲶鱼去掉里面的内脏，再把头的前部分剁掉丢弃，因为头部食用价值比较低，并且会很占空间，然后将鱼身切成 6 ~ 7 厘米左右的小段，切得要均匀。用料酒 5 克，放入少许的盐，腌制约 6 分钟。再把鲜红的辣椒、香葱洗干净，然后切成小段。起镬，再放入油烧至七成热左右，置入鲶鱼段，让它油炸一阵，当炸成两面金黄色的时候，即可滤出油，但锅内要留下少许的油，再放进花椒、八角、香葱段、辣椒段、煸出香味后，再次将鲶鱼段倒入。然后再加入烹料酒、高汤、酱油、盐、味精、胡椒，用小火焖约 20 分钟。见高汤不多的时候，勾芡粉，再浇上几滴香油即可食用。

水煮鲶鱼

用料：鲶鱼一斤半，淀粉 2 大匙，葱一两，干红辣椒 10 个，花椒 30 粒左右，老姜一块，大蒜 3 个，汤或水约两斤，豆瓣 2 大匙，老抽 2 大匙，白糖 1 匙，油辣椒 2 大匙，花椒粉一小匙盐，味精适量

做法：

1. 将老姜、蒜切片后与豆瓣、老抽、白糖放在同一个碗里；将干辣椒切段后与花椒放在同一个碗里；随后将葱切段。

2. 将鱼剖肚，然后清洗干净，并且将鱼皮表面清洗干净，将鱼切成小块用豆粉、盐拌匀码味。

3. 锅内放熟油，然后大火烧到五分热，放入干辣椒段、花椒爆 3 秒钟，继续放入老姜、蒜切豆瓣、老抽、白糖，然后用小火慢炒，炒至呈樱桃色后加入汤或水。

4. 大火将锅中烧沸后，改为小火慢慢熬约 5 分钟即可，再倒入鱼块中，煮约 10 分钟。

5. 随后，加入油酥辣椒、花椒粉、味精、葱段，随后翻匀后起锅，再装大汤钵即成，便可食用。

鲶鱼粥

材料：粳米 100 克，鲶鱼 150 克，香菜 5 克，香油 3 克，大葱 4 克，味精 1 克，胡椒粉 1 克，盐 2 克

做法：

1. 将鲶鱼从鳃部撕开，挖出内脏，冲洗干净，尤其是表皮更要清洗干净；

2. 将粳米洗净，再用冷水浸泡约半小时，捞出，然后沥干水分；

3. 将大葱、香菜分别清洗干净，切成均匀的小段，备用；

4. 取锅，然后加入冷水、鲶鱼、葱段，煨煮至鲶鱼熟烂；

5. 此时，捞出鲶鱼，去除葱段；

6. 再在锅中加入水和粳米，再用小火慢慢地熬煮；

7. 待粥煮好以后，把鲶鱼肉拆下来，然后放入粥内，加入一定量的盐，再用味精调好味，撒上一定量的香菜末、胡椒粉，随后淋上几滴香油，即可盛起，然后食用。

健康饮食宜与忌

1. 鲶鱼不宜与牛羊油、牛肝、鹿肉、野猪肉、野鸡、中药荆芥一起食用。

2. 如果要与中药荆芥同食，会对健康产生不利。鲶鱼同样是发物，有痼疾、疮疡者要慎食，或者是最好不吃。

3. 适合一般人群食用。尤其对老、幼、妇女产后及消化功能不佳的人最为适宜。

鲫鱼：鲫鱼个小营养多，五脏俱补味多鲜

名词解释

鲫鱼属鲤形目、鲤科、鲫属，鲫鱼主要是一种以植物为食的杂食性鱼，它喜群集而行，通常会择食而居。鲫鱼肉质比较细嫩，肉味甜美，营养价值也很高，每百克肉含蛋白质 13 克、脂肪 11 克，并含有大量的钙、磷、铁等矿物质。鲫鱼药用价值也是极高的，它性味甘、平、温，入胃、肾，具有和中补虚、除湿利水、补虚羸、温胃进食、补中生气的功效。鲫鱼分布也是十分广泛的，全国各地水域常年都均有生产，以 2～4 月份和 8～12 月份的鲫鱼最为肥美，成为我国重要食用鱼类之一。

营养价值

1. 鲫鱼所含的蛋白质不但质优，并且也是十分齐全的，易于人体消化吸收，同时是肝肾疾病和心脑血管疾病患者的良好蛋白质来源，因此，对肝肾疾病患者和高血压、肝炎、肾炎、心脏病、慢性支气管炎等疾病患者都是不可多得的佳品，也可经常食用。

2. 鲫鱼有健脾利湿、和中开胃的作用，它能够起到活血通络、温中下气的功效，对脾胃虚弱、水肿、溃疡、气管炎、哮喘、糖尿病也有很好的滋补食疗作用；产后的妇女可以炖食鲫鱼汤，鲫鱼汤能够达到补虚通乳的效果。

3. 鲫鱼肉嫩味鲜，可用来做粥、做汤、做菜、做小吃等，烹饪方法也是多种多样。尤其适于做汤，鲫鱼汤不但味香汤鲜，十分可口，而且具有较强的滋补作用，非常适合于中老年人和病后虚弱者的食用，也特别适合产妇食用。

历史传说

在很早很早以前，六合县里其实并没有水池。在现在的龙池的地方曾经住着一户人家，在这家里有一个经常受到公婆虐待的童养媳。她每天都要天不亮

就得起床、做饭等，忙得一塌糊涂，一点闲暇时间都没有。可是狠心的婆婆却还要她每天出去捡回一筐柴草，如果完不成任务就不给她饭吃，还得挨打。

有一天，童养媳按照惯例外出拾柴禾，突然发现有一条乌蛇躺在了路边。乌蛇的尾部中了一箭受了伤。童养媳看到这个受伤的小可怜，心中不忍，便利索地将箭从蛇身上拔了出来。此时，乌蛇摆了摆尾，向她点点头，似乎在感谢她，随后便钻进附近的一条小溪不见了。

过了几天，当童养媳拾柴又一次经过这里的时候，又看见了那条乌蛇。此时的乌蛇高高地扬起头，并且嘴里吐出了一个白白的蛋，放下之后，转身不见了。童养媳见这个蛋与普通的鸡蛋无甚两样，便随手放进了筐里，突然发现筐里的柴禾一下子就变得很满。童养媳又惊又喜，便将蛋藏好之后回到了家。

以后，每天都是这样，这使童养媳少挨了许多打骂。日子一长，婆婆感觉到奇怪了。终于有一天，秘密还是被婆婆发现了。婆婆一把抢过蛋，逼着童养媳说出这个蛋的来历。婆婆听完之后，十分的高兴，大叫："啊！这是个龙蛋！是宝贝！"说着，她就立即将蛋放在米缸里，正如她所想的，眨眼间米就涨满了缸。她又赶快将蛋放进钱箱里，十分灵验，钱一下子就满了。此时，婆婆乐得忘乎所以，看见水缸还未满，此时，便将龙蛋往水缸里一丢，没想到这次龙蛋在水缸里打了几个转，突然裂开了，跃出了一条乌龙。此时，暴雨倾盆，水流满地，慢慢地，这里就变成了现在的龙池。而贪心的婆婆被水淹死了，童养媳和乌龙结婚了，生活在了水里，繁衍了不少子孙。龙池中的大鲫鱼就是他们的子孙。

吃鲫鱼注意事项

在炖煮鲫鱼汤的时候，不要加酱油，熬煮的时间要长，这样会发现汤汁变成乳白色，此时汤中的营养就变得十分的丰富了。

鲫鱼的刺比较多，所以说吃鲫鱼肉的时候，要小口慢慢地品吃。

鲫鱼食谱

山药蒸鲫鱼

材料：

鲫鱼、山药、大葱、姜、盐、味精

做法：

1. 鲫鱼去鳞及肠杂，洗净，用料酒、盐腌15分钟。

2. 将山药去皮、切片，然后铺于碗底，并把鲫鱼放置锅中，加葱段、姜片、盐、味精、少许水，上屉蒸30分钟左右即可。

功效：鲫鱼的营养价值极高，这道菜可以起到滋阴调理、补虚、养身调理的作用，同时也是消除身体水肿以及调理肾脏的佳品，与山药一起蒸煮，更能够帮助男性补阳壮气。

鲫鱼沙锅

用料：河鲫鱼3条，玉兰片200克，盒装豆腐2盒，鲜蘑菇200克

调料：精制油50克，姜5克，蒜5克，葱5克，泡红椒3克，味精15克，鸡精20克，胡椒粉3克，料酒20克

制作方法

1. 将玉兰片切成菱形处理，盒装的豆腐，切成七份，取出鲜蘑菇一分为二，然后清洗干净，然后装入沙锅待用。

2. 将姜蒜切成片，葱、泡红椒切成"马耳朵"形。

3. 河鲫鱼去掉鳞、鳃和内脏，然后在油锅中炸至金黄色取出。

4. 将炒锅放置火上，放入油加热，再放入姜蒜片、适量的葱、泡红椒，然后炒香。最后掺入白汤，再放河鲫鱼、味精、鸡精、料酒、胡椒粉，大火煮沸，去除浮沫，倒入锅内，上台即可食用。

葱香鲫鱼脯

用料：鲫鱼1条（约400克），黄酒、酱油各5克，盐0.5克，糖7克，胡椒粉0.1克，味精1.5克，茴香1克，麻油、姜汁各1克，葱100克，汤25克，精油500克（实耗25克）

制作方法：

1. 把鲫鱼清洗干净，然后斩去头尾，随后片成上下两片，随后再斩成5厘米见方的块，放入盐、姜汁、酒进行腌渍。最后将葱切成长段。

2. 将油锅烧热，然后放入鱼块炸至外香内嫩，随后（需复炸）捞出。

3. 在锅中留有底油，再放入葱煸香，随后加入酒、酱油、盐、糖、味精、茴香、胡椒粉、汤烧开，再将鱼块浸入汁中，滴上几滴麻油，即可出锅进行

装盘。

豆瓣鲫鱼

主料：活鲫鱼 2 条或鳜鱼 1 条

辅料：蒜末 30 克，葱花 50 克，姜末、酱油、糖、醋各 10 克，绍酒 25 克，湿淀粉 15 克，细盐 2 克，郫县豆瓣酱 40 克，肉汤 300 克，熟菜油 500 克（约耗 150 克）

制作：将鱼清洗干净，然后在鱼身的两面各切两刀（深度接近鱼骨），抹上绍酒、细盐稍腌。

炒锅上旺火，下油烧至七成热，然后放入鱼，稍炸捞起。等到锅内的留油为 75 克左右的时候，放郫县豆瓣酱末、姜、蒜，炒至油呈红色，这个时候再放入鱼、肉汤，移至小火上，再加入酱油、糖、细盐，将鱼烧熟，盛入盘中。将原锅放置在旺火上，并用湿淀粉勾芡，淋醋，撒上葱花，然后浇鱼身上即成。

鲫鱼豆腐汤

原料：

鲫鱼 500 克，豆腐 150 克，植物油适量

辅料：

盐 4 克，味精 3 克，料酒 10 克，姜片 5 克，葱末 10 克

做法：

1. 将鲫鱼去鳞、鳃、内脏，清洗干净备用。

2. 将豆腐切成长条片备用，块儿要稍微大一些。

3. 锅中放入适量的油烧热，随后放入鲫鱼煎至两面微黄，再放入料酒适量、姜片、豆腐、清水 1000 克，旺火烧开，撇去浮沫，最后再用小火煮 20 分钟左右，再加入盐、味精，撒上葱末，盛入汤盆中即成。

健康饮食宜与忌

1. 如果是感冒发热期间不宜多吃鲫鱼。

2. 同样，鲫鱼不宜和大蒜、砂糖、芥菜、沙参、蜂蜜、猪肝、鸡肉、野鸡肉、鹿肉，以及中药麦冬、厚朴一同食用。在吃鱼的前后忌喝茶。

3. 鲫鱼有补虚的作用，诸无所忌，但感冒发热期间不宜多吃。

黄花鱼:一身鳞片金灿灿，质细食后难相忘

名词解释

黄花鱼又被称做黄鱼，多生于东海之中，在鱼头中有两颗坚硬的石头，被称做鱼脑石，故又名石首鱼。鱼腹中的白色鱼鳔可作为鱼胶，具有止血的功效，也能够止出血性紫癜。

营养价值

富含丰富的蛋白质、脂肪、维生素 B_1、维生素 B_2 和烟酸、钙、磷、铁、碘等营养成分，还有水解蛋白质，含较多的氨基酸，如赖氨酸、亮氨酸、丙氨酸、精氨酸、谷氨酸等 17 种氨基酸。蛋白质、微量元素和维生素含有量也很多，并且对人体有很好的补益作用，对那些体质虚弱者和中老年人来说，食用黄花鱼会收到很好的食疗效果。

黄花鱼含有丰富的微量元素硒，这种元素能清除人体中代谢所产生的自由基，同时能够延缓衰老，并对各种癌症有很好的防治功效。黄花鱼有健脾升胃、安神止痢、益气填精的独特功效，并且对贫血、失眠、头晕、食欲不振及妇女产后体虚有良好疗效。在《本草纲目》记载黄花鱼"甘平无毒，合莼菜作羹，开胃益气。晾干称为白鲞，炙食能治暴下痢，及卒腹胀不消，鲜者不及"。

历史传说

相传，在明朝的时候，福山县有一个富豪很喜欢吃鱼，特地聘请了当地的一位很有声望的厨娘来为自己做饭。一天，厨娘外出回来有些晚了，所烹制的油煎黄鱼欠点火候。富豪对此大为不满，便让厨娘重做。厨娘心想，如果原鱼再煎，颜色肯定会变深；重做的话又太浪费时间。此时，厨娘灵机一

动，加入了葱、姜、花椒、八角等调料烹锅，然后倒入清水，将鱼下锅煨至汁尽，然后再将鱼端上来。那富豪细细一尝，顿时感觉鲜香味浓，问厨娘是怎么做的。厨娘就告诉他方法，然后此方法就流传开了。

吃黄花鱼注意事项

在食用小黄花鱼的时候要注意，因为它个头较小，所以要注意鱼刺。儿童与老人吃的时候更加要注意，小心被鱼刺划伤。

黄花鱼食谱

瓢馅黄花鱼

原料：黄花鱼，猪肉

调料：油、料酒、蛋清、淀粉、味精、汤、葱、姜、蒜、盐、明油各适量

做法：黄花鱼剔出大的刺，清洗干净之后，将猪肉剁成肉泥，然后加调料调好口味，再装入鱼腹中。将鱼放入盘内，加入适量料酒、葱、姜、蒜烹锅，汤沸调好口味，勾芡、淋明油，然后浇在鱼身上。

五柳黄花鱼

原料：黄花鱼1条（约600克），红辣椒、蛋黄各1只，葱1条，五柳料100克，生粉适量，糖醋汁1杯

调味料：盐3/4茶匙，胡椒粉少许

做法：

1. 将黄花鱼去鳞，去鳃及内脏，清洗干净，然后将多余水分擦干。

2. 将蛋黄打散，在水中加入适量的调味料和少许生粉进行拌匀，再将鱼身内外抹匀，拍上干生粉。

3. 将油倒入锅中，烧滚油，再用中火将黄花鱼炸至香脆金黄，呈金黄色后上碟。

4. 然后将红辣椒、葱分别切成细丝。五柳料飞水候用，后烧热锅，倒入适量糖醋汁，加入红椒丝、五柳料煮滚，然后用生粉加水兑成薄芡，最后淋于鱼身上，再在面上撒葱丝即成。

红烧黄花鱼

原料：黄花鱼1000克，猪肥瘦肉、青蒜、青菜各100克，鲜姜10克，大葱15克，绍酒20克，醋15克，酱油10克，芝麻油10克，花生油250克，精盐7.5克

做法：

1. 先将将活黄花鱼刮去鳞，掏净内脏及鳃，然后洗干净之后。在鱼身两面剖上斜直刀，再用精盐腌渍15分钟。

2. 将猪肥瘦肉切成丝、青菜切成段。

3. 炒锅内加入适量的花生油，开中火，将油烧至六成热（约150℃），将葱段、姜片下锅之后煸炒几下，再倒入肉丝煸至变色，最后放入适量的绍酒、醋，加入酱油、清汤、精盐烧至沸，将鱼入锅内小火熬炖20分钟，随后撒上青菜、青蒜，淋上适量的芝麻油盛汤盘内即成。

糖醋黄花鱼

原料：大黄花鱼1条（约500克重），葱花、蒜蓉、精制盐、胡椒粉、糖、醋、麻油、淀粉各适量，植物油500克

做法：

1. 先在黄花鱼身上斜切几刀，然后用盐涂匀鱼身内外，在鱼身上拍干淀粉。

2. 将锅放置在旺火上，然后放入足量的油，再将鱼浸油炸至身硬后捞起，待油再滚，将鱼翻炸几下，捞起上盘。

3. 锅里留少量的余油，放入各种作料，再用湿粉打芡，最后淋在鱼面上即成食用。

雪菜黄鱼汤

原料：鱼1条，雪菜100克

调料：熟猪油、料酒、味精、精盐、葱各适量。

做法：

1. 将黄鱼剖开后洗净，分别在鱼身两侧剖上波浪花刀，将雪菜切成末。

2. 炒锅置旺火上烧热，然后投入黄鱼，煎至两面金黄后，倒入适量的酒，加上盖焖一下，再加入适量的清水，随后用旺火烧沸，加盖用文火焖10分钟左右，至汤呈乳白色时加入适量的雪菜、精盐和葱段，再用旺火烧沸，倒入

适量的味精，起锅装入大汤碗中即可食用。

干烧黄花鱼

原料：黄花鱼1尾

配料：雪里蕻、肥瘦肉、干辣椒各少许

调料：油、酱油、糖、料酒、味精、汤、葱、姜、花椒、明油各适量

做法：

1. 将鱼整理干净，清洗干净，将鱼身两侧剖上花刀，配料均切成片。

2. 然后加油至八成熟的时候，将鱼再用少许的酱油腌渍一下，将鱼放置到油中炸至金黄色捞出。起勺后加入适量的油，放入加葱、姜、配料翻炒，再加调料和汤，将鱼下勺煨，最后拣出葱、姜、花椒，淋上椒油即可食用。

健康饮食宜与忌

1. 适宜那些贫血、失眠、头晕、食欲不振及妇女产后身体虚的人食用。

2. 黄鱼是发物，哮喘病人和过敏体质的人要谨慎。

鳗鱼：食材美味可入药，营养丰富护肝脏

名词解释

鳗鱼，又被称做白鳝、白鳗、河鳗、鳗鲡、青鳝、风鳗、日本鳗。鳗鱼是指属于鳗鲡目分类下的物种的总称。又可称为鳝，它是一种外观类似长条蛇形的鱼类，虽然外表像蛇，但是具有鱼的基本特征。此外鳗鱼与鲑鱼类似，具有洄游特性。鳗鱼属鱼类，似蛇，没有鱼鳞，一般产于咸淡水交界的海域。

营养分析

鳗鱼富含多种营养成分，具有补虚养血、祛湿、抗痨等功效，并且是久病、虚弱、贫血、肺结核等病人的良好营养品，对肺结核也有一定的辅助治疗的功效。鳗鲡体内含有一种很稀有的西河洛克蛋白，这种蛋白质具有良好

的强精壮肾的功效，因此是年轻夫妇、中老年人的保健食品。鳗鱼富含钙质，经常食用这种鱼，能使血钙值有所增加，并且能够促使身体变得更加的强壮。鳗鱼的肝脏含有丰富的维生素 A，因此，是夜盲人的优良食品。

鳗鱼所含的营养物质与其他鱼类及肉类相比也是毫不逊色的。它的体内不仅含有丰富的优质蛋白和各种人体必需的氨基酸，而且还含有维生素 A 和维生素 E，其中含量分别是普通鱼类的 60 倍和 9 倍左右。其中维生素 A 的含量是牛肉的 100 倍之多，是猪肉的 300 倍以上。丰富的维生素 A、维生素 E，不仅对于预防视力退化有一定的帮助，同时对保护肝脏、恢复精力也有很大的益处。其他维生素的含量，比如维生素 B_1、维生素 B_2 的含量同样也是十分丰富的。

历史传说

在古代的时候，日本渔民每天都会出去捕鳗鱼，但是因为船舱比较小，在回航的时候鳗鱼基本上都死光了。但是有一位渔民，他的船舱及捕鱼的工具跟别人的没有什么区别，但是，他每次回航的时候鳗鱼都还是活蹦乱跳的。因此，他的鳗鱼卖的价格也是最好的。

不出几年，这个渔民成了当地的富翁。直到他快要去世的时候，才将个中秘密告诉他的儿子。原来他是在装鳗鱼的船舱里放上了一些鲶鱼。要知道，鳗鱼和鲶鱼天生都爱斗，因此，鳗鱼会为了对抗鲶鱼的攻击而被迫竭力地进行反抗，这种调动作用不但没有让鳗鱼很快死去，反而能够存活更长的时间，所以全部都活下来了。他告诉儿子说，鳗鱼之所以会很快死去，是因为它们知道自己已经被捕了，这个时候等待它们的只有死路一条，生的希望破灭了，所以在船舱过不多久就死光了。

吃鳗鱼的注意事项

鳗鱼并不是没有缺点的，它在营养方面唯一明显的缺陷就是几乎不含维生素 C，也就是说在吃鳗鱼的时候，应搭配一些蔬菜来食用，便能弥补这个缺陷。

鳗鱼食谱

葱烧鳗鱼

调味料

A 料：米酒、淀粉各 1 大匙、酱油 3 大匙

B 料：米酒 1 大匙、酱油 2 大匙、糖、醋各 1/2 大匙、胡椒粉少许

1. 先将鳗鱼清洗干净，然后放入温水中略烫一下，再捞出，切除头、尾，剖开鱼肚，去大骨后对切一半，再切成均匀的小块。然后放入碗中食用，加米酒、淀粉各 1 大匙，腌 20 分钟左右；葱洗净，切段备用。

2. 锅中倒 2 大匙油烧热，然后放入鳗鱼，煎至两面金黄后，盛起来。

3. 将锅中余油加热，爆香葱段，炒出香味，然后再放入煎好的鳗鱼，加入米酒 1 大匙、酱油 2 大匙及 2 杯水，再将大火烧开，改为小火烧至鳗鱼入味时，再转大火烧至汤汁收干即可。

健康饮食宜与忌

1. 鳗鲡为发物，患有慢性疾病和有水产品过敏史的人应忌食。

2. 如果将鳗鱼与醋搭配食用，则会引起中毒，但在很多食谱中有鳗鱼烹制中使用醋的记录。

3. 感冒、发热、红斑狼疮患者忌食。

门道六

茶叶：一杯香茶清泉饮，茶中神在意境中

中国是茶的故乡，也是茶文化的发源地。中国茶的发现和利用，在中国已有四五千年历史，且长盛不衰，传遍全球。茶是中华民族的举国之饮，发于神农，闻于鲁周公，兴于唐朝，始于宋代。中国茶文化糅合了中国佛、儒、道诸派思想，独成一体，是中国文化中的一朵奇葩！"茶之为饮，发乎神农氏，闻于鲁周公，齐有晏婴，汉有扬雄、司马相如，吴有韦曜，晋有刘琨、张载、远祖纳、谢安、左思之徒，皆饮焉。"由此看来，茶的传承演变是经历了一个漫长的历史过程的。一杯清茶养的是心神，悟的是人生。从这一点来说，人与茶之间似乎有着说不尽道不完的渊源。随着时代的前进、思想的演变，相信茶与人的关系必然会在整个历史的进程中不断地更新演变，而我们自己也会成为文化历程中的一个参与者和传承者。

西湖龙井：西湖水来龙井茶，品味人生又解乏

名词解释

西湖龙井茶是因其产于中国杭州西湖的龙井茶区而得名的，也是中国十大名茶之一。"欲把西湖比西子，从来佳茗似佳人。"龙井不仅仅是地名，又是泉名和茶名，茶有"四绝"：色绿、香郁、味甘、形美。特级的西湖龙井茶扁平光滑挺直，色泽上嫩绿光润鲜亮，并且香气鲜嫩清高，滋味鲜爽甘醇，叶底细嫩呈现朵状。而在清明节前采制的龙井茶则简称为明前龙井，有女儿红之美称。"院外风荷西子笑，明前龙井女儿红。"这优美的句子真是如诗如画，堪称是西湖龙井茶的绝妙写真。

营养价值

（1）具有消臭、助消化的功效：在口臭的时候，多半是因为食物残渣在酶的作用下，从而形成了甲基硫醇化合物产生了臭味。而此时西湖龙井茶汤可以抑制这种酶的活性和形成，从而起到消除口臭的作用，更是能够刺激分泌更多的消化液，十分有助于淀粉、蛋白质和脂肪的分解，从而帮助消化。

（2）具有减肥养颜的功效：龙井茶中富含着咖啡碱、肌醇、叶酸、泛酸和芳香类物质等多种化合物，这些化合物能够调节脂肪的代谢。并且，茶多酚和维生素 C 都能够降低胆固醇和血脂的形成，所以饮龙井茶可以有助于减肥。

（3）具有延缓衰老的功效：龙井茶中的茶多酚能够起到有效地清除多余的自由基、防止脂肪酸的过氧化的作用。

（4）消除疲劳的作用：龙井茶中的咖啡碱能够促使中枢神经系统兴奋，从而帮助人们振奋精神、增进思维、消除疲劳、提高工作效率。

（5）防龋齿：龙井茶中含有氟，氟离子等物质会与牙齿的钙质有很大的亲和力，因此，能够变成一种较为难溶于酸的"氟磷灰石"，就像是给牙齿加

上了一个保护层一样，从而便提高了牙齿防酸抗龋的能力。

（6）抑制癌细胞的作用：龙井茶中含有15%左右的儿茶素，这种物质的抗氧化力是维他命 C 的 40 ~ 100 倍，因此，它能够抑制血管老化，从而净化血液，自然也就具备了抑制癌症的作用。

（7）利尿：龙井茶叶中的咖啡碱和茶碱具有利尿的作用，因此，可用于治疗水肿、水滞留等病症。

（8）强心解痉：咖啡碱在龙井茶中的含量很高，因此具有了强心、解痉、松弛平滑肌的功效，因此，他能够解除支气管痉挛，从而很好地促进了血液循环，是治疗支气管哮喘、止咳化痰、心肌梗死的良好辅助药物之一。

（9）抑制动脉硬化：在龙井茶叶中，会有很多的茶多酚和维生素 C，因此这些都有活血化淤、防止动脉硬化的作用。

（10）具有治疗夜盲症、抗干眼病、抗肿瘤等功效：龙井茶中含有一定量的维生素 A，因此，具有明目的功效。

（11）抗菌抑菌：龙井茶中的茶多酚和鞣酸会作用于细菌中，从而能够凝固细菌的蛋白质，并将细菌杀死。如果出现皮肤生疮、溃烂流脓、外伤破了皮等情况，可以用浓茶冲洗患处，具有消炎杀菌的作用。口腔发炎、溃烂、咽喉肿痛等症状的人，可以用茶叶来治疗，也有一定的疗效。

龙井茶的传说

传说清朝乾隆皇帝在下江南的时候，来到了杭州龙井狮峰山下，看到有很多乡女在采茶，心中十分的开心，便也学着采了起来。谁料到，刚采了一把，太监忽然上前轻声地禀报说："太后得了病，请皇上急速回京。"乾隆皇帝一听说太后娘娘生病了，心中自然万分着急，哪儿还有心情再采茶，随手将一把茶叶向袋内一放，便日夜兼程赶回了京城。

其实太后并没有得什么大病，只是因山珍海味吃多了，一时肝火上升，双眼变得红肿，胃里也不舒服，并没有大病。此时她看到皇上回来了，只觉得一股清香传来，便问皇上带来了什么好东西。皇帝自身也觉得奇怪。哪来的清香呢？他随手一摸，啊，原来是杭州狮峰山的一把茶叶，此时才恍然大悟，原来自己采摘的茶叶在这几天已经风干了，而浓郁的香气就是它散出来了。

太后闻到这么香的茶，便想尝尝茶叶的味道。宫女就将茶泡好，然后端到太后面前，果然清香扑鼻。太后喝了一口，没多大一会儿，双眼顿时舒适多了，喝完了此茶，红肿消了很多，胃也不胀了。太后十分高兴，对皇上说道："杭州龙井的茶叶，真是灵丹妙药。"乾隆皇帝看到太后这么高兴，并且病情也有所好转，便立即传令下去，将杭州龙井狮峰山下胡公庙前那十八棵茶树封为御茶，每年都要采摘新茶，专门进贡给太后。至今，在杭州龙井村胡公庙前还保存着这十八棵御茶呢，到杭州的旅游者中有不少还专程去察访一番。

品龙井注意事项

西湖龙井，原产于浙江杭州西湖地区，茶叶为扁形，叶子比较细嫩，条形也很整齐，宽度比较一致，为绿黄的颜色，手感也是比较光滑，多是一芽一叶或是二叶的；芽要比叶子长得多，一般长3厘米以下，芽叶均匀成朵状，不带夹蒂和碎片，并且小巧玲珑。龙井茶味道比较清香，而假冒龙井茶则多是清草的味道，夹蒂较多，手感也不够光滑，因此要注意鉴别龙井茶的真伪。

鉴别龙井茶可以通过4个方面来判别：一是观察颜色，也就是分辨色绿；第二是闻气味，主要是闻"香郁"；三是品"味儿醇"；四是观"形美"。

西湖龙井茶素有"绿茶皇后"的美称，其原因之一主要得益于西湖龙井茶的功效以及它所具备的作用。西湖龙井茶属于绿茶，是未经发酵而制成的茶，性寒，因此龙井茶的功效中较为显著的一点就是清热、利尿。西湖龙井茶比较适合体质强壮、容易上火的人在夏季饮用。身体虚寒之人则不宜多饮用。

冲泡方法

1. 冲泡西湖龙井是很讲究的，冲泡的水温要在85℃~95℃沸水之间，不可用滚烫的开水，也不要用温水，并且在冲泡之前，最好晾一下，即将储水壶置放片刻再冲泡。

2. 西湖龙井冲泡置茶量为每杯水中放3克茶叶，但是也可以依照个人的口味而定。

3. 西湖龙井冲泡用水也是有选择性的，纯净水或山泉水都可以。

4. 冲泡器具的选择:陶瓷、玻璃茶具皆可。

5. 先用开水温过杯,然后倒出杯中的水,再投放适量的茶叶,然后,倒五分之一的开水,浸润后,摇香30秒左右,再用悬壶高冲法注下七分满之开水,35秒之后,便可以饮用。

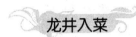

龙井入菜

龙井鲍鱼

原料:

鲍鱼200克,龙井茶叶、料酒各15克,菜心50克,清汤300克,精盐5克,味精2克,胡椒面1克,水豆粉30克,鸡蛋2个,干豆粉10克

做法:

1. 先将鲍鱼用料酒、精盐、胡椒面码味,再将蛋清、干豆粉调成糊状,搅拌均匀

2. 再用开水冲泡茶叶,头道茶水不用,再冲第二次,然后留75克左右的茶水待用。将茶叶带着水,一起翻扣在深圆盘正中的位置,并将75克茶水倒入盘子内。

3. 把锅内清汤烧至刚开,此时便将鲍鱼、菜心、味精一起放入,装盘即可食用。

龙井香炸黄花鱼

原料:黄花鱼一条、龙井茶10克、盐适量、黄酒150毫升

做法:

1. 先将黄花鱼刮鳞,去除内脏,然后清洗干净后备用。

2. 将龙井茶用85度的热水冲泡开,在冲泡两三分钟后,将茶渣与茶汤分离开,取茶汤100毫升左右备用。

3. 然后将黄花鱼片开,再用盐、黄酒和茶汤进行浸泡,约10分钟之后,再让黄花鱼充分入味。

4. 将腌制好的黄花鱼一起放入油锅中炸酥后直接捞出,注意炸的时间不要过长。

5. 此时,将泡过的龙井茶放入锅中炸香,炸好后进行装盘。

6. 将黄花鱼铺在盘中的茶叶上就可以上桌了。

健康饮食宜与忌

1. 时间不要太长：茶叶冲泡的时间过长，可能会发生变质或者是损害其中的营养成分，甚至滋生致病微生物。

2. 饭前忌大量饮茶：饭前大量喝茶，可能会影响食物的消化和吸收，导致食欲下降，或者是食欲不振。

3. 饭后忌立即喝浓茶：在一般情况下，饭后喝茶有助于消食去脂。但是如果饭后立即喝浓茶，则很有可能会导致膳食中营养物质的吸收不良，从而影响人们对铁质和蛋白质类物质的正常吸收。

4. 泡茶忌过浓：茶越浓，产生的刺激性就越大。如果经常大量地饮用浓茶，那么就会引起头痛、恶心、失眠、烦躁等情况。

5. 忌冲泡次数过多：除了乌龙茶等少数种类的茶外，大多数的茶只能冲泡 3 次左右。如果冲泡的次数太多，那么 90% 以上的营养物质均已被浸出，特有的滋味和香气也不明显了。

碧螺春：妙龄碧螺引茶种，真善美德饮于心

名词解释

此茶产于江苏苏州太湖之滨的洞庭山，也是我国名茶的珍品，此茶以形美、色艳、香浓、味醇"四绝"闻名中外，深受人们的喜爱。碧螺春茶外形具有卷曲如螺、茸毫毕露、银绿隐翠、细嫩紧结的特点，当然也有许多与其他名茶截然不同的特点。冲泡此茶后会水色很浅，味醇而淡，回味却无穷。此茶要用温开水冲泡，仍能沉于杯底。如果是先放水后放茶，也照样能够下沉，堪称名茶极品。

营养价值

茶中的咖啡碱、肌醇、叶酸、泛酸和芳香类物质等多种化合物能调节脂

肪代谢，特别是乌龙茶对蛋白质和脂肪有很好的分解作用。茶多酚和维生素C能降低胆固醇和血脂，所以饮茶能减肥。此外，在碧螺春茶中含有氟，氟离子与牙齿的钙质有很大的亲和力，能变成一种较难溶于酸的"氟磷灰石"，就像给牙齿加上一个保护层，提高了牙齿防酸抗龋能力。据报道，茶叶中的黄酮类物质有不同程度的体外抗癌作用，作用较强的有牡荆碱、桑色素和儿茶素。

历史传说

在太湖中，可以看到东、西洞庭山隔水相望。其中，东洞庭山像是一柄玉如意似的，把那长长的把柄斜搭在太湖的北岸上。而西洞庭山却是一个四面环水的小岛。这美丽的故事就发生在西洞庭山上。

在很早以前，就在西洞庭山上住着一个从小就没了父母的姑娘，她的名字叫碧螺。碧螺姑娘既聪明俊秀，同时又特别的善良。而且生就一副清亮圆润的好嗓子。不管是经过打鱼的，还是周围种田的，只要是听到她的歌声，就会忘掉疲劳和困倦，忘掉手中正在干着的活儿。当地远近一带的人们都知道这位姑娘，并且人们都很喜欢她，因为她总是能够给大家带来欢乐。她和西洞庭山的人们一起过着无忧无虑的幸福生活。

可是有一年初春，突然在太湖中出现了一条十分凶狠残暴的恶龙，它要求太湖人民在西洞庭山上为它盖一座很豪华的大庙。并且，它要太湖人民天天烧香，月月摆供，并且每年都要献上一对童女童男供它奴役。这还不是最重要的，最重要的是它还要碧螺姑娘作它的夫人。太湖的人们拒绝了恶龙的无理要求，于是决定把碧螺姑娘藏了起来。恶龙便恼羞成怒。白天，恶龙就在湖中掀起了滔天巨浪，把下湖的渔船全部都打得粉碎。晚上恶龙也不休息，就驾起狂风，摧毁西洞庭山的庄稼、树木和房屋，闹得整个太湖日夜不得安宁，人们也死伤无数。

此时，恶龙危害人民的事惹恼了东洞庭山一个名叫阿祥的小伙子。阿祥这个小伙子自小就是以打鱼为生的，他不但具有高强的武艺，并且还能潜入水中七天七夜不上岸来，这种本领是其他人不曾具备的。而且，他的心肠也特别好，非常的善良，他见义勇为，把救贫济困、铲恶除暴看做是自己应该做的事情，因而深得远近人们的爱戴和拥护。

　　并且，阿祥非常喜欢碧螺姑娘。每次白天下湖打鱼回来的时候，不管是要绕多远的路，也不管有多累，他总要到西洞庭山附近停留一会儿，目的就是好听听碧螺姑娘的美妙歌声。如果碰巧能见到姑娘一眼，他就更加心满意足了。阿祥从来不敢把自己的心事告诉别人，更是不敢告诉碧螺姑娘，他怕姑娘知道后，生他的气，从此再也不理睬他了，那他就再也听不到她那动人的歌声了。如果真是那样，阿祥就会不知道怎么度过自己的生活。而现在，恶龙越来越放肆，它扬言要荡平整个西洞庭山，要把碧螺姑娘抢走，阿祥当然十分的生气，恨不得将恶龙一刀砍死。于是，他决心同恶龙决一死战，保护西洞庭山人民的生命财产，同时，也是为了保护那个美丽的碧螺姑娘。

　　就在一个没有月光的晚上，大地上一片漆黑，伸手不见五指，阿祥趁着夜色出发了。他操起一把大鱼叉，悄悄地从水中潜游到西洞庭山。恶龙根本没有发现他的行踪。

　　这时，恶龙正在岛上掀房拔树，行凶作恶。阿样乘恶龙没有防备的时候，一步蹿上前去，用尽了全身的力气，"嗖"的一声，把手中的鱼叉猛地刺进恶龙的脊梁。恶龙感到了脊梁上一阵剧痛，想要腾空起飞，可是却已经来不及了，"扑通"一声倒在了地上。它开始挣扎，并在地上翻滚了起来。此时，他又抬起脖子，张着那血盆大口，露出了两排毒牙，恶狠狠地向阿祥猛扑过来。阿祥自然也不会示弱，他沉住气，高举鱼叉，勇猛地迎了过去。于是，阿祥和恶龙展开了一场恶战，从山上扑打进碧蓝的水里，又从水里打到湖岸，阿祥与恶龙一直搏斗了七天七夜。最终，恶龙的爪子抬不起来了，阿祥的鱼叉也举不动了。此时，恶龙一丝力气也没有了，它躺在近岸的水底下，血从它身上一股一股地喷了出来，喷出水面很高很高才洒落下来，像是一朵朵暗红的毒蘑菇似的。阿祥却静静地躺在山坡上，殷红的鲜血也从他身上的伤口处慢慢地向山下流去。奇怪的是，当阿祥的鲜血流过那些被恶龙掀翻的树根、折倒的树干、扫断的树枝的时候，那些树木就又都复活，从而很快重新长出嫩绿嫩绿的芽苞来。

　　于是，人们纷纷跑来，他们满腔愤怒地毫不留情地把恶龙砍成了碎块，最后剁成了肉酱，并且又怀着无限感激和崇敬的心情把阿祥抬回到家去，小心地洗净了他的伤口，最后敷上了草药。

　　时间就这样一天天地过去了，阿祥的身体始终不见好转。更为厉害的是，他有时还大口大口地吐血。他躺在床上，只能轻声地说话，连身子都翻动不了一下，饭也吃得很少。美丽的碧螺姑娘得知之后，天天都来看望他，并且亲手给他治伤换药。这样，阿祥天天都能看到碧螺姑娘，同她说话，心里感到无限的欣慰。

周围的人们都知道是阿祥为他们除了大害，便怀着万分感激的心情，纷纷带了贵重药品和各种礼物来看望他。阿祥满怀深情地对大家说自己已经活不了多久了，希望人们把这些东西都送给碧螺姑娘，他活着的时候，只想能够天天听到她的歌声就心满意足了。接着，阿祥又把自己从前每天绕路来西洞庭山听姑娘唱歌的事也都告诉了大家。

人们把阿祥的话统统告诉了碧螺姑娘。碧螺姑娘知道了阿祥一直喜欢着自己，她也很是感动，便请大家把阿祥抬到自己住的山头上去，决心亲手治好阿祥的伤，让阿祥尽快地恢复健康。

可是，所有的药物在阿祥身上都不见效，只有姑娘的歌声才能使阿祥的脸上泛出欣慰的笑容。每当阿祥闭上眼睛，以为自己已经死去的时候，一听到姑娘的歌声，就又苏醒过来。乡亲们认为阿祥再也活不了多长时间了，都非常痛心。姑娘更是着急，发狂似地到处寻找草药。

有一天，碧螺姑娘出去寻找草药，又来到了阿祥同恶龙搏斗流血的那个地方。她发现这儿有一棵小茶树长得特别好，于是，碧螺姑娘就把小茶树移栽到了山顶上，此时天气还很冷，但是，小树却长出好多芽苞，生意盎然。姑娘每天早晨起来，都要把所有的芽苞用嘴一个一个地含一遍，给芽苞增加一点热气，从而来抵御清晨的寒冷，好让芽苞快快长大。时间一天一天过去了，这时，小树上的芽苞也越长越大了，芽苞开始伸出了嫩芽。此时，碧螺姑娘就用嘴含下一些嫩芽来，然后泡在碗里，送到阿祥的面前。

说来也真奇怪！碧螺姑娘刚将这茶捧到阿祥的嘴边，便有一股醇正而清爽的香气就从阿祥的鼻孔一直钻到心里。阿祥的精神陡然一振，一口气把这碗茶全部喝光了，并且觉得自己全身充满了力气。于是，他抬抬手，伸伸腿，发现自己的身体竟然能够移动了，这是连他自己都没有想到的，原来这茶就是灵丹妙药呀。姑娘见他这么有精神，快活得心都要迸出来了，眼睛里滚动着亮晶晶的泪花。

从此，碧螺姑娘每天都会把小树上的嫩芽含下来，一边唱歌，一边把嫩芽放在手中轻轻地搓揉着，烘干，泡上，然后送到阿祥跟前。时间一久，阿祥竟然恢复了元气，身体比以前更结实了。

谁知就在这个时候，碧螺姑娘的面容却从此一天天憔悴下去——原来，姑娘的元气都凝聚在那棵小树的嫩芽上了。阿祥吃下去的不仅仅是嫩芽，更是碧螺姑娘的元气，姑娘的元气就再也不能恢复了。没过多少日子，美丽的碧螺姑娘就带着她美丽的歌声离开了人间。此时，阿祥悲痛欲绝，和乡亲们一起把姑娘埋在山峰上。阿祥便自己在那里定居下来。许多年过去了，人们发现阿祥还是那么的年轻、那么的强壮，原来阿祥已经长生不老了。

后来，人们把葬着碧螺姑娘的那个山峰称做"缥缈峰"。每年快到谷雨的时候，许多采茶姑娘都到这儿来，采下那棵小树上的嫩芽，并把嫩芽制成茶叶。为了纪念碧螺姑娘，人们还给这种名贵的茶叶取名叫"碧螺春"。

品碧螺春注意事项

碧螺春有着很深的韵味，所以在品饮碧螺春的时候，要小口细品，千万不要大口地喝进去，最后却不知道其味道。

冲泡上等的碧螺春，一定要选择好冲泡的茶具，不可随便乱用，这样会影响碧螺春的味道。

冲泡方式

1. 先将干净的玻璃杯或陶瓷杯（紫砂壶更佳）用80°C左右的开水冲洗杯体，在冲洗的过程中要冲洗均匀，再在杯内倒入半杯3/4杯开水，水温在70℃~80℃左右即可，再放入约2~3克碧螺春，此时会发现茶叶迅速下沉至杯底，紧接着便要滗去杯内1/2左右的茶水，此二道工序称为：洗杯，洗茶。而紧接着要往杯内倒至约3/4杯70℃~80℃左右的开水，此时即成为了一杯高级茗茶。

2. 观其形：将茶放置在杯中，发现碧绿纤细的芽叶会沉浮在其中，汤色也是微黄的。

3. 闻其香：水汽会冒出淡淡自然的花果香味，清心扑鼻而来，沁人心肺。

4. 品茗：茶水入口后味道鲜醇，碧螺春茶的鲜爽茶味之中更是有一种甜蜜的果味，使人百饮不厌。品过此茶后，喉咙口会有一丝丝甘甜，令人回味无穷。

健康饮食宜与忌

1. 此茶不适宜发热、肾功能不良、心血管疾病的人饮用，并且对习惯性便秘、消化道溃疡、神经衰弱、失眠、孕妇、哺乳期妇女、儿童也会产生不良的效果。

2. 女性在经期最好不要多饮用此茶。

毛峰：黄山俊秀毛峰茶，雾气之间神韵在

名词解释

此茶为中国历史名茶之一，徽茶，属于绿茶，产自于安徽省的黄山地区。由清代光绪年间的谢裕泰茶庄所创制。每年到了清明谷雨时期，会选摘初展肥壮嫩芽，然后进行手工炒制。该茶外形微卷，形状很有特色，形状类似雀舌，绿中会泛黄，同时也会银毫显露，并且带有金黄色的鱼叶，俗称黄金片。将此茶倒入杯中冲泡后，会出现雾气结顶，汤色呈现清碧微黄，叶底黄绿并有活力，滋味醇甘，香气犹如兰花，韵味深长。由于新制的茶叶白毫披身，芽尖也具有峰芒，且鲜叶采自黄山的高峰地区，遂将该茶取名为黄山毛峰。

营养价值

茶叶含有咖啡碱，能刺激中枢神经，使人脑清楚、精神爽朗、提神解乏、消除疲劳，同时，可促进新陈代谢和血液循环、刺激肾脏、增强心肾功能。茶叶含有较多的茶单宁、糖类、果胶和氨基酸等成分，可排泄体内的大量余热，保持人体的正常体温，并借回味甘美香甜，发挥生津止渴、爽身醒目、解暑去烦的作用。茶叶中的烟酸可以起保护人体皮肤的作用，叶酸可促进血细胞生长。

茶叶中含有维生素、蛋白质、芳香族和多酚类化合物，除能散发出芳香以助人愉快外，还能溶解脂肪、除去油腻、清养肠胃、促进消化液的分泌、

增进食欲、以助消化。特别是对于肉食乳类为主食的少数民族地区,茶叶更是人们生活中不可缺少的必需品。

历史传说

在明朝天启年间的时候,江南黟县新任县官熊开元带着自己的书童来到黄山春游,谁料想竟然在途中迷了路,幸亏遇到一位腰挎竹篓的老和尚,便借宿在了寺院中。长老泡茶敬客时,知县看到这茶叶色微黄,形似雀舌,身披白毫,开水冲泡下去,只见热气绕碗边转了一圈,转到了碗中心就直线升腾起来了,约有一尺高的地方,然后在空中转一圆圈,化成一朵白莲花。只见那白莲花又慢慢上升化成了一团白色的云雾,最后散成一缕缕热气飘荡开来,清香满室。知县对此茶产生了好奇,问后方知此茶名叫什么,方丈告诉他此茶是黄山毛峰,临别时长老还赠送给他一包此茶和黄山泉水一葫芦,并叮嘱说一定要用此泉水冲泡才能出现白莲奇景。熊知县回到县衙之后,正巧遇到了自己的同窗旧友太平知县来访,便将冲泡黄山毛峰表演了一番。太平知县甚是惊喜并且也很喜欢这茶,后来他到京城禀奏皇上,想要献仙茶邀功请赏。

皇帝便传令他进宫表演,然而虽然还是那种茶叶,但是却不见白莲奇景出现,皇上大怒,以为太平知县在欺骗自己,便要责罚他,此时太平知县只得据实说乃黟县知县熊开元所献。皇帝便立即传令熊开元进宫受审,熊开元进宫后当然知道没有出现那种情景的原因是未用黄山泉水冲泡之故,讲明缘由后请求回到黄山去取水。熊知县来到黄山拜见当初的那位长老,长老听了知县的话之后,就将山泉交付于他。于是,知县便在皇帝面前再次冲泡玉杯中的黄山毛峰,这次果然出现了白莲奇观。皇帝看得眉开眼笑,十分的高兴,便对熊知县说道:"朕念你献茶有功,升你做江南巡抚,三日后就可以去上任了。"熊知县心中十分的感慨,暗忖道:"黄山名茶尚且有这么清高的品质,更何况是为人呢?"于是便脱下官服玉带,随后来到黄山云谷寺出家做了和尚,法名为正志。如今在苍松入云、修竹夹道的云谷寺下的路旁,就有一罴庵大师墓塔遗址,相传这就是正志和尚的坟墓了。

品毛峰注意事项

毛峰属于绿茶，因此上等的毛峰冲泡出来一定是汤色呈现清碧微黄，在选购的时候，也要选择形状类似雀舌，绿中会泛黄，同时也会银毫显露的，好茶叶才能冲泡出好茶。

冲泡方式

冲泡黄山毛峰有以下几点是要引起人们的注意的，否则的话，即使是用上了上等的黄山毛峰也泡不出好的滋味来。

第一，比例。茶的比例直接反映的是茶的浓淡，泡茶浓淡一定要合适才行，这才能够使我们品尝到茶的色和香。与此同时，适当的浓淡对于茶叶中的物质的浸出也是具有很重要的影响的，这不但影响到了茶水的色、香、味，同时，也影响到了茶水对人体影响所起的作用。浓淡可以科学地计测出，但是平时很少有人去理会这个指标，当然还是需要自己把握，一般是宜淡不宜过浓。大致上说，一般绿茶，茶与水的重量比多为1∶80。常用的是白瓷杯，每杯可放入茶叶3克。一般还可以是玻璃杯，每杯可放2克。

第二，水温。对不同的茶要求用不同的水温，水温是泡好茶的关键所在，应视不同类茶的级别而确定。但是在实际的过程中，我们经常会忽略这一点，总是喜欢用很烫的水来冲泡，认为只有这样才能够泡出茶的香气。一般说来，红茶、绿茶、乌龙茶用沸水冲泡还是较好的，并且可以使茶叶中的有效成分能够迅速浸出。但是某些嫩度很高的绿茶，比如黄山毛峰、西湖龙井就不能用沸水了，应选用80℃~90℃的开水冲泡，使茶水绿翠明亮、香气纯正、滋味甘醇。

第三，时间。一般也就是3~10分钟的时间。泡久了不但会损伤茶的口味，还容易将茶中对人体不利的物质全都泡出来。在泡毛峰茶的时候，可以将黄山毛峰放入杯中后，再先倒入少量开水，以浸没茶叶为适度，然后加盖3分钟左右，随后再加入开水七八成满便可趁热饮用。如果水温高、茶叶嫩、茶量多，则冲泡时间就可以短一些；相反，时间就应长一些。一般冲泡后加盖3分钟，茶中内含物浸出55%，香气发挥正常，此时饮茶是最好的时间。

第四，次数。一般泡茶 3～4 次就好了，次数不要过多，俗话说："头道水，二道茶，三道四道赶快爬。"意思就是说头道冲泡出来的茶水并不是最好的，喝第二道茶正好，等到喝三道、四道水就可以了。饮茶的时候，一般杯中茶水剩 1/3 时，就应该加入开水了，这样才能够维持茶水的适当浓度。

健康饮食宜与忌

1. 儿童。可以适量喝一些淡茶（浓度为成人喝茶浓度的三分之一），这样可以帮助消化，并且能够调节神经系统、防龋齿，但是若喝浓茶，可能会引起儿童的缺铁性贫血，反而对儿童的身体健康造成影响。

2. 孕期、哺乳期妇女。这种群体的人忌饮浓茶和茶多酚、咖啡碱含量高的高档绿茶或大叶种，目的是以防止孕期缺铁性贫血。哺乳期妇女饮用浓茶可以使过多的咖啡碱进入乳汁，可能会间接导致婴儿兴奋，引起少眠和多啼哭的现象。

3. 老年人。饮茶有益于他们的健康，但是要适时、适量、饮好茶。老年人的吸收功能、新陈代谢功能衰退，一些粗老茶叶中会含有较高的氟、钙、镁等矿物质，过量地饮用往往会影响骨骼的代谢作用。老年人在晚间、睡前尤其不能多饮茶、饮浓茶，以免出现兴奋神经、增加排尿量、影响睡眠的状况。

4. 心血管疾病和糖尿病患者。适量持久地饮茶是有利于心血管症状的改善的，除了能够降低血脂、胆固醇、增进血液抗凝固性外，还能够增加毛细血管的弹性。对于糖尿病患者来讲，可适当地增加饮茶的剂量，最好是用采自老茶树鲜叶加工的茶叶，并且用低于 50℃ 的冷开水充分浸泡后来饮用。

5. 消化道疾病、心脏病、肾功能不全的患者在一般情况下是不宜饮高档绿茶的，特别是刚炒制的新茶。

六安瓜片:不识庐山真面目,先饮庐州六安茶

名词解释

六安瓜片,为中国历史名茶,同时是中国十大历史名茶之一,简称瓜片,这种茶产自安徽省的六安地区。唐朝称其为"庐州六安茶",为名茶。明朝开始的时候称其为"六安瓜片",其为上品、极品茶。清朝将其定为朝廷的贡茶。六安瓜片(又被称做片茶),是绿茶特种茶类,采自当地特有的品种,经过扳片、剔去嫩芽及茶梗,通过独特的传统加工工艺,慢慢地制成的形似瓜子的片形茶叶。"六安瓜片"具有悠久的历史底蕴和丰厚的文化内涵。

营养价值

1. 六安瓜片是所有绿茶当中营养价值最高的茶叶,因为此茶全是叶片,茶的生长周期又很长,茶叶的光合作用时间长,茶叶积蓄的养分自然也就多了。

2. 六安瓜片所含的抗氧化剂是有助于抵抗老化的,因此具有抗衰老的功效。因为在人体新陈代谢的过程中,如果过氧化,就会产生大量的自由基,很容易老化,也会使细胞受到伤害。SOD(超氧化物歧化)是自由基清除剂,它能有效清除过剩的自由基,从而阻止自由基对人体产生损伤。六安瓜片中的儿茶素能显著提高 SOD 的活性,从而很好地清除自由基。

3. 六安瓜片的抗菌效果十分的显著。研究显示,六安瓜片中的儿茶素对引起人体致病的部分细菌有很好的抑制功效,同时又不会伤害肠内有益菌的繁衍,因此六安瓜片具备整肠和调理肠道的功能。

4. 六安瓜片降血脂的功效也是显著的,经过科学家做的动物实验表明,茶中所含的儿茶素能降低血浆中的总胆固醇、游离胆固醇、低密度脂蛋白胆固醇,以及三酸甘油酯的含量,同时也可以增加高密度脂蛋白胆固醇的含量。后来对人体的实验表明,这种元素有抑制血小板凝集、降低动脉硬化发生率

的功效。六安瓜片含有黄酮醇类，这种元素有抗氧化的作用，亦可防止血液凝块及血小板成团，从而降低心血管疾病。

5. 六安瓜片能塑身减脂，六安瓜片含有茶碱和适量的咖啡因，并且可以经由许多作用活化蛋白质激酶及三酸甘油酯解脂酶，从而能够减少脂肪细胞堆积，因此达到减肥的功效。

6. 六安瓜片有防龋齿、清口臭的功效。六安瓜片中还含有氟，其中儿茶素可以抑制生龋菌的作用，从而减少牙菌斑及牙周炎的发生概率。茶所含的单宁酸更是具有杀菌的作用，所以能够阻止食物渣屑繁殖细菌，因此，可以有效地防止口臭。

7. 六安瓜片有防癌作用。六安瓜片对某些癌症有一定的抑制作用，但是这种原理仅仅是局限在推论上。对预防癌症的发生，多喝茶必然是有其正向的鼓励作用。

历史传说

六安瓜片，又被叫做齐山云雾，这种茶是产在六安的齐头山蝙蝠洞一带的名茶。为什么只在蝙蝠洞一带有呢？这里有个故事。

很多年之前，齐头山是个非常富饶的地方，这里的山是青的，水是绿的，庄稼齐整，人丁也很兴旺，美中不足的就是缺少了鲜花。正在人们议论着给齐山种一些花草的时候，竟然来了一个身穿灰黑色衣衫的艳冶女人。她阻止人们栽种花草，说："花多妖艳，于人畜庄稼不利。"

村民都很老实，想想过去这里花少，人畜也是十分安全的，五谷丰收，便信以为真，停下了栽花之举，也打消了种花的念头。黑衣女郎得寸进尺地说："齐头山父老，这里是个很好的地方，我就在此落脚吧！"

村民是最明理的，心想天地乃天下人的天地，有何不可呢，于是，就给她搭了一间木板房，砌上灶子安上锅。这女人看上去也很奇怪，虽然长得面如满月，眼若流星，但是一见到花，就表现得面目狰狞，眼睛若铜铃，把花掐光。有时看到小女孩儿穿件花的衣裳，她也就不管三七二十一，把那花裙子撕掉。渐渐地齐头山连花影儿也见不到了。更奇怪的是，自她来了之后，在齐头山的那个洞里，每天五更便会冒出一股浓浓的黑气，漫过村庄，漫过田野。在这黑气的影响下，树竹越长越小，庄稼也年年减产。此地的人们面黄肌瘦。此时，人们才逐渐发现，那个女的白天在木屋里住，但是到了夜晚，木屋里虽然点着灯，但是她却悄悄地飞到了齐头山的山洞里去了。此时人们大惊，想到这是妖怪！因此，有人悄悄地去请法师、道士来，想要捉怪。法师、道士还没有进村，就跌得鼻青脸肿，请法师的人则会被一阵大风吹得无影无踪。一次如此，两次如此，三次之后就没人敢去请法师了。即便是有人敢去，法师、道士也不敢来。

这里没有了鲜花，没有色彩，庄稼的收成也不如从前，这种日子怎么过呢？人们在无奈之下，只得纷纷携儿带女地去逃荒。人们还未到山坳口便有一个黑大汉会拿着大棍，横挡了他们的去路，吼道："还想逃啊？"一棍扫下来前面的几户人家的锅碗瓢盆已打得粉碎。一次如此，两次如此，只要一到山坳口，那个大汉便横在面前。人们只好忍受着。

中年人形容枯槁，小姑娘也变得没有了血色，当地的人们深受煎熬，死的死，亡的亡，村子里是鸡不鸣，狗不叫，就像一口大棺材似的；没有了歌声，只剩下哭声；没有了鲜花，只有妖雾。人们的日子一天不如一天，实在是过不下去了。就在这个时候，村里来了一位银发如雪的老太婆。她手挎着一只篮子，篮子上盖了一块布，对村民说："乡亲们，我要在这里住下。"

众人一听，惊得瞪圆了眼睛，心里也是十分的不解，心想："我们这里的人都想跑出去，她还光葫芦头往刺里钻。"村民都是善良的，将这里的情况一一地告诉了老人，并且劝告老人还是去别的地方居住。没想到那老太婆却笑笑说："谢谢好心的乡亲们，只是我这一把老骨头硬得很，妖精不怕死，就来找我！"

众人一听老太婆的口气，心想这老人可能有些来头，就说："老人家，那您就发发慈悲吧，制伏这妖精，不过你赤手空拳，如何制伏妖精呢？"

老太婆把篮子摆到众人的面前说："全靠它！"原来在老人的篮子里放着的全是花的种子。众人一思谋，这妖精是怕花，于是，便按照老人的安排，开始在山上、附近，所有的地方种上了花。花籽儿没有了，老太婆从口袋里掏出一把茶籽，和年轻人把它种上。

春天很快来了，两场雨之后，春风一吹，三场春雨一下，岭坡上，山洞边的花籽儿、茶籽儿都破土而出了。黑衣女人看到洞旁的茶苗，感觉很是惊讶，便把村民叫来问道："这是什么植物？"

老太婆赶忙站到众人面前，说那是瓜片，说它的叶子像切开的一丫一丫吃了瓤的瓜皮！

黑衣女人瞅了瞅，果然很像，于是便驱散村民，回到了洞里。她喷出了一股股浓浓的黑气，直向茶苗和花苗压去。老太婆一见这种情况，知道这种黑雾肯定会影响到花的生长，便忙从口袋里掏出一把花蕊，用嘴一吹，那些花蕊就像风筝一样飘向黑气。花蕊的香气冲了黑色的浊气。第三天清晨，黑衣女人不肯罢休，从洞里喷出一股更大的黑气，直卷茶苗和绽蕾的花。老太婆又赶忙掏花蕊，可是这次没有了。虽然老太婆也中了那个女人的毒气。但此时蝙蝠精变成的黑衣女人已经被老人杀死。村民们很是担心，老太太对村民说："我是百花仙女，本来是奉王母之命送茶籽儿给观音的。在去往南海的路上经过此地，看到蝙蝠精在此作怪，便留下来了。"人们听到老太太的话自然十分的感激。

老太太接着说道："我没有什么大事，只是中了蝙蝠精的毒，你们赶紧采摘些瓜片，焙成茶叶，然后泡水喂我，就能驱毒健身了。"

村民们遵照老人的话，采摘了很多叶子，焙成了茶叶，泡水喂百花仙子。三日之后，仙子恢复了元气，并且告诉人们，径往南海。众人为了感谢百花仙女除掉了祸害，便把那鲜花盛开的山岭起名为鲜花岭，把蝙蝠住过的洞称做是蝙蝠洞，并且年年栽种茶树。由于那里雾气很浓，温差也很大，加上鲜花岭鲜花的香气十分吸引人，所以，瓜片叶厚、醇香，成了中外驰名的好茶，起名叫"齐山云雾"。

品六安瓜片注意事项

六安瓜片一般都采用两次冲泡的方法，不要多次冲泡。因为其属于绿茶，所以冲泡茶的水温度不要太高。

对于那些体寒肠胃不适的人来讲，就不要经常地品饮六安瓜片了。

冲泡方法

冲泡时，先用少许的水将茶叶湿润，当然水温一般在80℃左右，不要用刚开的沸水直接冲泡，因为春茶的叶比较嫩，如果用100℃的水来冲泡就会使茶叶受损，营养物质也会有所减少，茶汤变成黄色，味道也就成了苦涩的了。

"摇香"能使茶叶的香气充分地发挥出来,从而使茶叶中的内含物充分溶解到茶汤里。

等到茶汤凉至适口,然后品尝茶汤的滋味,这个时候要小口品啜,缓慢地吞咽,让茶汤与舌头味蕾充分接触,然后再细细地领略名茶的风韵。此时舌与鼻要并用,可以从茶汤中品出嫩茶的香气,顿觉沁人心脾的感受。至此则谓一开茶,着重品尝茶的头开鲜味与茶香的诱人。品到杯中的茶汤尚余有三分之一的时候,不要将一开茶全部饮干,此时要及时地再续加开水,称做二开茶。如若泡饮茶叶肥壮的名茶,二开茶汤属于正浓的茶,饮后舌本回甘,余味无穷,齿颊留香,瞬间身心舒畅。饮至三开的时候,一般茶味会有所减淡,续水再饮就显得淡薄无味了。

健康饮食宜与忌

一忌湿润:绿茶的茶叶是一种多孔的亲水物质,遇到水之后会蓬松,因而便存在着很强的吸湿和潮性的作用,所以在寄存绿茶时,要控制好湿度,在60%左右较为相宜,如果超过70%就可能会吸潮生霉斑,进而酸化变质。

二忌高温:绿茶茶叶最佳保留温度为0~5℃,温度过高,茶叶中的氨基酸、糖类、维生素跟芬芳性物质则会被分解损坏,使品质、香气、味道都有所降低。

三忌阳光:阳光会起到增进绿茶茶叶色素及酯类物质的氧化的作用,并且能将叶绿素分解。如果绿茶茶叶储存在了玻璃容器或透明塑料袋中,一旦受到日光的照耀,其内在的物质会起化学反应,使绿茶茶叶品质变坏。

四忌氧气:绿茶茶叶中的叶绿素、醛类等物质易与空气中的氧相结合,氧化后的绿茶茶叶会改变茶汤的颜色。

五忌异味:绿茶茶叶中往往含有很高的分子棕榈酶和萜稀类化合物。这些物质极不稳固,能够吸纳异味。因此,茶叶与有异味的物品混放储存时,就会接收异味而影响口味。

君山银针：金镶玉色尘心去，君山茶饮悟真经

名词解释

此茶产于湖南岳阳洞庭湖中的君山之上，形细如针，故被称做君山银针。它属于黄茶的一种。其成品茶芽头苗壮，长短大小也十分均匀，茶芽内面呈金黄色，外层白毫显露并且完整，而且包裹得非常坚实，茶芽外形很像一根根银针一样，有"金镶玉"的雅称。"金镶玉色尘心去，川迴洞庭好月来。"君山茶历史十分悠久，唐代就已生产，并闻名于世。据说文成公主出嫁时就选带了君山银针茶带入了西藏。

营养价值

君山银针茶有清热降火、明目清心、提神醒脑、消除疲劳、提高工作效率、缓解压力的功效。君山银针茶对消化不良、食欲不振、懒动肥胖、消化酶和茶多酚能起到帮助消化的作用。

君山银针茶有解毒抗菌、利尿、强心解痉、止咳化痰、抗动脉硬化、防治糖尿病的功效。君山银针茶内含有的咖啡碱和茶多酚能减少肠胃对脂肪的吸收，减少油腻，从而达到帮助消化的作用。

君山银针茶有醒酒敌烟、防龋齿、美容养颜、塑身健美、消食去腻、除痘祛斑的功效。君山银针茶能穿入脂肪细胞，使脂肪细胞在消化酶的作用下恢复代谢功能，有将脂肪化除的作用。

君山银针茶还有杀菌、抗氧化、增强免疫力、抗衰老、抑制癌细胞的功效。君山银针茶有兴奋解倦、益思少睡、消食祛痰、解毒止渴、利尿明目、增加营养的作用。

历史传说

湖南省洞庭湖的君山地区出产一种银针名茶,据说此茶为君山茶的第一颗种子,还是在4000多年前娥皇、女英播下来的。后唐的第二个皇帝明宗李嗣源,在第一回上朝的时候,侍臣便为他捧杯沏茶,此时将开水向杯里一倒,马上就看到了一团白雾腾空,慢慢地出现了一只美丽的白鹤。此时只见这只白鹤对明宗点了三下头,便朝蓝天翩翩地飞去了。此时再往杯子里看,杯中的茶叶都齐崭崭地悬空竖了起来,就像一群破土而出的春笋一样。过了不一会儿,此茶又慢慢下沉,就像是雪花坠落一般。明宗感到很是奇怪,就问侍臣这是什么原因造成的。侍臣回答说:"这是君山的白鹤泉(即柳毅井)水,泡黄翎毛(即银针茶)缘故。"明宗心里自然十分的高兴,便立即下旨把君山银针定为了"贡茶"。君山银针在冲泡的时候,棵棵茶芽立悬于杯中,是极为美观的。

品君山银针的注意事项

在品此茶的时候一定要注意选用合适的茶具,如果茶具选择不好,那么很可能会影响到欣赏品味茶的韵味,从而便达不到很好的效果。而君山银针则用透明的玻璃杯即可。

冲泡方式

君山银针属于一种较为特殊的黄茶,它有幽香,有醇味,具有茶的所有美好的特性,但它更注重观赏性,因此冲泡技术和程序也是十分关键的。

冲泡君山银针的水最好是选用清澈的山泉为佳,茶具不用过于高档,最好是用透明的玻璃杯,并用玻璃片来做盖子。杯子高度约10~15厘米即可,杯口直径4~6厘米左右,每杯用茶量为3克左右。

具体冲泡此茶的程序如下:先用开水预热一下茶杯,然后将茶具擦洗干净,并擦干杯子内壁,这是为了避免茶芽吸水而不宜竖立。再用茶匙轻轻从罐中取出君山银针约3克,直接放入茶杯待泡。此时,用水壶将70度左右的开水,先快后慢地冲入盛茶的杯子里,达到约至1/2处的地方,便可以使茶芽彻底湿透。稍候片刻,再冲至七八分满为止。

约经过 5 分钟后，去掉玻璃的盖片。君山银针经冲泡后，透过玻璃杯可看见茶芽渐次直立着，上下有沉浮，并且会在芽尖上有晶莹的小气泡。君山银针是一种以赏景为主的特种茶叶，自然讲究的是在欣赏中饮茶不要大口大口地喝茶，在饮茶中欣赏。

对于刚冲泡的君山银针是横卧水面的，等到加上玻璃盖片后，茶芽会慢慢地吸水下沉，芽尖自然产生气泡，犹如雀舌含珠，又似春笋刚出土。紧接着，沉入杯底的直立茶芽在气泡的浮力作用下，再次浮升，就这样上下沉浮几次，真是妙不可言，在观赏中更是乐趣无穷。当启开玻璃盖片时，自然会有一缕白雾从杯中冉冉地升起，然后会缓缓地消失。在赏茶之后，可端出杯子闻香，闻香之后就可以品饮此茶了。

开始冲泡的时候，芽尖会朝上、蒂头下垂而悬浮于水面，随后便会缓缓地降落，竖立于杯底，从而忽升忽降，蔚为壮观，因此，有"三起三落"之称。最后将会竖沉于杯底，就如刀枪林立，又似群笋破土、堆绿叠翠，令人心旷神怡。其原因十分的简单，不过是"轻者浮，重者沉"罢了。经过"三起三落"，因茶芽吸水后会膨胀并且重量增加也是不同步的，芽头比重瞬间的变化而引起。最外一层芽肉在吸水之后，比重会慢慢地增大随即下沉，最后，芽头体积会慢慢地膨胀，比重也会变小，甚至会上升，继续吸水后则又会下降，如此往复，升而复沉，沉而复升。此类现象，其他芽头肥壮的茶也是会有出现的，但不及君山银针频繁。

健康饮食宜与忌

1. 缺铁性贫血者：如果此类人长期饮茶，茶中的鞣酸便会影响身体对铁的吸收，使贫血加重。

2. 神经衰弱者：茶中的咖啡因能促使人变得兴奋，从而引起基础代谢增高，加重失眠现象的产生。

3. 动性胃溃疡患者：咖啡因刺激胃液的分泌，从而会加重病情，影响到溃疡愈合。

4. 泌尿系统结石者：茶中的草酸也会导致结石的增多。

5. 肝功能不良者：咖啡因绝大部分经肝脏的代谢，肝功能如果不良的人继续饮茶，也将增加肝脏负担。

6. 便秘者：茶叶中的鞣酸有收敛作用，能减弱肠管蠕动，从而会加重便秘。

7. 哺乳期妇女：茶叶中的咖啡因可通过乳汁进入婴儿体内，从而间接地使婴儿发生肠痉挛、贫血等症状，还会影响孩子的睡眠。

8. 心脏病者：饮茶如果过多，还会使心跳迅速加快，有的还可能会出现心律不齐的现象。

9. 孕妇：饮茶过多，往往会使婴儿瘦小体弱。

10. 醉酒者：酒精对心血管刺激很大，而咖啡因可使心跳瞬间加快，两者会一起发挥作用，对心脏功能欠佳的人来讲，是十分危险的。

太平猴魁：甘香如兰芬芳逸，貌似无味胜有味

名词解释

太平猴魁，是茶叶的名称。它属于绿茶类的尖茶，也是中国历史的名茶，历史悠久。曾经出现在非官方评选的"十大名茶"中。太平猴魁原产于安徽省黄山市北麓的黄山区也就是原来的太平县，新明、龙门、三口一带。太平猴魁外形如两叶抱芽，扁平而且挺直，会自然舒展，白毫隐伏，有"猴魁两头尖，不散不翘不卷边"的美称。叶色苍绿匀润，叶脉绿中显红，兰香高爽，滋味醇厚，回味无穷。此茶有独特的猴韵，汤色清绿明澈，叶底嫩绿并且匀亮，芽叶成朵状肥壮，并赢得了广泛的荣誉。

治疗功效

太平猴魁富含丰富的营养价值，因此对慢性咽炎，经常吸烟者具有很好的治疗效果。

1. 兴奋作用：茶叶中富含的咖啡碱能促使人们的兴奋中枢神经系统，帮助人们振奋精神、增进思维、消除日常的疲劳，从而提高工作效率。

2. 利尿作用：茶叶中的咖啡碱和茶碱具有利尿作用，这也几乎是所有茶

叶所必备的，也能够用于治疗水肿、水滞留等作用，并且可以利用红茶糖水的解毒、利尿作用能治疗急性黄疸型肝炎。

3. 强心解痉作用：咖啡碱具有很大的强心、解痉、松弛平滑肌的功效，从而便能够解除支气管痉挛，更是有促进血液循环，是治疗支气管哮喘、心肌梗死的良好辅助药物。

4. 抑制动脉硬化作用：茶叶中富含茶多酚和维生素 C，这些都具有活血化淤防止动脉硬化的作用。所以在经常饮茶的人当中，高血压和冠心病的发病率则是比较低的。

5. 抗菌、抑菌作用：茶中的茶多酚和鞣酸作用于细菌，能凝固细菌中的蛋白质，并将细菌彻底杀死。因此，对于治疗肠道疾病，如霍乱、伤寒、痢疾、肠炎等有一定的效果。并且对皮肤生疮、溃烂流脓，外伤破了皮等症状，可以用浓茶冲洗患处，因此具有消炎杀菌的作用。遇到口腔发炎、溃烂、咽喉肿痛的情况，可以用茶叶来治疗，这也有一定的疗效。

6. 防龋齿作用：茶中含有很多的氟，氟离子与牙齿的钙质有巨大的亲和力，从而能变成一种较难溶于酸的"氟磷灰石"，就象给牙齿加上了一个保护层一样，从而提高了牙齿防酸抗龋能力。

7. 抑制癌细胞的作用：根据报道，茶叶中的黄酮类物质会有不同程度的体外抗癌作用，因此作用也是比较强的有牡荆碱、桑色素和儿茶素。

历史传说

传说一

"太平猴魁"是产于我国黄山北麓太平县的猴坑、猴岗和彦村。在当地有一个传说，据说在古时有一位山民来采茶，忽然闻到了一股沁人心脾的清香，回头看看四周，却什么也没有，再细细地在当地寻觅。原来在突兀峻岭的石缝间，长着几丛嫩绿的野茶。这种野茶可无藤可攀，无路可循，只得快快离去。但是他始终忘不了那嫩叶和清香。后来，他便训练了几只猴子，每到采茶的季节，他就给猴子套上布套，让猴子们代人去攀岩采摘。没想到人们品尝了这种茶叶之后称其为"茶中之魁"，因为这种茶叶是猴子采来的，后人便干脆就将其命名为"猴魁"。

传说二

在安徽省太平县猴坑地方生产一种猴魁茶。传说在古时候，黄山地区居住着一对白毛猴，后来生下一只小毛猴。有一天，小毛猴独自外出玩耍，却不料来到太平县，并且遇上了大雾天气，随后迷失了方向，找不到回去的路，就没有再回到黄山。老毛猴便立即出门去寻找，经过几天的寻找后，由于寻子心切，劳累过度，老猴病死在了太平县的一个山坑里。

此时山坑里住着一个老汉，以采野茶和药材为生，他心地善良，当发现这只病死的老猴时，就将它埋在了山岗上，并移来几棵野茶和山花栽在老猴墓旁。正在这个时候，老人打算要离开时，忽听有说话声："老伯，你为我做了件好事，我一定会感谢您的。"老人听到声音，但是却不见人影，也没放在心上，以为出现了幻听。

第二年春天，老汉又来到山岗采野茶，发现整个山岗都长满了绿油油的茶树。此时，老汉正在纳闷时，忽然他听到有人说："这些茶树是我为了答谢你，送给您的。您好好栽培，今后就不用愁吃穿了。"这时老汉才醒悟过来，这些茶树是神猴所赐的。

从此，老汉就有了一座很好的茶山，再也不需要翻山越岭去采野茶了。因此，老汉为了纪念神猴，就把这片山岗叫做猴岗，把自己住的山坑称做猴坑，把从猴岗采制的茶叶叫做猴茶。由于猴茶口味独特，品质超群，堪称魁首，后来就将此茶取名为太平猴魁了。

品太平猴魁注意事项

在茶中富含的咖啡碱、肌醇、叶酸、泛酸和芳香类物质等多种化合物，不仅能调节脂肪代谢，还能够促进脂肪燃烧，特别是乌龙茶对蛋白质和脂肪等有很好的分解作用。茶多酚和维生素 C 不仅能降低胆固醇和血脂，还能减肥。

冲泡方法

1. 选择高玻璃杯进行浸泡；
2. 取茶叶约 3~5 克，将根部朝下放置在杯中；
3. 用 90 度开水进行冲泡，首次的时候加 1/3 杯的水，等待约一分钟，茶

叶将逐渐浸润舒展成形；

4. 待第二次加水，3 ~ 5 分钟后即可品饮。

鉴别技巧

鉴别太平猴魁可从形、色、香、味 4 个方面进行：

1. 外形：太平猴魁扁平挺直，叶脉重实，说简单一些，就是其个头比较大，具有两叶一芽，叶片长达 5 ~ 7 厘米左右，这是独特的自然环境使其鲜叶持嫩性较好的结果，这也是太平猴魁独一无二的特征，其他茶叶当然很难鱼目混珠。经过冲泡后，芽叶成朵肥壮，尤若含苞欲放的白兰花。此乃是极品的显著特征，其他级别形状相去甚远，则要从色、香、味仔细辨识。

2. 颜色：太平猴魁的颜色呈现的是苍绿匀润，在阴暗处观察此茶往往是绿得发乌，而在阳光下更是绿得十分好看，绝无微黄的现象。在冲泡之后，叶底嫩绿并且明亮。

3. 香气：香气也是十分的高爽持久，太平猴魁比一般的地方名茶更加耐泡，"三泡四泡幽香犹存"是它独特的品质和特点，一般都具有兰花香。

4. 滋味：太平猴魁滋味鲜爽醇厚，回味起来甘甜，泡茶时即使放茶过量，也不会出现苦涩的情况。不精茶者饮用时常感清淡而无味，有人说此茶"甘香如兰，幽而不冽，啜之淡然，似乎无味。饮用后，觉有一种太和之气，弥沦于齿颊之间，此无味之味，乃至味也"。

庐山云雾：云雾之间茶碗香，宛若碧玉幻梦间

名词解释

庐山云雾茶，本属于绿茶，因产自中国江西的庐山而得以闻名。此茶始于中国汉朝，也是中国十大名茶之一，宋代的时候将其列为"贡茶"。有诗赞其曰："庐山云雾茶，味浓性泼辣，若得长时饮，延年益寿法。"此茶素来以"味醇、色秀、香馨、汤清"享有盛名，深受人们的欢迎和喜爱。此茶的茶汤

清淡，宛若碧玉一般，味似龙井而更为醇香。"匡庐奇秀甲天下，云雾醇香益寿年"，庐山云雾茶的生长环境决定了它的绝佳的品质，由于此茶长年饱受庐山流泉飞瀑的亲润、行云走雾的熏陶，因此，具有了独特的醇香品质，它的叶厚毫多、醇香甘润、富含营养、延年益寿。

营养价值

对于风味独特的云雾茶来讲，由于受到庐山凉爽多雾的气候及日光直射时间短等条件的影响，从而便形成了其叶厚、毫多、醇甘耐泡、含单宁、芳香油类和维生素较多的特点，这种茶营养也是十分丰富的，不仅可以帮助消化、杀菌解毒，同时，还具有防止肠胃感染、增加抗坏血病等功效。

历史传说

很久以前，在庐山五老峰下有一个宿云庵，这里的老和尚憨宗以种野茶为业，于是，便在山脚下开了一大片的茶园，茶丛长得也是极为的茂盛。在一年的四月里，忽然冰冻三尺，此时，这儿的茶叶几乎全被冻死。但是不料，当年浔阳官府派衙役到宿云庵找和尚憨宗，想要买他的茶叶。这样的天寒地冻，园里哪有茶叶呢？憨宗向衙役百般哀求无效，便只好连夜逃走。

九江名士廖雨决定为和尚憨宗打抱不平，便在九江街头到处张贴冤状，写了《买茶谣》，对横暴不讲理的官府控诉了一番，但是官府却不理睬。

没想到等到和尚逃走后，这些衙役更加肆无忌惮。为了能在惊蛰摘取茶叶，然后在清明节前的时候送京，便日夜不停地击鼓擂锣，喊山出茶。他们每天深夜的时候，就会把四周老百姓都喊起来，让他们赶上山，命令他们摘茶。竟把憨宗和尚一园子的茶叶，连初萌未展的茶芽都一扫而空。

憨宗和尚得知此事之后满腔苦衷，感动了上天。在憨宗悲伤的哭声中，从鹰嘴崖、迁莺石和高耸入云的五老峰巅的地方，忽然飞来了红嘴的蓝雀、黄莺、杜鹃、画眉等珍禽异鸟。这些珍禽异鸟唱着婉转的歌，不断地从云中飞来。它们不断地撷取憨宗和尚园圃中隔年散落的一点点茶籽，然后，将茶籽从冰冷的泥土中挖出来，最后衔在嘴里，然后飞到空中，将茶籽散落在五老峰的岩隙中，很快在五老峰长起一片翠绿的茶树。憨宗看得这高山之巅，云雾弥漫中失而复得的好茶园，内心十分的欢喜，像是开了花。他是多么感

谢这些美丽的鸟儿啊。

不久，采茶的季节来到了。由于五老峰、大汉阳峰奇峰入云，憨宗实在是无法爬上高峰云端来采撷，只好望着云端清香的野茶大声长叹。正在这个时候，忽然见到百鸟朝林，还是那些红嘴蓝雀、黄莺、画眉又从云中一起飞了过来，驯服地飞落在身边，憨宗把这些美丽的小鸟喂得饱饱的，然后让它们颈上各套一个口袋，没想到这些鸟便飞到了茶园中，竟然开始采起了茶。随后，这些山中百鸟将采得的鲜茶叶经憨宗老和尚的精心揉捻，炒制成茶叶。这种茶叶是在庐山云雾中播种的，又是这些鸟儿辛苦地从高山云雾中同仙女一起采撷下来的，所以就被称做为"云雾茶"。

品庐山云雾注意事项

很多人都认为冲泡此茶的水温最好是刚刚煮沸的开水，其实不然，100 度的水往往会影响茶的品质，所以说要选择水在 85 度的时候冲泡是最适合的。

冲泡方法

1. 茶与水的比例，大致掌握在 1∶50 即 150 毫升的水，用 3 克左右的干茶。

2. 不能用 100 度的沸水冲泡，一般以 85 度为宜（水烧开略为冷却），这样泡出的茶汤才能汤色明亮、醇厚味甘。

3. 冲泡的次数不宜超过三次，一次可溶物质浸出 50% 左右；二次浸出 30% 左右；三次，浸出 10% 左右。

4. 因庐山云雾茶外形"条索精壮"，冲泡时采用"上投法"较佳。即先将 85 度开水冲入杯中，然后取茶投入。如果用的是玻璃杯，你将会看到有的茶叶直线下沉，有的茶叶徘徊缓下，有的茶叶上下沉浮，舒展游动，这种过程，人们称之为"茶舞"。不久，干茶吸足水分，逐渐抿开叶片，现出一芽一叶，而汤面水气夹着茶香缕缕上升，这时你趁热嗅觉闻茶汤香气，必然将心旷神怡。

5. 一般来说，庐山云雾茶的浓度高，选用腹大的壶冲泡，可避免茶汤过浓。尤以陶壶、紫砂壶为宜。冲泡时庐山云雾茶分量大约占壶身 20%。

健康饮食宜与忌

脾胃虚弱的人不能多喝。

切忌将茶与酒掺兑饮用。

喝茶时,切忌饮用凉茶和隔夜茶。

铁观音:七泡余香溪月露,满心喜乐岭云涛

名词解释

铁观音茶,原产于福建省泉州市安溪县地区,历史悠久,是发明于 1725 ~1735 年的茶,属于乌龙茶类,也是中国十大名茶之一,更是乌龙茶类的代表。这种茶介于绿茶和红茶之间,属于半发酵茶类,铁观音独具"观音韵",清香雅韵,"七泡余香溪月露,满心喜乐岭云涛"。此茶除具有一般茶叶的保健功能之外,还具有抗衰老、抗癌症、抗动脉硬化的功效,并且能够起到防治糖尿病、减肥健美、防治龋齿、清热降火、敌烟醒酒等功效。

营养成分

经过现代科学分析表明,茶叶中含有机化学成分达到 450 多种,无机矿物元素达 40 多种。茶叶中的有机化学成分和无机矿物元素含有许多营养成分和药效成分。有机化学成分主要有:茶多酚类、植物碱、蛋白质、氨基酸、维生素、果胶素、有机酸、脂多糖、糖类、酶类、色素等。而在铁观音中所含的有机化学成分,如茶多酚、儿茶素、多种氨基酸等含有量,也是明显高于其他的茶类的。其中无机矿物元素主要有钾、钙、镁、钴、铁、锰、铝、钠、锌、铜、氮、磷、氟、碘、硒等。可见铁观音的营养成分是多么的丰富,并且铁观音所含的无机矿物元素,比如锰、铁、氟、钾、钠等均高于其他茶类。

历史传说

相传，在 1720 年前后的时候，安溪尧阳松岩村地区有个老茶农，他叫魏荫，此人擅长种茶，又笃信佛教，敬奉观音。他每天早晚一定在观音佛前敬奉一杯清茶，就这样几十年如一日，从来没有间断过，也从来没有停止。

有一天晚上，他睡熟了，朦胧中做起了梦，梦见自己扛着锄头走出了自己的家门，随后他来到一条溪涧旁边，在石缝中忽然发现一株茶树，枝壮叶茂，芳香也十分的诱人，跟自己之前所种的茶树是完全不同的。第二天早晨，他感觉自己的梦是有所指向的，便顺着昨夜梦中的道路进行寻找，果然找到了昨晚梦中的那棵茶树。仔细地进行观看，只见茶叶椭圆，叶肉肥厚，嫩芽发出紫红色，青翠欲滴。此时，魏荫十分的高兴，并将这株茶树挖回，种在家中一口铁鼎里，他悉心地培育。因这茶树是观音托梦得到的，所以给其取名为"铁观音"。

又有传说，相传在安溪西坪南岩仕人王士让，他曾经在南山之麓修筑书房，取名"南轩"。在清朝乾隆元年（1736 年）春天的时候，王和自己的好朋友会文于"南轩"。每当夕阳西坠时，他就会徘徊在南轩之旁。

有一天，他偶然发现在层石荒园间有株茶树与众不同，便将此茶树移植在南轩的茶圃中，朝夕管理，悉心培育，此茶树也是年年繁殖，茶树枝叶茂盛，圆叶红心，采制后成品，发现此茶乌润肥壮，泡饮之后，香馥味醇，沁人肺腑。到了乾隆六年的时候，王士让奉召入京，谒见礼部侍郎方苞，并把这种茶叶送给方苞，方侍郎品完此茶觉得此茶味道非凡，便转送到内廷，献给了皇上，没想到皇上饮后大加赞誉，垂问尧阳茶史。因此茶乌润结实，沉重似铁，味香形美，犹如"观音"，于是便赐名为"铁观音"。

品铁观音注意事项

在冲泡铁观音的时候，不要选用热水瓶里的水，因为这样的话效果往往会大打折扣，而泡铁观音宜用 80 度的水。

冲泡方法

1. 先用煤气灶、随手泡、电磁炉等工具将热水烧开，要即烧即泡。

因为泡铁观音要求水的温度要高，要滚沸 100 度才行，而且泡铁观音要求的水质一定要好。可以用井水、桶装水、山泉水或矿泉水等。

2. 泡茶工具的准备和选择。

在这里选择用盖碗，因为冲泡铁观音的话，多半是选择盖碗，在安溪地区，用盖碗冲泡可以达到了 98% 以上。

3. 然后把茶叶放入盖碗中。

在当今出售的铁观音中，小泡包装的大都是 7 克左右的，用一小包就可以了。

4. "润茶"。

然后，冲入滚烫的开水，并冲掉一次，这次的目的是润茶，也就是用来提高茶叶的叶温，使紧结的茶叶稍微张开，这样做的目的是便于第二次冲泡香气的发挥。

5. 浸泡闻香。

然后，再次冲入开水，然后盖上盖碗一会儿，时间是可以自己掌握的，如果想喝浓一点的茶，可以时间久一点。

6. 闻到香气后，把茶汤倒入茶海中，然后在茶海上放上茶滤，目的是起到过滤茶屑的作用。铁观音的制作当中不可避免的是夹带有或多或少的碎屑，过一下就可以，不要时间太长。

7. 然后，把茶海里的茶汤倒在小茶杯里，然后再鉴赏茶汤的颜色。

8. 随后，用夹子夹茶杯，然后送到客人的面前。

9. 最后再鉴赏茶汤的气味、口感等。然后，品饮茶汤。

10. 接下去进行第二泡、第三泡，依照上面的方法进行冲泡。具体冲几泡当然要看茶叶的耐泡程度和个人的喜好而定。

健康饮食宜与忌

适宜

1. 吃太咸的食物后宜饮用铁观音茶。

因为吃太咸的食物后，易造成血压上升，尤其是高血压患者的上升，更

是不宜吃得太咸了。并且，体内的盐分会过高，对健康也是不利的，应该尽快饮茶利尿，排出盐分。

2. 出大汗后宜饮铁观音茶。

一个人如果进行过量的体力劳动之后，往往会引发大量的排汗，然后，在高温高热的环境中，人为调节体温往往会排出大量的汗液，这个时候再饮茶，往往能很快补充人体所需的水分，并且降低血液的浓度逐步消除疲劳。

忌讳

1. 孕妇忌饮茶，尤其是不要喝浓茶。

在茶叶中，会含有大量的茶多酚、咖啡碱等，并且对胎儿在母腹中的成长也是十分有好处的，为了使胎儿的智力能够得到正常的发展，要避免咖啡碱对胎儿的过分刺激，孕妇也应少饮或不饮茶。

2. 妇女哺乳期不宜饮浓茶。

在哺乳期饮浓茶的话，过多的咖啡碱往往会进入乳汁中，这样会影响刺激小孩大脑，然后造成少眠和多啼哭。

金银花茶：通筋活络清毒火，护肤美容忍冬花

名词解释

金银花又被称做忍冬花。忍冬本是半常绿灌木，茎半蔓生，叶子呈现卵圆形，开喇叭形的花朵。初开花时花朵为白色，后来逐渐转变为黄色，这也就是"金银花"名称的由来。金银花茶是一种新兴保健茶，茶汤芳香、甘凉可口，畅销国内外市场。常饮此茶，有清热解毒、通经活络、护肤美容之功效。

营养价值

1. 抗病原微生物作用。对多种致病菌如金黄色葡萄球菌、溶血性链球菌、大肠杆菌、痢疾杆菌、霍乱弧菌、伤寒杆菌、副伤寒杆菌等均有一定抑制

作用。

2. 对肺炎球菌、脑膜炎双球菌、绿浓杆菌、结核杆菌、志贺氏痢疾杆菌、变形链球菌等有抑菌和杀菌作用，对流感病毒、孤儿病毒、疱疹病毒、钩端螺旋体均有抑制作用。

3. 抗炎解毒作用，对痈肿疔疮、肠痈肺痈有较强的散痈消肿，清热解毒作用。

4. 疏热散邪作用，对外感风热或温病初起，身热头痛、心烦少寐、神昏舌绛、咽干口燥等有一定作用；

5. 凉血止痢作用，对热毒痢疾、下痢脓血、湿温阻喉、咽喉肿痛等有解毒止痢凉血利咽之效。

6. 金银花茶味甘，性寒，具有清热解毒、疏散风热的作用。金银花有清热解毒、疏利咽喉、消暑除烦的作用。可缓解暑热症、泻痢、流感、疮疖肿毒、急慢性扁桃体炎、牙周炎等病。

历史传说

传说很久以前，在一个偏僻的小村里，住着一对十分勤劳善良的小夫妻。他们拥有一对双胞胎女孩，夫妻俩给孩子起了好听的名字，分别叫"金花"和"银花"。金花银花在父母的呵护下茁壮成长，不久便长成了如花似玉的大姑娘。她俩在农忙的时候，会下田帮父母干些活，清闲的时候就跟着母亲一起拈针绣花、织布纺纱，并且，自习医书和上山采药，因此父母以及邻居都很喜欢她们。

在一年初夏的时候，村子里流行了一种不知名的怪病。患病者都无一例外地发热了，并且是高热不退，浑身上下都泛起了红斑或是丘疹；病后不久便会卧床不起，最后便会导致死亡。村里的郎中也均束手无策，外地的郎中更是不敢进入村子，眼看着全村的人就只能等死了。就在这危急关头，金花和银花便挺身而出，她们主动要求外出，然后为乡亲们求医问药。而正是在这个时候，她们的父母也不幸地患上了此病。这个时候，乡亲们都好心地劝姐妹俩不要去了，以免求医问药不成，反而没法为二老送终。姐妹俩犹豫了，但是父母们还是极力地鼓励她们外出寻医求药。于是，金花银花含着泪花，当即收拾好行李出发了。

此时，姐妹俩走遍了千山万水，访遍中原名医，但是名医们不是对该病一无所知，就是因路途遥远不愿意前去。一天，姐妹俩路过华山，然后，到山上一座古寺院借宿。院中有一位老和尚问她们为什么事情来。姐妹俩便说了事情的经过。后来，老和尚歔欷不已，立即手指窗外远方对她们说："距离这里九十九里地的地方有一座高山，那里住着一位老郎中。你们不妨前往求教。"姐妹俩听了老和尚的话，立即前往，她们走得很快，不到一个时辰就赶到了，只见草棚外围满了等候看病的村民。姐妹俩走进草棚里，上前说明缘由。老郎中听完之后说道："你们乡亲患的是热毒症……"说罢，他指着一个屋子，然后说道，"我们这里也流行瘟疫了，我暂时离不开。不过，我可以教你们一个方法，那就是到丘陵、山谷和树林边采集一种初夏能开花的植物，初开时是白色的，后来变成了黄色，这两种植物黄白相映，严冬不落，所以叫做'忍冬'，这种植物能够治好你们乡亲的病。"姐妹俩听完之后，立即谢别老郎中四处去采集这种药，不久之后便满载而归。

但是，由于操劳奔波过度，姐妹俩回到家乡之后就累倒了。尽管如此，姐妹俩还是决定亲自按照老郎中说的，用采来的草药煎汤然后分给乡亲们服用。乡亲们服药后很快病情就痊愈了。而她俩也在父母的呵护下和乡亲们的关怀下病愈。为了纪念姐妹俩的功绩，当地的乡亲们便将这种植物称作"金花银花"，后来，又简称为"金银花"了。

冲泡方法

金银花茶以绿茶中的炒青作原料，外形条索紧细匀直，色泽灰绿光润，香气清纯隽永，汤色黄绿明亮，滋味醇厚甘爽，叶底嫩匀柔软。窨茶之金银花应选择白金银花等品种，因其色白、香浓、内含成分丰富，窨茶效果最好。鲜花采回后应拣去杂叶、梗、蒂、雨水，花应除去表面的水，及时付窨。金银花的配花量根据茶坯等级和花的好差而定，高档茶二窨一提，配花量 45 ~ 50 公斤，提花 4 ~ 5 公斤，实行整朵窨制。窨制方法是应配鲜花均匀铺在特窨茶坯上，拌和均匀。高档茶最好用箱窨，堆窨则根据气温高低确定堆的大小。一般堆宽 100 ~ 120 厘米、高 40 ~ 50 厘米。根据金银花开放吐香的习性，窨制时间一般控制在 20 ~ 30 小时内，不宜太短，也不应太长，否则茶叶发黄，滋味沉闷不鲜。

健康饮食宜与忌

金银花药性偏寒,不适合长期饮用,仅适合在炎热的夏季暂时饮用以防治痢疾。特别需要提醒的是,虚寒体质及月经期内不能饮用,否则可能出现不良反应。

自己觉得上火了才喝比较好,喝太多会适得其反。

茉莉花茶:一曲茉莉道美丽,芳香扑鼻醉人怜

名词解释

茉莉花茶,又叫茉莉香片,科名是木犀科,有"在中国的花茶里,可闻春天的气味"之美誉。茉莉花茶是将茶叶和茉莉鲜花进行拼合、窨制,使茶叶吸收花香而成的,茶香与茉莉花香交互融合,"窨得茉莉无上味,列作人间第一香"。茉莉花茶使用的茶叶称茶坯,多数以绿茶为多,少数也有红茶和乌龙茶。

营养价值

1. 行气开郁。茉莉花中含有丰富的挥发油性物质,这种物质具有行气止痛的功效,并且能够起到解郁散结的作用,与此同时能够起到缓解胸腹胀痛等病状,为止痛之食疗佳品。

2. 抗菌消炎。茉莉花对多种细菌都有一定的抑制作用,不管是内服还是外用,都可治疗目赤、疮疡、皮肤溃烂等炎性病症。

历史传说

传说茉莉花是在很早很早以前,由北京的茶商陈古秋所创制的,当时,陈古秋为什么想出把茉莉花加到茶叶中去呢?这其中还有个小故事。

据说有一年的冬天,陈古秋邀来了一位品茶的大师,正在品茶评论的时

候，陈古秋忽然想起有位南方姑娘曾送给他一包茶叶还没有品尝过，便拿出来了那包茶，然后，请大师来品尝。随后便冲泡了，泡了两分钟之后，将碗盖一打开，先是异香扑鼻的气味，接着在冉冉升起的热气中，看见有一位美貌的姑娘。这位姑娘两手中捧着一束美丽的茉莉花，一会儿工夫就又变成了一团热气。

陈古秋看得十分不解，然后就问大师，大师笑着对他说："陈老弟，你可是做下好事啦，这茶是茶中绝品'报恩仙'，过去我只是听说过，但是今日才亲眼看到，这茶到底是谁送你的？"听了大师的话，陈古秋就讲述了三年前去南方购茶住客店的时候，曾经遇见一位孤苦伶仃的少女的经历。

那位少女诉说了家中停放着父亲的尸身，无钱殡葬。陈古秋十分同情她，于是，便取出了一些银子给她，随后请邻居帮助她搬到亲戚家去住。三年的时间过去了，今年春天又去南方的时候，客店的老板转交给他这一小包茶叶，说是三年前那位少女交送给她的。当时还未冲泡，谁料竟然是珍品。大师说："这茶是珍品，也是绝品，制这种茶要耗尽人的精力，这姑娘在此之后可能你再也见不到了。"陈古秋说当时问过客店老板，老板说那位姑娘已经死去有一年多的时间了。两人都感到十分的惋惜。过了一会儿，大师忽然想到了什么似的，然后便说："为什么那个女孩儿独独捧着茉莉花呢？"

两人又重复冲泡了一遍，那手捧茉莉花的姑娘又再次出现。此时，陈古秋一边品茶一边悟道："依我之见，这是茶仙在提示我们，茉莉花是可以入茶的。"次年之后，他便将茉莉花加到茶中，果然制出了芬芳诱人的茉莉花茶。这种茶深受北方人的喜爱，从此便有了一种新的茶叶品种茉莉花茶。

品茉莉花茶注意事项

如果在晚上喝茶的时候，要少放一些茶叶，千万不要将茶泡得过浓或者是过多。喝茶的时间最好在晚饭之后，千万不要空腹饮茶，这样会伤害身体，尤其对于不常饮茶的人来说，经常会抑制胃液的分泌，反而会妨碍消化，严重的还会引起心悸、头痛等"茶醉"现象。

冲泡方法

特种茉莉花茶的冲泡宜用玻璃杯,水温 80~90 摄氏度为宜。其他茉莉花茶,如银毫、特级、一级等,宜选用瓷盖碗茶杯,水温宜高,接近 100 摄氏度为佳,通常茶水的比例为 1:50,每泡冲泡时间为 3~5 分钟。

泡饮茉莉花茶,有不少人喜欢先欣赏一下茉莉花茶的外形,通常取出冲泡一杯的茉莉花茶数量,摊于洁白的纸上,饮者先观察一下茉莉花茶多姿多彩的外形,干闻一下茉莉花茶的香气,以平添对茉莉花茶的情趣。

茉莉花茶的泡饮方法,以能维持香气不致无效散失,和显示特质美为原则,这些都应在冲泡时加以注意。

具体泡饮程序如下:

1. 备具:一般品饮茉莉花茶的茶具,选用的是白色的有盖瓷杯,或盖碗(配有茶碗、碗盖和茶托),如冲泡特种工艺造型茉莉花茶和高级茉莉花茶,为提高艺术欣赏价值,应采用透明玻璃杯。

2. 烫盏:就是将茶盏置于茶盘,用沸水高冲茶盏、茶托,再将盖浸入盛沸水的茶盏转动,而后去水。这个过程的主要目的在于清洁茶具。

3. 置茶:用竹匙轻轻将茉莉花茶从储茶罐中取出,按需分别置入茶盏。用量结合各人的口味按需增减。

4. 冲泡:冲泡茉莉花茶时,头泡应低注,冲泡壶口紧靠茶杯,直接注于茶叶上,使香味缓缓浸出;二泡采中斟,壶口稍离杯口注入沸水,使茶水交融;三泡采用高冲,壶口离茶杯口稍远冲入沸水,使茶叶翻滚,茶汤回荡,花香飘溢……一般冲水至八分满为止,冲后立即加盖,以保茶香。

5. 闻香:茉莉花茶经冲泡静置片刻后,即可提起茶盏,揭开杯盖一侧,用鼻闻香,顿觉芬芳扑鼻而来。有兴趣者,还可凑着香气作深呼吸状,以充分领略香气对人的愉悦之感,人称“鼻品”。

6. 品饮:经闻香后,待茶汤稍凉适口时,小口喝入,并将茶汤在口中稍时停留,以口吸气、鼻呼气相配合的动作,使茶汤在舌面上往返流动 12 次,充分与味蕾接触,品尝茶叶和香气后再咽下,这叫“口品”。所以民间对饮茉莉花茶有“一口为喝,三口为品”之说。

7. 欣赏:特种工艺造型茉莉花茶和高级茉莉花茶泡在玻璃杯中,在品其

香气和滋味的同时可欣赏其在杯中优美的舞姿。或上下沉浮、翩翩起舞；或如春笋出土、银枪林立；或如菊花绽放，令人心旷神怡。

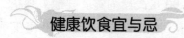

健康饮食宜与忌

1. 首先，对于患有便秘的人一定要慎饮；

2. 对于患有神经衰弱或是失眠症的患者要慎饮；

3. 患有缺铁性贫血的慎饮；

4. 患有缺钙或骨折的慎饮。

5. 在平时，如果经常容易情绪激动或是比较敏感、睡眠状况欠佳和身体较弱的人，晚上还是以少饮或不饮茶为好。

酒类：美酒玉液润心田，品完纯酿品人生

  中国是卓立世界的文明古国，中国是酒的故乡，中华民族五千年历史长河中，酒和酒文化一直占据着重要地位。酒是一种特殊的食品，是属于物质的，但酒又融于人们的精神生活之中。不管是曾经还是当下，不论是小酌一杯还是开怀畅饮，酒文化似乎伴随着一代又一代的人穿越生命的悲欢离合，沉醉于无限的快意和梦境。从这一点来说，世界酒文化似乎与中国有着异曲同工之韵，但不论哪个民族，对于酒的赞美歌颂，以及对于它给自己带来的快乐与宣泄都是相当一致的。的确，酒作为世界客观物质的存在，是一个变化多端的精灵，它炽热似火，冷酷像冰；它缠绵如梦萦，狠毒似恶魔，它柔软如锦缎，锋利似钢刀；它无所不在，力大无穷。酒是人类的朋友，又是伴随在我们左右的无形杀手。在这种半敌半友、半坚定半诱惑的酒香世界里，究竟包含着多少快乐悲伤、欣喜苦涩，恐怕只有曾经品味它的人才能清楚地形容描绘了。

白酒：国酒素从粮中来，绵甜净爽乐开怀

名词解释

白酒主要是以粮食谷物为原料，然后再配合使用大曲、小曲或麸曲以及酒母等作为糖化发酵剂，然后经过蒸煮、糖化、发酵、蒸馏等一系列的工序而制成的蒸馏酒。尤其它是由淀粉或糖质原料制成酒醅或是发酵醪经蒸馏而得来的，因此又被称为烧酒、老白干、烧刀子等。酒质无色，多呈现（或微黄）透明状，气味十分芳香纯正，入口则是绵甜爽净，但是酒精的含量也是比较高的，此酒经过长期储存，会产生一种复合香味，而这种香气多是因为酯类元素的作用产生的。还有把曲类、酒母作为糖化发酵剂，然后再利用淀粉质（糖质）的原料，随后经过一系列加工而酿制成的各类酒。

营养成分

白酒的主要成分是乙醇和水，这两部分占到了酒的 98% ~ 99%，然而溶于其中的多种微量有机化合物酸、酯、醇、醛等作为白酒的呈香呈味物质，则决定白酒的风格和质量的作用。其中，乙醇化学能的 70% 是可以被人体利用和吸收的，1 克乙醇能供给 5 千卡的热能。像酸、酯、醇、醛等这些有机化合物并没有多少的营养，只是起着提高酒的香味的作用。

白酒又与黄酒、啤酒和果酒不同，它除了含有极少量的钠、铜、锌等物质以外，基本不含维生素和钙、磷、铁等物质，所含有的物质大部分仅仅是水和乙醇（酒精）。白酒具有活血通脉、助药力、增进食欲、消除疲劳、陶冶情操的功效，并且能够使人感觉到轻松快乐，少量地饮用还有提神的功效。当然，饮用少量的低度白酒可以扩张小血管，从而起到促进血液循环的作用，并能够延缓胆固醇等脂质在血管壁的沉积，少量饮酒对循环系统及心脑血管有非常重要的作用。

历史传说

1. 仪狄酿酒

相传在夏禹时期的时候,有一个叫仪狄的人,他发明了酿酒。并且在公元前2世纪的时候,有一本名为《吕氏春秋》的史书,其中写道:"仪狄作酒。"在汉代刘向编著的《战国策》中,则进一步说明:"昔者,帝女令仪狄作酒而美,进之禹,禹饮而甘之,曰'后世必有饮酒而亡国者'。遂疏仪狄而绝旨酒。"

2. 杜康酿酒

而另一种说法则是认为酿酒本是开始于杜康,此人为夏朝时代的人。在东汉的《说文解字》中解释到"酒"字的条目中有"杜康作秫酒"。《世本》中也有相同的看法。

3. 酿酒始于黄帝时期

还有一种传说,据说在黄帝时代人们就已经开始酿酒了。众所周知,黄帝是我们中华民族共同的祖先,并且,有许多项目的发明创造都是出现在这一时期。汉代写成的《黄帝内经·素问》中也详细记载了黄帝与岐伯讨论酿酒的事件过程,并且在《黄帝内经》中还提到一种十分古老的酒,即醴酪。据记载这种酒是用动物的乳汁酿制而成的一种甜酒。而《黄帝内经》一书实乃后人借代黄帝之名所作,其可信度也尚待考证。

制作方法

1. 先将原料进行粉碎。目的在于便于蒸煮,然后能够促使淀粉充分地被利用。根据原料的特性,对于粉碎的细度要求也是不同的。

2. 配料。将原料、酒糟、辅料及水配合在一起,然后为糖化和发酵打基础。而配料要根据甑桶和窖子的大小等因素进行适当的调配,一般以淀粉浓度为14%～16%、酸度约为0.6～0.8、润料水分48%～50%为宜。

3. 蒸煮糊化。先利用蒸煮使淀粉进行糊化。这样有利于淀粉酶的作用,与此同时,还可以杀死多余的杂菌。而对于蒸煮的温度和时间则视原料的种类和破碎的程度来规定。一般情况下常压蒸料20～30分钟左右即可。而蒸煮的要求则为将外观蒸透,熟而不黏即可。然后将原料和发酵后的香醅进行混合，这个时候要将蒸酒和蒸料同时进行，统称为"混蒸混烧"，而前期则以蒸酒为主，甑内的温度要求一般为85℃～90℃，经过蒸酒后，应保持一段糊化的时间。若蒸酒与蒸料是分开进行的，则称之为"清蒸清烧"。

4. 进行冷却。将蒸熟的原料，用扬渣或晾渣的方法让其迅速地冷却下来，然后，使之达到微生物适宜生长的温度。在夏季的时候，要降至温度不再下降为止。扬渣或晾渣同时还可起到挥发杂味、吸收氧气等作用。

5. 拌醅。固态发酵麸曲白酒，这是采用的边糖化边发酵的双边发酵工艺，在扬渣之后，则需要同时加入曲子和酒母。放入酒曲的用量要视糖化力的高低来决定，一般为酿酒主料的8%～10%。为了利于酶促反应的正常进行，在拌醅的时候，应加入适量的水，然后控制入池时醅的水分含量约为58%～62%。

6. 入窖发酵。入窖时醅料品的温度应在18℃～20℃，入窖的醅料既不能压得太紧，也不能过松。装好后，在醅料上盖上一层糠，用窖泥密封，然后再加上一层糠。

7. 蒸酒。发酵已经成熟的醅料则会称为香醅，它含有极其复杂的成分。然后，通过蒸酒把醅中的酒精、水、高级醇、酸类等有效的成分，蒸发成蒸汽，然后再经冷却后，即可得到白酒了。

健康饮食宜与忌

1. 对于阴虚、失血及温热严重的人来讲，是不适合饮用白酒的；并且，在生育期的男女最好忌酒。在空腹的时候，更是不要饮酒，这个时候饮酒更容易导致患肝硬化，这是因为蛋白质的摄入量不足，往往会使肝脏受损。

2. 在饮用白酒的前后，千万不能服用各种镇静类、降糖类的抗生素和抗结核类的药物，否则往往会引起头痛、呕吐、腹泻、低血糖等反应，甚至严重者还会导致死亡。

红酒：葡萄酒酿为佳酿，一品一杯情谊深

名词解释

红酒是各种葡萄酒的统称，它并不是单纯地特指一种红葡萄酒。红酒有许许多多的分类方式，当然品种也有很多：如果从成品的颜色来说，我们可以将红酒分为红葡萄酒、白葡萄酒和粉红葡萄酒三大类。如果细分的话，其中红葡萄酒又可以细分为干红葡萄酒、半干红葡萄酒、半甜红葡萄酒和甜红葡萄酒四小类，而白葡萄酒又可以细分为干白葡萄酒、半干白葡萄酒、半甜白葡萄酒和甜白葡萄酒。

营养成分

干红葡萄酒热值与牛奶的热值差不多。在 1 升 10 度的干红葡萄酒中，热值就为 560 千卡，并且热值主要是来源于酒精被氧化时提供的热能。

其中，有 8 种氨基酸是人体自身不能合成的，又被人们称做是人体必需氨基酸。无论是在葡萄中还是在葡萄酒中，都含有这 8 种"必需氨基酸"。其营养物质的含量是任何水果和饮料都无法与之相比的，所以人们把葡萄酒称为"天然氨基酸食品"。

历史传说

"为了追求高品质红酒而不惜放弃爵位。"这是法国家喻户晓的一个故事，讲的是爱丁歌德放弃了自己爵位世袭的贵族生活，去追求高品质的红酒。

偶然的一次机会，爱丁歌德在法国波尔多加龙河谷的一个不算大的葡萄酒庄园里，尝到了当地的一粒葡萄之后，经过他反复思索和对比，发现这里才是酿制葡萄酒的最佳地方，于是这便引出了一个令人震惊的故事。爱丁歌德伯爵发现这件事情之后，很是兴奋，找到庄园的主人，并向庄园主人诚恳

地表明了自己的想法，并表示了自己想要购买该庄园的决心。也许，庄园的主人并没有真心要卖掉自己的庄园，而只是出于对他的戏弄心态，他说出了一个让所有人都震惊的价码——"你的爵位"。出乎庄园主意料的是，爱丁歌德竟然不假思索同意了。这个疯狂的举动让世人觉得简直是难以理解，使得人们开始嘲弄并戏称爱丁歌德为"红酒伯爵"。正如他所想，最终得到了那个庄园，自此之后，爱丁歌德便开始了自己酿造高品质葡萄酒的伟大计划。他是那么地热爱红酒，因此，将这个计划看得比自己的生命都重要。事实胜于雄辩，当地的葡萄品质是上乘的，所以生产出来的葡萄酒尤其是干红葡萄酒在一瞬间便成了那些王孙贵族们之间争相追逐的一种饮品。到了20世纪前期，法国贵族几乎垄断了由整个庄园里葡萄所生产的爱丁歌德牌干红葡萄酒。一直到了20世纪后期，随着产区的葡萄种植面积不断地扩大，生产量也有所增加，这才导致了部分爱丁歌德葡萄酒进入流通市场。

酿造过程

一、先去梗。这是酿造葡萄酒的关键一步，就是先把葡萄果粒从梳子形状的枝梗上取下来。经过研究发现，由于枝梗含有大量的单宁酸，如果掺杂在酒液中，往往会产生一种令人感觉不快的味道。

二、压榨果粒。在酿制红酒的时候，会将葡萄皮和葡萄肉放在一起进行压榨，所以说红酒中就含有了更多的红色色素，而这些色素多半是在压榨葡萄皮的时候释放出来的，因此红酒的色泽是红的。

三、榨汁和发酵。经过榨汁后，就可以得到酿酒的原料即葡萄汁了。有了好的酒汁自然就可以酿制出好酒。当然，葡萄酒是通过发酵作用而产生的。在发酵作用下，葡萄中所含的糖分会逐渐地转化成酒精和二氧化碳。所以在发酵的过程中，糖分会越来越少，酒便会逐渐失去甜度，而酒精度则会越来越高。通过这一缓慢的发酵过程，才可以酿造出口味芳香且细致的红葡萄酒。

四、添加二氧化硫。如果要想长时间保持葡萄酒的果味和鲜度，那么第二次沉淀的时间就必须要达到4~6周。沉淀的次数和在时间安排上的顺序，就可以酿造出美味可口的葡萄酒。

五、一般情况下，葡萄酒在桶中存了3~9个月以后，就可以装瓶处理了。

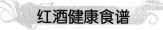 红酒健康食谱

红酒浸雪梨

材料：雪梨一个，红酒适量，香叶和冰糖少许。

做法：

1. 先将雪梨削去皮，然后放在沙锅里，再加入红酒和香叶后烧开，然后放入适量的冰糖，开小火，慢炖半个小时，会发现梨的颜色逐渐变红。

2. 将炖好的梨放在碗中，随后再将红酒汁倒在梨的周围。

红酒炖苹果

做法：

1. 将苹果去皮去核，用苹果刀将苹果切成大小适中的瓣状。

2. 然后再把苹果放到深一点的奶锅里，倒入的红酒要没过苹果，这样就可以了。

3. 用中火炖煮苹果约15分钟，然后关掉火。

4. 在煮好后，最好把苹果放在红酒中，浸泡大约两个小时，然后再食用为最好。

主要功效：

能够起到活血化淤的作用，并且对女性生理期肚子痛也有很好的疗效，再加上红酒，更具有美容的作用。

健康饮食宜与忌

一忌与海鲜搭配

一般而言，红葡萄酒配上瘦肉是最符合烹调学自身的规律的，这是因为葡萄酒中富含的单宁会与瘦肉中的蛋白质相结合，从而会有利于你的消化，并且让你的消化变得更加地"顺畅"。但如果是红葡萄酒与一些海鲜（诸如螃蟹、大虾等）类的食品相搭配时，自然会严重破坏海鲜的口味，也会导致葡萄酒的味道发生变化，可能会带上一股令人讨厌的金属的味道。

二忌与醋对"饮"

各种沙拉一般是不会对葡萄酒的风格产生任何影响的，但是如果在沙拉

217

中加了一些醋，此时，再和红葡萄酒一同饮食，那么红酒的味道就大打折扣了。当然，此时也不用着急，只要加点儿柠檬水，红酒的味道依然能够恢复得跟当初一样。还有，奶酪和葡萄酒是一对天生的理想组合，但是也应该注意千万不要将辛辣的奶酪和精制的葡萄酒相搭配在一起就可以了。

三忌"海"量饮用

专家经过研究发现，饮用红葡萄酒，每次应该以 50～100 毫升最为合适，而即便是每天都饮用，每天饮用的总量也不要超过 250 毫升。在英国生活的多尔教授曾经指出，如果喝适量的酒，人的死亡率比滴酒不沾的人要低 28%，但如果是超量喝酒，那么人的死亡率就会不减而增。如果过度地饮酒，不仅是造成肝癌和肝硬化等疾病的重要原因，而且还会对身体的整体功能造成一定的影响。

黄酒：一壶温酒暖心脾，畅饮谈笑与风声

名词解释

黄酒是中国的民族特产，也叫做米酒，它属于世界三大酿造酒之一，并且在其中占有很重要的位置。酿酒技术更是独树一帜与众不同，随后成为了东方酿造界的典型代表和楷模。其中以中国绍兴黄酒最为突出，麦曲稻米酒是黄酒中历史最悠久、最有代表性的产品。这种酒是用一种稻米作为原料，经过精心酿制而成的粮食酒。不同于白酒的是，黄酒没有经过任何的蒸馏，而且其中酒精的含量也是很低的，一般情况下都低于 20%。不同种类的黄酒颜色也不尽相同，比如有米色、黄褐色和红棕色等。

营养价值

黄酒通常是以大米、黍米为原料的，一般酒精含量仅为 14%～20%，属于低度的酿造酒。在黄酒中，含有丰富的营养物质，还有 21 种氨基酸，

其中包括有数多种未知的氨基酸,并且还具有人体所需的 8 种氨基酸,这 8 种必需氨基酸是人体不能够自己合成的,因此,黄酒有"液体蛋糕"的美称。

黄酒香气比较浓郁,甘甜味美且风味醇厚,同时还含有氨基酸、糖、醋、有机酸等物质,含有的维生素也不只一种,是烹调中不可或缺的一种主要调味品。在黄酒中,含有多酚、类黑精、谷胱甘肽等活性生理成分,因此,它便具有了清除自由基的作用,并且能够预防心血管病、抗癌、抗衰老等的生理功效。

在黄酒中,已检查出的无机盐高达 18 种,包括钙、镁、钾、磷、铁、锌等。与此同时,黄酒中还含有一定数量的甲醇、醛、醚类等物质。黄酒中蛋白质的含量是各类酒中最多的,这是一个不争的事实,在每升的绍兴加饭酒中,蛋白质含量可以达到 16 克,足足是啤酒的 4 倍。然而在黄酒中的蛋白质多以肽和氨基酸的形态存在,这样便更容易被人体所吸收。肽本身就具有一定的营养功能、生物学功能和调节功能。经过研究发现,在绍兴产的黄酒中,氨基酸含量就多达 21 种,且含有 8 种人体所必需的氨基酸。

黄酒还含有丰富的功能性低聚糖,这些低聚糖是在酿造过程中经过微生物酶的作用才能够产生的。当功能性低聚糖进入人体以后,便会被人体吸收很少部分,也不产生热量,但是它可以促进肠道内有益的微生物即双歧杆菌的生长和发育,从而便起到了改善肠道的功能,同时也能够增强免疫力、促进人体健康。

黄酒的传说

1. 酒星造酒

中国民间流传着这样一个传说,据说黄酒是天上的酒星酿造的,于是,人们就把酒星当做酿酒的天神。在宋代窦苹的诗《酒谱》中就有这样的说法:"天有酒星,酒之作也,其与天地并矣。"天上的"酒旗星"确实存在,这种说法,最早出现在《周礼》一书当中,距今已有大约 3000 年的历史。

2. 房县黄酒

"房陵黄酒"的说法也是历史悠久,古代的时候曾称为"封疆御酒""帝封皇酒"。并且，有相关的史料记载，绍兴黄酒最为著名，其最早产于公元前492 年越王勾践时期，而"房陵黄酒"早在公元前 827 年西周时期已成为"封疆御酒"。房县的黄酒兴盛于唐代，当时，武则天废中宗李显，贬其为庐陵王，并且将其流放于房陵。李显在房陵居住 14 年之久，随行的 720 名宫廷匠人对房县民间酿方进行改进从而酿制而成。在李显登基之后，便封房县黄酒为"黄帝御酒"，故又称其为"皇酒"。

制作方法

1. 制作黄酒的原料和工具如下：鲜红薯 50 千克左右，大曲（或酒曲）7.5 千克，花椒、小茴香、陈皮、竹叶各 100 克，然后备小口水缸 1 个，长木棍 1 条，布口袋 1 条。

2. 工艺操作要点：

（1）选料蒸煮：先选含糖量高的新鲜红薯，用清水洗净然后晾干，在锅中煮熟。

（2）加曲：先将煮熟的红薯倒入缸内，再用木棍搅成泥状，随后，放入茴香、竹叶、陈皮等调料，再兑水 22 千克熬成调料水进行冷却，然后，再与压碎的曲粉相混合，随后，一起倒入装有红薯泥的缸内，用木棍搅成稀糊状。

（3）发酵：先将装好配料的缸盖上塑料布，然后，将缸口封严，再置于温度为 25~28 摄氏度的室内进行发酵，随后，每隔 1~2 天进行搅动。薯浆在发酵的过程中，会有气泡不断地溢出，随后，当气泡消失的时候，还要进行反复地搅拌，直至搅到有浓厚的黄酒味发出。在缸的上部出现清澈的酒汁的时候，再将发酵缸搬到室外，然后使其很快地冷却。

（4）过滤压榨：要先把布口袋用冷水洗净，然后把水拧干，再将发酵好的料装入袋中，随后，放在压榨机上进行挤压去渣。在挤压的时候，就要不断地用木棍在料浆中搅戳以压榨干净。如果是有条件的，那么可以利用板框式压滤机将黄酒液体和酒糟进行分离。再将滤液在低温下澄清 2~3 天，随后，吸取上层清液，然后在 70~75 摄氏度保温 20 分钟左右，这样做的目的就是杀灭酒液中的酵母和细菌，并促使酒中沉淀物凝固澄清，也让酒体成分得到固定。

健康饮食宜与忌

一忌冷饮。二忌空腹饮黄酒或者是在十分生气的情况下饮用。三忌混饮，将黄酒和其他的酒一起饮用或者是掺和饮用。四忌强饮，当实在是喝不了黄酒的时候千万不要勉强自己。五忌酒后立即洗澡。六忌孕妇饮酒或酒后房事。七忌小孩喝酒，儿童更是不宜饮用黄酒。

香槟：举杯庆祝为首选，起酒豪放众欢腾

名词解释

香槟"Champagne"一词，与快乐、欢笑和高兴是同义，可见其中美妙的含义。因为这种酒是一种用来庆祝佳节的酒，因此，它便具有奢侈、诱惑和浪漫的色彩，也有葡萄酒中之王的美称。在历史上没有任何酒是可与香槟的神秘性相比较的，它总是给人一种纵酒高歌的豪放氛围，吸引人们的味觉神经。香槟酒的味道也是极其的醇美，可以随时饮用，并且香槟酒也是一种百搭酒，它可以搭配任何食物。比如像举行盛大的宴会，就要用香槟，这比用其他混合酒都要更加的恰当。在婚礼和受洗仪式上，也适宜用来干杯，它更是一流的调酒配料，而且价格也并不是特别的昂贵。

营养价值

在酿制香槟酒的时候，所选用的红葡萄和白葡萄中都含有一种多酚。

多酚类物质本身就是一种抗氧化剂，多是存在于葡萄酒、茶叶、巧克力和一些水果蔬菜之中。饮用香槟酒的时候要注意，酒中含有的多酚会进入到血液循环中，还会对血液循环系统产生一定的作用，延长一氧化氮分子在血液中的停留时间，从而促进改善血液流动的状况，起到降低患心血管疾病和中风的概率。

历史传说

法国著名国王路易十六的妻子玛丽·安托瓦内特就是一个葡萄酒农的女儿，在1770年她刚满18岁的时候，玛丽就被路易十六选为了王后，埃佩尔纳的酒农便为玛丽王后建立了一座凯旋门。在玛丽王后出嫁的那天，全镇的人都出动了，来欢送玛丽王后。当时，带着香槟赶赴巴黎的玛丽怀着激动的心情，"砰"的一声打开一瓶香槟酒向欢乐的人群中洒去。然而，好景不长，在1789年法国大革命爆发的时候，玛丽王后选择仓皇逃走，但是当她逃到家乡的凯旋门的时候，却被革命党抓住了。面对凯旋门，玛丽王后似乎触景生情，这次再打开香槟，人们听到的却是玛丽王后的一声叹息。

后来，人们为了纪念这位玛丽王后，便从1789年开始至今的两百多年里，在香槟区生活的酒农们除了盛大的庆典活动外，平时在开启香槟的时候，是不会弄出声音的。当酒农们拧开瓶盖酒体串出"唑"的声音时，他们就会想起玛丽王后在凯旋门的最后一声叹息。

传统香槟酒的酿造

传统的香槟酒主要是采用了发酵后的干白葡萄酒然后加糖、酵母，再直接装入瓶中，在瓶中进行再次发酵制成的，使用的葡萄汁也是采用的自流汁。

发酵是很重要的一个过程，发酵的时候应该根据葡萄汁的实际糖度来添加适量的糖浆，发酵的温度也应该保持在15℃左右，发酵之后酒精的含量是在10%～12%，即可制成干白葡萄酒。

将瓶子的瓶口朝下进行发酵放置，倒置在倾斜45°的架子上，这样可以保证酒液能够湿润软木塞，从而防止漏气的发生。发酵后一部分的香槟酵母在二氧化碳压力下会自动地溶解，然后产生氨基酸。当瓶内发酵结束之后，继续保持45°的倾斜储存，每日都要将瓶旋转45°储存，这样酵母才会继续自溶，同时酒石等杂质也会沉积在瓶口的部位，等到杂质全部沉淀的时候，酒体才会变得澄清，此时就可以进行冷冻排渣，将酒温降至7℃左右后，再进行冷冻，直到结出冰块为止，等到沉淀的杂质全部凝结在冰块中的时候，再将边缘的部位进行溶化,此时立即打开瓶塞,再利用瓶内压力将冰块击出,然后再迅速地换上新的湿润过的软木塞,再用铁丝扎住。

健康饮食宜与忌

酒多伤身,香槟酒也不例外,适量饮用有益于身体健康,过多地饮用则会有损身体。

清酒:清酒倒进人间味,自酌会友皆为妙

名词解释

日本清酒本是借鉴中国黄酒的酿造法,但却也有别于中国的黄酒。清酒色泽呈淡黄色或无色,清亮透明,芳香宜人,口味自然也是十分的纯正,绵柔爽口,其酸、甜、苦、涩、辣诸味皆有,酒精含量在15%以上,但是也不会太高,其中含多种氨基酸、维生素,是一种营养丰富的饮料酒。

营养价值

清酒不仅可以促进血液循环,而且还有美白肌肤的作用,对外伤发炎也有很好的疗效。清酒还有强精固精的作用。

清酒的历史起源

清酒虽然起源于日本,但是其酿造过程是借鉴中国黄酒的酿造法而发展的。日本人经常说,清酒是上帝的恩赐。1000多年来,清酒一直是日本人最常喝的饮料。根据中国史书的相关记载,古时候日本只有"浊酒",根本没有清酒。后来有人学着在浊酒中加入石炭,使其沉淀,取其清澈的酒液饮用,于是便有了"清酒"之名。

到了公元7世纪中叶之后,朝鲜古国百济与中国经常有来往,当地成为

了中国文化传入日本的桥梁。因此，中国用"曲种"酿酒的技术也就先是传到了百济，然后由百济人传播到日本，这一传播促使日本的酿酒业得到了很大的进步和发展。直到公元14世纪，日本的酿酒技术已日臻成熟，随后，人们用传统的清酒的酿造方法生产出了质量上乘的产品，尤其是在奈良地区所产的清酒更是出名。

酒的饮用方式

1. 酒杯，在饮用清酒的时候，可采用浅平碗或是小陶瓷杯，当然，也可选用褐色或是青紫色的玻璃杯作为杯具。酒杯应该清洗干净。

2. 饮用的温度，饮用清酒的温度一般在常温（16℃左右）下饮用，如果是在冬天，那么就需温烫后饮用，再加温一般达到40℃~50℃，再用浅平碗或小陶瓷杯盛饮。

3. 饮用时间，清酒可以作为佐餐酒来饮用，也可以作为餐后酒。在实际生活中，一般的温酒方法为将欲饮用的清酒倒入清酒壶瓶中，再放入预先加热沸腾的热水中，然后达到温热至适饮的温度的时候即可。

在冰饮的时候，方法也各有各的不同，而较为常见的则是，将饮酒用的杯子预先放入冰藏中，如果是在要饮用的时候，需要再取出杯子倒入酒液，此时，让酒杯的冰冷低温均匀地传导后，融入酒液中，以此来保存住纤细的口感。另外，也有一种特制的酒杯，这种则可以隔开酒液及冰块，然后，将碎冰块放入酒杯的冰槽后，再倒入清酒，当然，其中最直接方便的方法就是将整樽的清酒放入冰箱中进行冰存，在饮用的时候，再取出即可。当然，无论是冰饮还是热饮，只要选对了酒，适合自己就能够品味出它的滋味。

健康饮食宜与忌

清酒可促进血液循环、美肤，对外伤发炎也有治疗作用。清酒还具有强精固精的作用。

马奶酒:奶香美酒草原酿,圣品举杯迎上宾

名词解释

众所周知,蒙古族人民世代都居住在草原上,并且以畜牧为生。其中,马奶酒、手扒肉、烤羊肉都是他们日常生活中最喜欢的饮料食品,并且他们喜欢用这些美食来待客。在每年七八月份的时候,此时是牛肥马壮的最佳季节,也是酿制马奶酒的最好季节。对于勤劳的蒙古族妇女来讲,将马奶收藏于皮囊中,然后加以搅拌,等到数日以后,便能够得到乳脂分离的效果,然后再进行发酵成酒。随着科学的发达,生活的不断改善,蒙古人酿制马奶酒的工艺日益精湛和完善,不仅有简单的发酵法,还出现了酿制烈性奶酒的蒸馏法。六蒸六酿后的奶酒方多为上品。

营养成分

奶酒在酿制过程中,并没有破坏牛奶本身所固有的营养成分,而是将这种营养成分精炼之后,脱去其中的脂肪,以这种方法来增加它的纯度,然后进行发酵,使所含营养充分的生物活化,这样更容易为人体所吸收。据有关权威部门的检测,奶酒富含了人体所需的 18 种氨基酸和多种维生素、矿物质;其维生素含量要比牛初乳要高得多,维生素 B_5 是人乳的 20 余倍;在马奶酒中钙、铁、硒等微量元素也是十分的丰富,特别是烟酸含量已达到药用的水平,这种物质能够促进人体微循环。大量临床实践证明,奶酒确实具有祛寒回暖、健胃开脾的功效,并且还具有营养滋补、治疗风湿的功效。故此,蒙古族人民常常用奶酒来治疗肠胃病、腰腿疼、肺结核等疾病。

历史传说

在公元 1221 年的时候，正逢成吉思汗六十大寿，于是全国上下大宴了三天三夜，就在庆寿大宴正起兴的时候，成吉思汗最宠爱的妃子随即对成吉思汗说："大汗，如果有一天，你高山似的金身忽然地倒塌了，你的神威大旗将由谁来高举呢？在你的四个儿子当中，由谁来执政掌舵呢？请大汗现在趁大家都在的时候，留下旨意吧！"此时听到这些话，大臣赤老温走上前说道："术赤刚武、察合台骁勇、窝阔台仁慈、拖雷机智，各有各的优点，究竟谁是奉神的旨意来接大汗大旗的，就让上天为我们明示吧！而今天是大汗的寿辰，那么我们就让四个兄弟一起出发，然后去为大汗找一份最珍贵的贺礼吧。走路昂头总能找到最美的水草，然后献上最珍贵礼物的那个，那么他肯定就是得到了天神的眷顾。"成吉思汗听完他说的话后，经过了片刻的沉思，然后说："最神勇的马是不会藏在马群里的，而最矫健的雄鹰也总是飞得最高，就这样决定了。在明天的这个时候，谁能够将最珍贵的礼物带到这里，谁就可以接过我的大旗了。"于是四个兄弟就这样出发了。四匹骏马载着蒙古族的四位勇士消逝在夜幕中。

第二天早上，金乌西附、玉兔东升的时候，大汗帐前的草原上已整整齐齐地排着五万人的队伍，此时，大汗坐在大臣、妃嫔的中间，身边的御马环侍并站左右，一面青色大旗在风中猎猎作响。人们似乎都在等待着什么。此时月亮渐渐升到了半空，忽然，随风飘来一股若有若无的香气，人们都为感觉精神一振："这到底是什么香气呢，比奶香更加的绵长幽远，比蒙古族的马奶酒还要醉人？"就在此时，草原上传来从远及近的马蹄声，四兄弟同时回来了。大儿子术赤献上了碧玉的珊瑚，大汗看后并没有说什么，只是将它放在车的左边；拖雷献上的是百年老参，大汗将它放在车的右边；察合台则献上了紫貂皮，大汗将它放在车的后边，但是并没有说什么；窝阔台献上的只是一个皮囊，大汗当时十分的惊讶，接过皮囊之后，便将皮囊上的木塞拔掉，此时，一股浓郁的香气便扑鼻而来，原来是一斛我们酿造的美酒啊！大汗此时恍然大悟，情不自禁地举起了盛有新鲜美味的奶杯，然后喝了第一杯，口齿生香；然后紧接着又喝了第二杯，大汗通体舒泰；喝到第三杯时，十分开心大加赞叹。此时，大臣都在想究竟谁能继承大汗的权位。此时只见大汗手一挥指碧玉珊瑚说："此物虽然是世间稀有，但不当饥、不止渴，与我部无益处。"又拿起貂皮说，"这种东西虽然名贵，但我部族中以此为衣的能有几人？百年老参虽然难得，也只能滋养一人而已。但是这马奶酒就不一样了，它就出自我们广阔的草原，香而不腻，味醇而绵长，族人饮用之后，可助兴、强身体。四夷饮用可亲和睦，去隐忧，乃是待人之道啊。我以为四物之中以奶最平常也最珍贵。"于是成吉思汗便立了窝阔台为继承人，并且御封窝阔台进献的奶为"御酒"，用以庆典或款待外国使节。

酒的制作方式

在现代，奶酒一般是以马、牛、羊、骆驼的鲜奶为原料酿制而成的，尤以马奶酒居多。而传统的酿制方法主要是采用撞击发酵法的。据说最早是由于牧民在远行或迁徙的时候，为了防止饥渴，经常会把鲜奶装在皮囊中，然后，随身携带而产生的。由于他们整日奔驰颠簸，从而使皮囊中的奶颤动撞击，在变热之后便开始发酵，成为甜、酸、辣兼具，并有催眠作用的奶酒。

由此，人们便逐步摸索出一套酿制奶酒的方法，即先将鲜奶盛装在皮囊或是木桶等容器中，再用特制的木棒反复地进行搅动，然后使奶在剧烈的动荡和撞击中，保持温度的不断升高，最后再次发酵，并产生分离，渣滓下沉，此时会发现醇净的乳清就浮在上面，这便成为了清香诱人的奶酒。

除这种发酵的方法以外，还有酿制烈性奶酒的蒸馏法。而蒸馏法与酿制白酒的方法是十分近似的，一般是把发酵的奶倒入锅中进行加热，然后在锅上扣上一个无底的木桶，在桶内悬挂一个小罐或在桶帮上做一个类似壶嘴的槽口。等到锅中的奶受热蒸发之后，蒸汽便会上升，然后遇冷进行凝结，再滴入桶内、小罐或顺槽口流出桶外，便成为了奶酒。

健康饮食宜与忌

马奶酒具有一定的药用价值，但是很多时候都不能代替药的作用，所以患有肠胃病、腰腿疼、肺结核等病的人要咨询医生后，再决定是否要大量饮用。

米酒：江米佳酒意韵甜，老少皆宜驻容颜

名词解释

米酒，酒酿又被称做醪糟，古人叫它"醴"。这是南方地区经常会见到的传统地方风味小吃。主要原料是江米，所以也叫江米酒。酒酿在北方一般称它为"米酒"或"甜酒"。

营养价值

米酒是糯米或者大米经过根霉（还有少量的毛霉和酵母）发酵后所产生的，在酿造的过程中，化学成分以及物理状态都已经发生了很大的变化。其中的淀粉已经转化为了小分子的糖类，蛋白部分也已经分解成了氨基酸和肽、脂类，就连其中的维生素和矿物质等物质也发生了结合，这些状态的变化都为它的营养功能的提高起到了很大的促进作用。它的营养功能也正是基于这种化学和物理变化而产生的。而且，在发酵的过程中，所产生的一些风味物质对于它的口味也是有很大的提高的。

历史传说

在很久很久以前的一个太平年代，人们过着丰衣足食、安居乐业的生活。当时的一都叫碧溪，在碧溪两岸的山上居住着善良勤劳的人民。当地有一位教书的秀才，他十分喜欢游山玩水，于是，他常带着妻子为他准备的饭囊登山探险游山玩水。

有一次，他在山上采到了许多可以食用的美味的野果，于是便填饱了肚子，竟然将饭囊遗忘在一个向阳的山洞里。几个月过去了，秀才再去攀崖的时候，竟然见到了自己遗漏的饭囊，拿起来一看，米饭变得微红，不但没有发霉，而且还散发着一股浓浓的从来没有闻过的香味。他很高兴，便将这个

饭囊带回了家,将事情告诉了妻子,聪慧的妻子也很惊奇。妻子善于做馒头,从面粉的发酵想到米饭的发酵,便产生了一个试验的念头。

于是,秀才的妻子就蒸了一桶的米饭,然后烧了一锅水,等到锅凉了以后又倒入缸中,再将那个饭囊里的米饭均匀地拌入其中,并将其密封好了。果然,此时此刻缸中的米饭便开始发酵,颜色也逐渐地变红,一股香气扑鼻而来。1个月后,就能舀出清红透亮的红酒来了。

后来夫妻两人经过半辈子的精心研究,从而发明了制造红曲、红酒、米酒的原始技术,并且将这种技术传给了后代,于是,就这样一代代地相传着。从此以后,人们便喝上了红酒和米酒,并逐渐懂得了酒的制作方法和药用价值,从而形成了富有特色的民间酒文化。

长期以来,米酒成为当地人居家生活必备的饮品。人们在劳碌一天之后,晚上的时候,就会饮点温酒,这样能够起到舒筋活络、强身健体的显著功效。当然米酒还有其独特的药用价值,老中医也常用它来做药,对于内外受伤、腰酸背痛的人来讲有很好的疗效。

制作步骤

1. 先将准备好的糯米泡上大约两三个小时的时间。

2. 再将泡好的糯米捞出来,然后沥干水分,再用清水冲洗干净。

3. 随后,放入蒸器里进行蒸,时间要长一些。

4. 然后将蒸好的糯米用缸装好。

5. 再用凉开水调制酒粉。

6. 然后将调好的酒粉连水一起和糯米均匀混合,然后,用手反复地多拌几遍,总而言之,一定要使混合物变得均匀。

7. 最后把做好的装起来,用力地挤压,在其中间挖个深点的洞(如果出酒了可以明显地从那里看到)。

米酒的几种吃法

(1)米酒煨蛋:先向锅内加入少量的水,并且烧开即可,然后将锅中放入适量的米酒(量可根据自己的口味来定),此时将鸡蛋壳敲出一个小口,让

蛋汁慢慢流入到锅内，然后，再将锅烧开就可以了。

（2）果味米酒：先将橙子瓣的白皮剥掉，只要里面的橙肉即可。然后烧开水，再加入米酒。等到开锅后，再将剥好的橙肉进行搅拌即可食用。

（3）米酒圆子羹：首先是把水烧开，先将圆子（不要带馅的圆子）放进去等一会儿，等看到圆子慢慢浮起的时候，再加入适量的米酒，等煮开以后把打好的蛋液倒进去，并且快速搅拌，这个时候一定要使蛋液变成很小的蛋花，然后大火将锅烧开，此时米酒圆子羹就煮好了。

（4）乱炖：当你有时间的时候，可以将自己喜欢的水果切成小丁（苹果、香焦、橘子……），然后再放在一起，倒入适量的米酒一起煮就可以形成非常好吃的水果乱炖了。

（5）桂花米酒圆子：先将没有馅的圆子放在加了桂花的米酒中，此时更能突出米酒醇香的味道。

健康饮食宜与忌

对酒精过敏者的人不宜饮用，如果不慎饮用了米酒，每次饮用的量不宜过多，更不能喝醉，夏季不宜饮用米酒。

饮品：饮中自有饮中乐，各种饮料文化多

　　人类真的是一个对于口味有着相当高水准的物种，不但对于口感有着相当高的悟性和天赋，还继承了天赋神韵的自我创造意识。或许是觉得生活太过枯燥，或许是觉得文化生活需要进一步的完善，或许仅仅是出于想拥有一种更为新鲜的尝试，不知从什么时候起，饮料就在人们不断发现、不断改良、不断完善中诞生了出来。就这样，世界又多了无数唯美的琼浆玉液，满足着不同人群的不同需求。在这个演变的过程中，饮料成为了一种文化，饱含着人类不断创造，谋得自我和群体发展的艰辛过程。一杯饮料，看似小事一桩，可真要想把它做好，做到人人都满意，做到无可挑剔，做到滋味上的创新，还真不是件容易的事情。它象征着一种智慧，象征着人们对生活的热爱，也象征着人们越来越丰富的渴望与期待。一切的一切只是要印证这样一句话："因为内心向往，因此哪怕是一杯水，也能做出与众不同的生活品味。"

牛奶：奶香浓郁传天下，清新纯净吐芬芳

名词解释

牛奶，是最古老的天然饮料之一，人类饮用牛奶的历史十分悠久。牛奶顾名思义指的就是从雌性奶牛身上所挤出来的奶。当然，在不同的国家，牛奶也会有不同的等级划分，目前最普遍食用的是全脂、低脂和脱脂牛奶。而且在市面上卖点的牛奶中，所放的添加物也是相当多的，像高钙低脂牛奶，在其中就增添了钙质。

营养成分

每 100 克牛奶所含营养物质如下：

热量（54.00 千卡）、蛋白质（3.00 克）、维生素 A（24.00 微克）、硫胺素（0.03 毫克）、脂肪（3.20 克）、碳水化合物（3.40 克）、核黄素（0.14 毫克）、维生素 C（1.00 毫克）、尼克酸（0.10 毫克）、维生素 E（0.21 毫克）、磷（73.00 毫克）、钙（104.00 毫克）、钠（37.20 毫克）、铁（0.30 毫克）、镁（11.00 毫克）、锌（0.42 毫克）、硒（1.94 微克）、铜（0.02 毫克）、胆固醇（15.00 毫克）、锰（0.03 毫克）、钾（109.00 毫克）。

牛奶的营养成分是非常高的，其中所含有的矿物质种类非常丰富，除了我们日常所熟知的钙以外，磷、铁、锌、铜、锰、钼的含量也是比较多的。难能可贵的是，牛奶是人体补充钙质的最佳来源，而且钙磷的比例也是相当协调的，更利于钙的吸收。在日常的生活中，钙的种类有很多，至少有 100 多种以上，主要的成分有水、脂肪、磷脂、蛋白质、乳糖、无机盐等。

一般情况下，牛奶中水分含量能够达到 87.5%、脂肪含量为 3.5% ~ 4.2%。并且蛋白质含量可以达到 2.8% ~ 3.4%，而乳糖的含量为 4.6% ~ 4.8%，其中，无机盐的含量为 0.7% 左右。与此同时，组成人体蛋白质的氨基酸就有 20 多种，在这其中的 9 种蛋白质中，这些氨基酸都是人体本身所不能合成的，这样的氨基酸称之为必需氨基酸。在我们进食的蛋白质中，如果

包含了所有的必需氨基酸,那么这种蛋白质便被叫做是全蛋白。而牛奶中的蛋白质恰好就是这种全蛋白。

牛奶的传说

传说很久以前,一个行者为了修道,便去苦行林及山洞里修习禅定,足足有6年的时间,在这么长的时间中,他每日仅食一麦一麻,最后已经是形容枯槁,皮包骨头了,但是仍然没有悟道。后来,6年结束后,他决定出山,然后便到河中洗去了满身污垢,但是又因体力不支昏倒在地。

这个时候,一个牧牛女用钵盂煮牛奶给他吃,从而便救了他的性命。行者食用了她的食物,并发愿说:"今食饮食,得充气力,以保留智慧年寿,为度众生。"从此之后,他每天都会接受牧女供养的牛乳和乳糜,在一月之后,身体慢慢恢复了。

牛奶的做法

1. 牛奶鸡蛋羹

(1)先取出一个鸡蛋,然后敲入碗中充分打散,要打上劲儿。

(2)取出适量的鲜牛奶,牛奶量应该适当,因为牛奶的多少往往会直接影响到鸡蛋羹的软硬程度,建议将牛奶放到150毫升左右。

(3)然后,把鲜牛奶倒入打散的鸡蛋中,搅匀,盖上笼蒸熟,小火蒸熟。

(4)蒸熟后,加入几点香油、醋很好吃。

2. 蛋白炒鲜奶

制作方法

(1)先将鲜牛奶与蛋清倒在一起,等到搅拌均匀之后,再加入盐和鸡粉再打一阵。

(2)加入两匙的生粉,然后再搅拌。

(3)将锅中倒入两匙油,再热一下锅。

(4)然后将搅拌好的东西都倒到锅中,进行翻炒,半分钟后就可以看到基本上都熟了,然后炒至一分钟起锅上盘。

(5)最后,将一个完整的蛋黄小心地倒在炒好的蛋白牛奶上即可食用。

3. 蓝莓奶香麦片粥

食谱原料：大米、燕麦、牛奶、蓝莓、冰糖各适量

制作方法

1. 先煮三人份的白米粥。

2. 将蓝莓洗干净，在煮粥的时间里，把它放进冰箱进行冷藏。

3. 牛奶是比较适量的，具体的量要根据自己的接受程度来决定。

4. 加入适量的麦片，还可以再加入一些葡萄干，随意就好。

5. 将粥煮到黏稠的时候，加入麦片略煮，然后关掉火。

6. 加入适量的牛奶，然后让粥变成奶白色，再根据口味加入适量的冰糖，晾至温热就好。

7. 盛出香麦片粥，然后再从冰箱中取出蓝莓，一边喝粥一边撒上蓝莓。

健康饮食宜与忌

1. 不管是在什么情况下，都不要喝生牛奶。喝鲜奶的时候，一定要进行高温加热，这样能够防止病从口入。

2. 在牛奶中的蛋白质 80% 都是酪蛋白，当牛奶的酸碱度控制在 4.6 以下的时候，大量的酪蛋白便会发生凝集、沉淀，难以消化吸收，严重的情况下还可能导致消化不良或腹泻，所以牛奶中不宜添加果汁等酸性的饮料。

3. 有的人觉得用牛奶代替白开水服药是很正常的事情。其实，牛奶会影响人体对药物的吸收，牛奶很容易在药物的表面形成一个覆盖膜，这样就会促使牛奶中的钙、镁等矿物质与药物发生相应的化学反应，从而会形成非水溶性的物质，最终也会影响药效的释放及吸收。在服药前后的 1 个小时内不要喝牛奶。

4. 不宜多饮冷牛奶，在夏季的时候，因为天气闷热，很多人喜欢将牛奶放入冰箱中，然后当冷饮来喝，这样做很容易影响肠胃的运动功能，严重的情况下会引起轻度腹泻，使牛奶中的营养成分大部分不能被人体吸收和利用。

5. 不宜长时间高温蒸煮。即便是要使用热牛奶，也不要长时间进行熬煮。牛奶中往往会含有蛋白质，受到高温的作用，通常会由溶胶状态转变成凝胶的状态，导致沉淀物的出现，因此，营养价值就会有所降低。

6. 牛奶和(黑)巧克力不宜同吃。当同食的时候,牛奶中的一些营养就不能被身体摄取。牛奶的成分会严重影响巧克力中对人体有益的成分发挥作用。

酸奶:发酵奶味为特色,通便润肠助健康

 名词解释

酸奶通常是以新鲜的牛奶作为原料的,经过巴氏杀菌后再向牛奶中添加一些有益菌,经过发酵之后,再装罐进行冷却,形成一种牛奶制品。在目前市场上的酸奶制品中,多以凝固型、搅拌型和添加各种果汁果酱等辅料的果味型占多数。酸奶不但能够保留牛奶所有的优点,而且还在某些方面经过细加工之后能够扬长补短,从而形成更加适合人们饮用的保健食品。

营养成分

1. 酸奶不仅可以促进消化液的分泌,还能够增加胃酸的分泌,因而能够起到增强人的消化能力、促进食欲的作用。

2. 酸奶中的乳酸不但能够使肠道里的弱酸性物质迅速转变成弱碱性物质,而且还能够产生抗菌物质,这对人体具有很强的保健作用。

3. 根据墨西哥营养专家们所说,经常喝酸奶不仅可以防止癌症和贫血的发生,更是可以改善牛皮癣,缓解儿童营养不良等状况。

4. 在制作酸奶的过程中,对于某些乳酸菌能够合成的维生素 C,从而也就增加了维生素 C 的含有量。

5. 在女性怀孕期间,酸奶除了能够提供必要的能量外,还能够提供维生素、叶酸和磷酸。如果是在女性的更年期,那么还可以抑制那些由于缺钙而引起的骨质疏松症状。在老年时期,每天吃酸奶是可以矫正由于偏食而引起的营养缺乏的。

6. 酸牛奶具有能够抑制肠道腐败菌的生长的作用,同时,还含有抑制体内合成胆固醇还原酶的活性物质的功效。与此同时,酸牛奶还能刺激机体的免疫系统,从而积极地调动机体因素,有效地抗御癌症,所以,经常食用酸牛奶,不仅可以为人体增加营养,还可以起到防治动脉硬化、冠心病及癌症、

降低胆固醇的作用。

酸奶的传说

传说酸奶的发明者是保加利亚人。在很久以前，在保加利亚生活着色雷斯人，他们身上经常会背着灌满了羊奶的皮囊，然后在大草原上牧羊。但是由于温度的作用，皮囊中的羊奶常常会变酸，而且时间久了会变成渣状。在饮用的时候，色雷斯人常会把皮囊中的奶重新倒入煮过的奶中，这样煮过的奶也会变酸，而他们很喜欢喝这种奶，这就是最早的酸奶。

酸奶的制作方法

原料：纯牛奶500毫升、原味酸奶125毫升

做法：

1. 先将瓷杯（连同盖子）、勺子等一起放在电饭锅中加入一定量的火，煮开10分钟左右，目的是消毒。

2. 然后将杯子取出，再倒入牛奶中，然后将牛奶放入微波炉中加热，以手摸杯壁不烫手为度。

3. 然后再在温牛奶中加入一定量的酸奶，再用勺子搅拌均匀，盖上盖子。

4. 将锅中的热水倒掉，将瓷杯放入电饭锅，盖好电饭锅盖，然后再在上面用干净的毛巾或是其他的保温物品覆盖，随后，利用锅中余热进行发酵。

5. 等到8~10个小时后，低糖酸奶就已经做好了。如果是晚上做的，在第二天早晨就能喝到美味的酸奶了。

注意事项：

1. 所用的菌种酸奶是不可以用加入果料的，更不可以饮用果味酸奶。

2. 牛奶在加热的温度过高的情况下，往往会杀死酸奶中的乳酸菌，从而造成发酵的失败；如果温度过低，那么又会造成发酵缓慢，以摸着不烫手为度。

3. 不要用电饭锅的保温挡来进行发酵，因为保温的温度会很高。在保温发酵的时候，电饭锅必须要断电。如果要在冬天制酸奶，那么可以把瓷杯放在暖气上进行发酵。

4. 发酵容器用带盖的瓷杯是最好的，硬塑料杯子也是可以的，但是如果杯子的质量不能过关，那么在加热消毒的时候就容易变形。

5. 自制的酸奶保质期一般为 2~3 天。

健康饮食宜与忌

1. 酸奶不能加热喝

如果将酸奶加热,那么所含有的大量的活性乳酸菌就会瞬间被杀死,这样一来,不仅丧失了它的营养价值和保健功能,还会促使酸奶的物理性状发生巨大的改变,从而形成沉淀,因此,特有的味道也会随之消失。所以说,酸奶是不能加热饮用的,在夏季,酸奶应该现买现喝,冬季则可在室温条件下放置一定时间后再饮用。

2. 酸奶不要空腹喝

当你在饥肠辘辘的时候,最好是别拿酸奶来充饥,因为在空腹的时候,胃内的酸度 pH 值往往可达到 2,这个时候乳酸菌很容易被胃酸杀死,从而会使保健作用迅速减弱。在饭后 2 小时左右,胃液开始被稀释,胃内的酸碱度会上升到 3~5 之间,最适于乳酸菌的生长(适宜乳酸菌生长的 pH 值酸碱度为 5.4 以上)。因此,这个时候是喝酸奶的最佳时间。

3. 不宜与抗菌素同服

抗生素氯霉素、红霉素等磺胺类药物可能会杀死酸奶中的乳酸菌,从而会使酸奶失去其特有的保健作用。

4. 饮后要及时漱口

根据研究发现,随着酸奶和乳酸系列饮料的不断发展,儿童的龋齿率也在不断地增加,这与乳酸对牙齿有腐蚀作用是有关的。所以说,喝完酸奶之后要及时漱口,最好是在使用吸管时进行饮用,从而减少乳酸接触牙齿的机会。

豆浆:纯豆浆液为精华,四季滋补为首选

名词解释

豆浆是将大豆用水泡好之后经过磨碎、过滤、煮沸而形成的。与此同时,豆浆的营养价值也是非常丰富的,并且对于消化吸收也是十分有益处的。豆浆通常是防治高血脂、高血压、动脉硬化、缺铁性贫血、气喘等疾病的理想食品。

营养成分

每 100 克豆浆中会含有以下的营养成分：热量约 14.00（大卡），碳水化合物达到了 1.10（克），脂肪 0.70（克），蛋白质 1.80（克），并且还有纤维素 1.10（克），维生素 A 15.00（微克），维生素 E 0.80（毫克），硫胺素 0.02（毫克），胡萝卜素 90.00（微克），核黄素 0.02（毫克），镁 9.00（毫克），钙 10.00（毫克），烟酸 0.10（毫克），铁 0.50（毫克），锌 0.24（毫克），锰 0.09（毫克），钾 48.00（毫克），铜 0.07（毫克），磷 30.00（毫克），钠 3.00（毫克），硒 0.14（微克）。

豆浆极富有营养和保健的价值，并且富含蛋白质和钙、磷、铁、锌等几十种矿物质元素，这些元素的含量都是十分均衡的。豆浆还含有维他命 A、维他命 B 等多种维生素。豆奶的蛋白质含量要比牛奶的含量高得多，另外豆奶中还含有大豆皂甙、异黄酮、卵磷脂等有益于防癌健脑的特殊保健因子。

那些新鲜的豆浆一年四季都是可以饮用的。春秋饮豆浆，具有滋阴润燥、调和阴阳的作用；夏季饮用豆浆，则具有消热防暑、生津解渴的作用；冬天饮用豆浆，更是能够祛寒暖胃，滋养进补。其实，除了传统的黄豆浆之外，豆浆还有很多品种，红枣、枸杞、绿豆、百合等都可以作为豆浆的配料，在研磨豆浆的时候，加进去，这样不仅增加了风味，更加能够增加豆浆的营养成分。豆浆还可以作为早餐享用，有丰富的营养价值。

豆浆的历史起源

鲜豆浆的起源地就在我们中国，相传在 1900 多年前的时候，西汉有位淮南王，名叫刘安，是他发明了豆浆。在《本草纲目》中记载："豆浆，利气下水，制诸风热，解诸毒。""豆浆性平味甘。"春秋季节饮用豆浆，则具有滋阴润燥、调和阴阳的作用；而夏季饮用豆浆，则具有消热防暑、生津止渴的功效；冬饮豆浆，祛寒暖胃、滋养进补。因此，鲜豆浆适宜四季饮用。

豆浆的制作方法

1. 黄豆浆

用料：黄豆约 85 克，水为 1200 毫升（容量可根据个人需要随意增减），

糖适量

功效:具有清热化痰、通淋、补虚、利大便、降血压、增乳汁的功效。

建议:如果能够加 3 ~ 5 粒杏仁在用料中,那么所熬的豆浆会更鲜、更浓。

2. 花生豆奶

用料:黄豆、花生各 45 克左右,牛奶约 200 克,水 1200 毫升,糖适量

制作:将黄豆浸泡 6 ~ 16 小时,以备使用。把浸泡过的黄豆、花生放入豆浆机中,再加入适量的水,打碎后煮熟,再用豆浆进行滤网过滤,即可食用。

功效:具有润肤、和肺气、补虚的功效。

3. 芝麻黑豆浆

用料:黑芝麻、花生各 10 克左右,黑豆 80 克,水 1200 毫升,糖适量

制作:先将花生与黑豆浸泡约 6 ~ 16 小时,放置备用;然后再将黑芝麻与浸泡过的花生、黑豆一起放入豆浆机中,再加入适量的水,打碎后煮熟,再用豆浆滤网过滤后即可食用。

功效:具有乌发养发、润肤美颜的功效,并且对补肺和气、滋补肝肾、润肠通便、养血增乳也有一定的功效。

4. 豆浆冰糖米粥

用料:黄豆约 85 克,大米与冰糖各 50 克左右,水 1200 毫升

制作:先照第 1 种方法制作好黄豆浆,再将黄豆浆与米、冰糖一起放入锅内,然后慢火熬煮到黏稠状即可食用。

功效:具有养颜润肺、和肺气的功效。

5. 芝麻蜂蜜豆浆

用料:豆浆约 70 克,黑芝麻约 20 克,蜂蜜 40 克,水 1200 毫升

制作:将黄豆浸泡 6 ~ 16 小时左右,尽量时间长一些,放置备用。再将黑芝麻与浸泡过的黄豆放入豆浆机中,加入适量的水,打碎后自动煮熟,再用豆浆滤网过滤后即可食用。

功效:具有养颜润肤、乌发养发的功效。

健康饮食宜与忌

1. 忌喝未煮熟的豆浆

在生活中,会有很多人喜欢买生豆浆,然后回家之后自己加热,加热到

有泡沫上涌的时候就认为是已经煮沸了，其实这是豆浆里的有机物质受热膨胀形成的气泡而已，并不是沸腾，是没有煮熟的。

长期饮用没有煮熟的豆浆对人体是有害的。因为在黄豆中含有的皂角素往往能够引起人们的恶心、呕吐、消化不良等症状。还有一些酶和其他的物质，比如胰蛋白酶抑制物，往往能够降低人体对蛋白质的消化能力。当细胞中产生了细胞凝集素，便能够引起血液凝结。而脲酶毒苷类物质往往会影响碘的代谢，从而则会抑制甲状腺素的合成，引起代偿性甲状腺肿大。

经过烧熟煮透的豆浆，这些有害物质就会全部被破坏，从而使豆浆对人体没有了危害。预防豆浆中毒的办法就是将豆浆在100℃的高温下进行煮沸，从而破坏了有害物质的合成。如果饮用豆浆之后出现了头痛、呼吸受阻等症状的时候，应立即就医，绝对不能延误时机，以防危及生命。

2. 忌在豆浆里打鸡蛋

很多人会觉得在豆浆中放入鸡蛋会更加的营养，其实这种观点是错误的。原因是热豆浆的温度不足对鸡蛋充分地加热。鸡蛋中往往容易含有一些致病的细菌和一些过敏原。如果这些成分没有被充分加热致死，在食用后往往会产生一些不良的后果。

3. 忌冲红糖

很多人觉得这种搭配是十分美味的，因为豆浆加红糖喝起来味道变甜了，会觉得更加的可口，但是红糖里的有机酸和豆浆中的蛋白质进行结合之后，就会产生变性沉淀物，从而会大大地破坏了豆浆的营养成分。

4. 忌装保温瓶

在豆浆中有能除掉保温瓶内水垢的物质，在一定温度的条件下，将豆浆作为原料，瓶内细菌往往就会大量繁殖，经过3~4个小时之后，新鲜的豆浆极可能就会变酸变质，无法饮用。

5. 忌喝超量

一次如果喝豆浆过多，那么就容易引起蛋白质的消化不良，从而会出现腹胀、腹泻等不适的症状。

6. 忌空腹饮豆浆

如果空腹饮用豆浆，那么豆浆里的蛋白质大都会在人体内进行转化，成为人体所需的热量，不能够起到充分补益的作用。饮豆浆的时候，可以选择与面包、糕点、馒头等淀粉类食品一起食用，从而使豆浆中的蛋白质在淀粉的作用下，与胃液较充分地发生酶解作用，使营养物质被充分地吸收。

7. 忌与药物同饮

由于有些药物往往会破坏豆浆里的营养成分，比如四环素、红霉素等抗生素药物，所以在这个时候千万不要把豆浆与药物进行一同饮用。

不适合人群

1. 对于急性胃炎和慢性浅表性胃炎患者来讲，是不宜食用豆制品的，如果一旦食用会刺激胃酸分泌过多从而加重病情，甚至引起胃肠胀气。

2. 在豆类中还含有一定量的低聚糖，这种物质可以引起嗝气、肠鸣、腹胀等症状的出现，所以说有胃溃疡的朋友最好少喝豆浆。而对胃炎、肾功能衰竭的病人来讲，需要饮食少量的蛋白食品，而豆类以及其制品中，富含了丰富的蛋白质，而其代谢产物往往会增加肾脏的负担，所以要禁食。

3. 在豆类中的草酸盐往往可与肾中的钙进行结合，从而会很容易形成结石，这样就加重了肾结石的症状，所以肾结石患者也是不宜食用的。

4. 痛风的情况通常是由嘌呤代谢障碍所导致的一种疾病。而黄豆中富含嘌呤，且嘌呤是亲水物质，如果将黄豆磨成浆以后，嘌呤的含量要比其他豆制品多出好多倍。所以，豆浆对痛风病人也是十分不利的。

5. 对于贫血的儿童以及需要补铁的人士来讲，要少喝点豆浆。这是因为黄豆中的蛋白质会大量阻碍人体对铁元素的吸收。如果你在吃补铁食物的同时还喝了豆浆，铁的吸收率将会大大降低，就更起不到补血的作用了。

酸梅汤：酸甜防暑抗炎热，入夏消暑又清凉

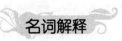

名词解释

酸梅汤是老北京的传统消暑饮料，在当时的老北京也是十分流行的。而在炎热的季节里，多数人家会买适量的乌梅回来，然后自行熬制（也有时用杨梅代替乌梅的情况），可以在里边放点白糖，目的是帮助控制酸味。在冰镇后饮用更佳。酸梅汤的原料主要是乌梅、山楂、桂花、甘草、冰糖等。

营养成分

《本草纲目》中是这样记载的："梅实采半黄者，以烟熏之为乌梅。"因此可以看出它能除热送凉，并且能够起到安心止痛的作用，甚至可以治疗咳嗽、霍乱、痢疾等症状。在神话小说《白蛇传》中就写有乌梅辟疫的故事。该汤消食合中，能够起到行气散淤的作用，并且还可以生津止渴，收敛肺气，除烦安神，那么经常饮用确可祛病除疾、保健强身，这是炎热夏季不可或缺的保健饮品。纯正的酸梅汤是由能够去油解腻的乌梅、降脂降压的山楂，再加上益气润肺的冰糖一起熬制而成的。乌梅、山楂、冰糖又都是养生、清肠、调脂的东西。

历史由来

我国很早以前就有酸梅汤这一种饮品了。在古籍中所载的"土贡梅煎"，就是一种最古老的酸梅汤。到了南宋的《武林旧事》中所说的"卤梅水"，也就是类似于酸梅汤的一种清凉饮料，可见酸梅汤的历史很悠久。现在我们喝到的酸梅汤是清宫御膳房为皇帝特制的消暑解渴饮料，所以才流传下来的，后来流传到了民间。它比从西欧传入我国的汽水要早150年。

以前在哈德门外有一位老人，他常常手拿冰盏（两个小铜碗），弄出声响，希望以此来吸引人们的注意，然后他会边走边吆喝。到了清代，经御膳房改进成为宫廷御用饮品，这就能够看出在当时它的地位，所谓"土贡梅煎"也是指这个。因为酸梅汤可以起到除热送凉的作用，并且具有安心痛、祛痰止咳、辟疫、生津止渴的功效，所以它又被人们誉为"清宫异宝御制乌梅汤"，后来此汤就传入了民间，于是在大街小巷、干鲜果铺的门口，随处可见的都是卖酸梅汤的摊贩。这些小贩儿们会在摊上插一根月牙戟（目的是表示夜间熬的），然后挂一幅写着"冰镇酸梅汤"的牌子。摊主会手持一对小青铜碗，不时地敲击发出铮铮之声。路人一碗下肚，瞬间暑气全消。那时的酸梅汤经营者不仅仅是沿街叫卖，更是摆摊出售，还有不少人会开以酸梅汤为主的店铺。

制作方法

熬制秘诀：酸梅汤的熬制其实就是中药的熬制过程，第一次熬制完成后，再添加第一次水量的三分之二的水进行第二次熬制,才能将材料中的物质充分熬制出来,而且味道也不会比第一次熬制的味道淡。

方法1

材料:乌梅、山楂、甘草,比例大概就是3:2:1,甘草、冰糖的比例一定要适合,不要有苦味儿,也不要太甜。

制作的过程:

第一步:将搭配好的材料一同放入盛满水的锅中进行熬制。

第二步:煮开后将火开为小火,熬制40分钟左右。

第三步:先用鼻子闻闻,是不是已经有味熬制出来,此时也可以稍微品尝一下,如果合适就可以等晾凉后饮用了;反之感觉味道不合适,可以适量加入相应的配料,保证味道更加的酸甜可口。

关键的步骤:

当放入材料之后,一定要等煮开一次后再喝,再调小火进行熬制。

在此之前先不要放入冰糖,等最后味道出来后再放冰糖调整味道。

方法2

原料:

乌梅100克,山楂100克,甘草10克,糖桂花5克,冰糖适量

做法:

首先,要在盆中加入一大勺的清水,然后再把乌梅、山楂、甘草一起放入清水中浸泡30分钟左右。

将其浸泡好之后,再往沙锅中加入约1000克的清水,然后把泡好的乌梅、山楂和甘草一起放入沙锅中,用大火烧开,等到烧开之后,再改用小火煮约30分钟。接下来往锅中加入适量的冰糖,随后再盖上锅盖,煮10分钟左右。等开锅以后,用小勺搅拌几下,就可以盛入小碗里了。

最后再在其中加入一小勺的糖或者是桂花搅拌均匀,这样可口的酸梅汤就做好了。

方法3

材料:

乌梅5颗、山楂干15克、玫瑰果(洛神花)4颗、水1800毫升、冰糖25克

做法：

1. 先将乌梅、玫瑰果、山楂干放在水龙头下冲净。

2. 再将洗好的上述材料都放入锅内进行加水，等到大火烧开的时候，再转入中小火煮 20 分钟左右，放入冰糖即可关火。

3. 晾凉捞出材料。

4. 放入水壶冰镇。

健康饮食宜与忌

在酸梅中含有很多种维生素，尤其是维生素 B_2 的含量也是极高的，是其他水果的数百倍。当然，虽然其味道很酸，但它属于碱性的食物，肉类等酸性食物吃多了，可以喝点酸梅汤，便能够起到帮助消化和保持体内血液酸碱值趋于平衡的作用。

从营养成分上来讲，酸梅中所含有机酸含量非常丰富，比如柠檬酸、苹果酸等。其中，有一种特殊的物质，叫做枸橼酸，它能有效地抑制乳酸的产生，并可以驱除那些促使血管老化的有害物质。身体内乳酸的含量高的话，是导致人们疲劳的重要因素。因此，当夏日疲惫时，喝杯酸梅汤可以起到很好的提神作用，这种饮品不仅能够让肌肉和血管组织恢复活力，而且能够让你的食欲大开。另外，这么多的酸性物质还可以促进唾液腺与胃液腺的分泌，不仅能起到生津止渴的作用，出外游玩时也能够避免晕车现象的发生，还能在喝酒过多的时候，起到醒酒的作用。

要从中医上来讲，肝火旺盛的人更是应该多吃酸梅。它不但能起到平降肝火的作用，还能帮助脾胃进行消化、滋养肝脏。另外，酸梅还是天然的润喉药，不仅能够温和滋润咽喉发炎的部位，还能够缓解疼痛。

但是，儿童最好不要过多地食用酸梅类食品。因为儿童的胃黏膜结构还是比较薄弱的，抵抗不了酸性物质的持续侵蚀，时间久了，会容易引发胃和十二指肠溃疡。

果醋爽：水果成醋酸中饮，软化血管巧驻颜

名词解释

果醋通常是以水果为原料的，比如苹果、山楂、葡萄、柿子、梨、杏、柑橘、猕猴桃、西瓜等，或果品加工的下脚料为主要原料，再加上现代生物技术酿制而成的一种营养丰富、风味优良的酸味调味品和饮品。科学研究发现，果醋爽具有多种功能和功效，它不仅兼有水果和食醋的营养保健功能，还是集营养、保健、食疗等功能为一体的新型饮品和养生产品。

营养成分

果醋爽中含有丰富的氨基酸，其中包括了 18 种游历氨基酸，其中有人体自身不能合成，必须要由食物提供的 8 种氨基酸。由于各种氨基酸的口味有所不同，有的具有鲜味，有的具有甜味等，使这种饮品变得更受人欢迎，并且也使醋的味道变得更鲜美、柔和、可口。

果醋爽中的有机酸含量十分的丰富，正是因为这样才使果醋的食用价值更高一些。有机酸主要是以酸为主，还有乳酸、丙酮酸、甲酸、苹果酸、柠檬酸、草酰乙酸、琥珀酸等 10 多种酸类。而这些有机酸往往都是从蛋白质、脂肪和糖这三大营养物质在人体的新陈代谢中水解合成的，而有机酸的存在使得果醋的酸味变得更加的醇厚，在这个生物反应的过程中，也提供了人体所需要的足够的能量。

这种饮料具有调节血压、通血管、降胆固醇的功效，并且有助于治疗关节炎、痛风症的作用。不仅能够控制和调节体重，还能使体态变得更加的优美；更是具有强健肾脏、减轻小便频密现象的作用；帮助对食物的消化和吸收。

当然，这种饮品还有减轻喉部疼痛、瘙痒及发炎等不适的作用，预防伤风感冒、令呼吸畅顺的功效也是相当的显著的。

历史由来

中国人喜欢喝水果醋，并且具有悠久的历史，据说它的发明还和杨贵妃爱吃荔枝有关。在当时，杨贵妃十分受宠，因此在每年荔枝成熟的时节，唐玄宗都会派专人从南方快马加鞭地将荔枝送至长安。但是荔枝并非一年四季都有，到了没有荔枝的季节，玄宗为了给杨贵妃解馋，便命御厨发明了一种荔枝口味的醋饮料，也就是用醋、糖还有荔枝制成的一种饮品，目的是一饱杨贵妃的口腹之欲，而这种醋饮料也就是现在水果醋的前身了。

如今随着人们生活水平的不断提高，人们对各种饮料的需求都在增加，这也就让这种酸甜可口的醋饮料备受欢迎，并且风靡整个世界。

制作方法

1. 苹果醋

制作方法：

糯米醋 300 克左右，苹果约 300 克，蜂蜜 60 克（可按照自己的口味增减）。将苹果洗净后削皮，然后切成小块放入广口瓶内，并将醋和蜂蜜加入摇晃，要均匀才行。密封置于阴凉的地方，等到一周后即可开封食用。取汁加入 3 倍的开水冲开后可即饮用。

健康功效：要知道苹果和醋的组合是你选择的最佳健康饮品。它不仅可以消除便秘的情况，更能够起到祛除黑斑的作用，还可以促进新陈代谢、解烦闷、去疲劳。如果能够长期饮用，还可以令你的身体状态变得很好。

2. 葡萄醋

制作方法：

选择适量的香醋、大串的葡萄，蜂蜜也要适量。将葡萄洗净，然后去皮、去子后放入榨汁机中榨成汁，再将滤得的果汁倒入水杯中，同时加入香醋、蜂蜜调匀即可饮用。

健康功效：这种饮品能够减少肠内不良细菌的数量，并且能够帮助有益细菌进行繁殖，与此同时，还能够消除皮肤的色斑。此外，葡萄醋内的多糖、钾离子也能够降低体内的酸性，从内到外逐渐地缓解疲劳，增强体力。

3. 酸梅醋

制作方法：

谷物醋约 1000 克、梅子 1000 克、冰糖 1000 克。先将梅子充分洗净，再用布将其一颗颗擦干净。按先梅子后冰糖的顺序置入广口瓶中，然后再缓缓地倒入谷物醋。密封置于阴凉处一个月后，便可以饮用。

健康功效：这种饮品能够起到减肥瘦身、调和酸性体质的作用，如果坚持饮用可以加速新陈代谢，并且有效地将体内的毒素排出；同时能够促进消化，改善便秘，预防老化。

4. 柠檬醋

制作方法：

白醋 200 克，柠檬 500 克，冰糖 250 克（可以增减）。先将柠檬洗干净然后晾干，随后切成片，再取出一玻璃罐，放入柠檬片后再加入白醋，密封约60 天即可食用。

健康功效：柠檬醋能够起到防止牙龈红肿出血的作用，还可以有效地抑制黑斑、雀斑的生长和出现。长期饮用柠檬醋还可以增强抵抗力，让皮肤更加的白皙透嫩。

5. 草莓醋

制作方法：

先用谷物醋 1000 克，熟好的草莓 1000 克左右，再加入冰糖 1000 克。将草莓充分洗净后除蒂部，然后将草莓和冰糖依次置入广口瓶中，然后缓缓地注入谷物醋。密封置于阴凉处一周后，便可饮用。

健康功效：长期坚持饮用草莓醋能够改善慢性疲劳、缓解肩膀酸痛的症状，还会对便秘有很好的疗效。更为有趣的是草莓醋对于压制青春痘、面疱、雀斑的生长也有很好的作用。

健康饮食宜与忌

1. 避免空腹喝醋

空腹最好不要喝醋，以免出现胃酸过多，伤害到胃壁。建议最好是在餐与餐之间或饭后一小时再喝，这样便不会刺激到肠胃，还能顺便帮助一下消化。

2. 趁鲜饮毕保持活性

如果是天然酿造的原醋，那么最好在喝以前能够加入水进行稀释，稀释

后如果不能一次喝完，则应该尽快地进冰箱冷藏，并趁着新鲜尽早喝完，以保持醋的活性及疗效，千万不要饮用变质的果醋。

3. 骨质疏松者注意

对于中年以上妇女、老年人等若是有骨质疏松症状，一定要少量喝醋，这样可以加强钙质的吸收，但是也不宜天天饮醋。过量食醋反而会影响到钙质的正常代谢，从而会使骨质疏松更加的严重。

碳酸饮料：流行时尚碳酸饮，适量饮用最高明

名词解释

碳酸饮料主要成分为：碳酸水、柠檬酸等酸性物质以及白糖、香料等，有些碳酸饮料还含有咖啡因、人工色素等。除了糖类能给人体补充一定的能量外，在充气的"碳酸饮料"中几乎不含有其他对人体产生帮助作用的营养素。

历史由来

碳酸饮料是在18世纪末至19世纪初的时候产生的。最初的发现是从饮用天然涌出的碳酸泉水开始的。也就是说，碳酸饮料的前身就是天然的矿泉水，要想知道碳酸饮料的历史，那么就要了解矿泉水的历史了。

然而矿泉水的研究始于15世纪中期的意大利，开始食用矿泉水是为了治疗某些病症。经过研究证实，人为地将水和二氧化碳气体进行混合，并且与含有二氧化碳气体的天然矿泉水一样，具有特别的风味，因此，这项发现就大大推动了碳酸饮料的制造和研究进程。在1772年的时候，英国人普里司特莱发明制造了碳酸饱和水的设备，从而成为了制造碳酸饮料的始祖。他不仅研究了水的碳酸化，而且还研究了葡萄酒和啤酒的碳酸化。经过研究，他指出水碳酸化后便能够产生一种令人愉快的气味，而这种气体可以和水中其他成分的香味一同溢出。与此同时，他还强调了碳酸水的医疗价值。

在1807年的时候，美国推出的果汁碳酸水，在碳酸水中巧妙地添加了果汁，以果汁当调味的饮料瞬间受到了人们的欢迎，并且以此为开端开始了工

业化生产。

随着人工香精的合成和液态二氧化碳的制成以及机械化汽水生产线的出现,这个时候才使得碳酸饮料首先在欧美国家的工业化生产中得以快速发展起来。更为重要的是,这种饮料很快就传遍了整个世界,并且深受世界人民的喜爱。

在我国碳酸饮料工业起步地相对要晚一些,在20世纪初的时候,汽水设备和生产技术才开始进入我国,并且只是局限在我国的沿海主要城市,因为在那里建立起了许多小型的汽水厂,例如天津的山海关、广州的亚洲等汽水厂,但产量都是相当低的,饮用的人群也仅仅局限在一些有钱人中。

此后在武汉、重庆等地又陆续建成了一些小的汽水厂。至中国解放前夕,我国饮料总产量仅有5000吨。到了1980年后,碳酸饮料得到迅速发展,产量也在成倍地增加,这个时候的饮料已经是大众人群都能够饮用得起的一种商品了。随着技术的不断完善,碳酸饮料的品种越来越丰富,口味也发生了很大的变化。

制作方法

碳酸饮料一般是在液体饮料中充入二氧化碳而做成的,其主要成分为糖、色素、香料等。碳酸饮料已经成为人们日常生活中所必不可少的饮品之一。尤其是在炎热的夏季,人们通常会用其消暑解热,尤其是在餐桌上,它也成了必备的饮品。因为它们的口感甜美,深受大众的欢迎。碳酸饮料中,含有大量的糖分、防腐剂、色素、香精。碳酸饮料中还含有极少量的维生素、矿物质。碳酸饮料的最主要成分是水,因此,对维持体内的水液电解质平衡有一定的作用。

健康饮食宜与忌

1. 对于那些处于更年期者、儿童、老人以及糖尿病患者是不应该多饮用这种物质的。如果小儿过多地喝碳酸饮料往往会导致龋齿的出现。

2. 在吃饭前后的时间段中,以及用餐中都不宜喝碳酸饮料。

3. 碳酸饮料中往往都会含有磷酸等成分,这种成分进入体内会和身体中的钙物质发生一定的反应,并且对牙齿、骨骼有着十分重要的影响,所以不宜多饮,也不宜天天饮用。

4. 碳酸饮料中的化学成分对人的生殖功能是不利的,如果过多饮用可能会导致不孕不育现象的出现,并可能致使男性精子质量下降。

5. 过多饮用这类饮品往往会增加心肾的负胆，促使人产生心慌、乏力、尿频等不适的症状，同时，饮用过多则胃液的消化、杀菌力也会因此而受影响降低，严重者还可能会造成胃肠疾病的出现。

6. 这类饮品也不可以和酒一起饮用，与酒一起饮用，往往会加快人体对酒精的吸收，反而对胃、肝、肾造成一定的损害。

咖啡：浓郁咖啡成文化，口口香醇口感好

名词解释

"咖啡"（Coffee）一词本来是源自于埃塞俄比亚的一个名叫卡法"kaffa"的小镇，咖啡本来在希腊语中的意思就是"力量与热情"。茶叶、咖啡、可可并称为世界三大饮料。咖啡树属于茜草科常绿的小乔木。在日常的饮用过程中，咖啡是用咖啡豆配合各种不同的烹煮器具，然后制作出来的。而咖啡豆也就是咖啡树上果实内的果仁，然后再用适当的方法烘焙而成的。

营养成分

在每 100 克咖啡豆中往往会含有水分 2.2 克、蛋白质 12.6 克、脂肪 16 克，并且糖类可以达到 46.7 克、纤维素约 9 克、灰分 4.2 克、磷 170 毫克、铁 42 毫克、钙 120 毫克、钠 3 毫克、维生素 B_2 0.12 克、咖啡因 1.3 克、烟酸 3.5 毫克、单宁 8 克。而在每 100 克的咖啡中，浸出液含水分 99.5 克、蛋白质的含量达到了 0.2 克、脂肪为 0.1 克、灰分达到了 0.1 克、糖类微量、钙 3 毫克等，并且磷、钠、维生素 B、烟酸的含有量也是能够满足人体需要的。

历史传说

对于咖啡的起源有许多种不同的传说。其中，最为普遍的，并且为大众所熟知的是牧羊人的故事。传说中有一位牧羊人，他在牧羊的时候，偶然间发现他的羊突然就开始蹦蹦跳跳、手舞足蹈。他开始不知道为什么会出现这种情况，然后经过仔细地观察，发现原来羊是吃了一种红色的果实才导致举

止滑稽怪异的。因此，他试着采了一些这种红果子回去进行熬煮，却没想到满室的芳香，并且将熬成的汁液喝下以后更是精神振奋并且神清气爽。从此，这种果实就被作为一种提神醒脑的饮料，且颇受好评。

制作方法

1. 摩卡咖啡

配制方法：先在杯中加入 20 毫升的巧克力糖浆和很浓的深煎炒咖啡，然后搅拌均匀，再加入 1 大匙奶油，此时会发现奶油浮在了水面上，再削一些巧克力来作装饰，最后再按照自己的喜好添加一些肉桂棒。

2. 摩卡薄荷咖啡

"在冷奶油上倒上温咖啡"，冷奶油浮起，称为冷甜奶油，而它下面的咖啡则是热的。此时，不要搅拌，并让它们保持各自的不同温度，所以说此时喝起来是很有意思的。而这就是美国人爱好的巧克力薄荷味咖啡，薄荷味咖啡就这样调和酿造出来了。

配制方法：先在杯中加入 20 克巧克力、深煎炒的咖啡，再加入 1 小匙白薄荷，再加 1 大匙奶油浮在上面，最后削一些巧克力末在上面，最后装饰一片薄荷叶即成。

3. 卡布奇诺

配制方法：把深煎炒的咖啡预先进行加热，再倒入小咖啡杯里，加入 2 小匙的砂糖，再放入 1 大匙奶油，使其浮在上面，随后淋上柠檬汁或橙汁，再用肉桂棒代替小匙插入杯中。

4. 椰子汁加奶油块的咖啡

配制方法：先在杯子中滴入 2 滴椰子香精，注入深煎炒的咖啡和煮沸的牛奶约 60 毫升，然后，再加入一匙奶油，让其浮在水面上，随后撒上一些熟椰子末作装饰即可。

5. 混合咖啡

配制方法：先在杯中加入稍深煎炒的咖啡，然后将等量的牛奶倒入到奶锅中，再用小火进行煮沸。等到起泡之前，再加入奶油，千万不要等泡沫消失了就倒在咖啡上。

6. 那不勒斯风味咖啡

配制方法：选择有把儿的杯子，在有把的杯子中注入很深煎炒的咖啡，

然后在表面上放一片柠檬。

7. 热的摩加佳巴

配制方法：先将深煎炒的咖啡、溶化的巧克力、可可、蛋黄和少量牛奶都放在火上加热，要充分搅拌，再加入 1 小匙砂糖。等到搅拌均匀之后，再倒入杯中，然后加 1 大匙奶油，让其浮在上面，削上一些巧克力末作装饰。

健康饮食宜与忌

1. 切记咖啡不适合与茶一起饮用，因为在茶和咖啡中的鞣酸会促使铁的吸收减少 75% 左右。

2. 同时，茶叶和咖啡中的单宁酸也会导致钙的吸收率降低。所以说，喝茶和喝咖啡的时间，最好是选在两餐当中的时间段进行。

3. 孕妇不宜大量地饮用，尤其是大量饮用含咖啡因的饮料或食品后，往往会出现恶心、呕吐、头痛、心跳加快等症状。当然，咖啡因还很可能会通过胎盘进入到胎儿的体内，从而影响胎儿的发育。

4. 想减肥的人不要多饮用咖啡，尤其是对于肥胖者来讲，更是不要大量地饮用咖啡。在常见的咖啡伴侣中往往会含有较多的奶类、糖类和脂肪，而咖啡本身就会刺激胃液过多分泌，促进食物的消化和吸收，这不但减不了肥，反而还会使人发福发胖。

5. 儿童不宜多喝咖啡。在一般情况下，咖啡因可以促进儿童的中枢神经系统的兴奋，从而会干扰儿童的记忆，儿童很可能会形成多动症。

6. 对于浓茶、咖啡、含碳酸盐的饮料来讲，到达人体之后，往往也会形成消化道溃疡病的危险因子，对人的肠胃是不利的。

7. 紧张时添乱。咖啡因有助于提高警觉性、灵敏性、记忆力和集中注意力，但饮用的量如果超过自己身体所能承受的范围，就可能会产生类似食用相同剂量的兴奋剂，从而会造成神经出现过敏的情况。对于有倾向焦虑失调的人来说，咖啡因会导致手心冒汗、心悸、耳鸣等这些症状的出现和恶化。

8. 加剧高血压。咖啡因本身就具有止痛的作用，也会经常与其他简单的止痛剂合成复方，但是，如果长期大量地服用这种饮料，如果你本身已有高血压了，还使用大量咖啡因，那么只会使你的情况更为严重。因为仅仅是咖啡因就能使血压上升了，再加上情绪上的过度紧张，就会产生危险性的相乘效果。

点心：中西甜点故事多，透过美食看历史

　　相传东晋时期，一大将军见到战士们日夜血战沙场，英勇杀敌，屡建战功，甚为感动，随即传令烘制民间喜爱的美味糕饼，派人送往前线，慰劳将士，以表"点点心意"。自此以后，"点心"的名字便传开了，并一直沿用至今，这就是中国点心的由来。通过数千年点心师们的创作，除了口感美味十足外，它们的基本形态也变得更加丰富多彩，达到了审美要求，也完善了文化韵味。当然除了中式餐点以外，西方的烘焙甜点也是世界甜点界的点睛杰作，各种蛋糕、冰点、饼干，可谓是花样繁多、让人垂涎欲滴，目不暇接。由此看来，其实不管是哪个国家、哪个民族，对于食物的期待都是一样的，不管自己从事的是什么工作、年龄多大、生活怎样，在这些小点心面前，所有人都是一个童心未泯的孩子，期待的是一份简单的幸福，幻想有一个浪漫和美丽的童话世界。

豌豆黄：清滑爽口冰点块，一口爽滑常挂念

名词解释

在农历的三月初三吃豌豆黄是北京人的一个习俗，所以豌豆黄就成了北京人的传统小吃。在北京，人们把豌豆黄分成民间和宫廷两种。一到春天，北京的市场上就有豌豆黄出售，春天快结束时都有卖的。然而最好的豌豆是张家口的花豌豆，当时一同传入清朝宫廷的还有芸豆卷，是一种春夏季节食用的佳品。

营养价值

豌豆黄本来是一种民间的小吃，后来被传入宫廷使用。做成的成品有浅黄的色泽、口感细腻、味道纯净、入口就化。豌豆有可以止渴、通小便、解除疮毒、消炎等的作用，更有减肥、降血压、除脂肪的功效。在100克豌豆黄里含有以下营养物质：碳水化合物26.70（克），脂肪0.60（克），蛋白质7.50（克），纤维素2.20（克），维生素E 2.91（毫克），胡萝卜素30.00（微克），核黄素0.04（毫克），烟酸1.70（毫克），镁52.00（毫克），锌2.71（毫克），铜0.24（毫克），锰0.35（毫克），钾137.00（毫克）等营养元素。

历史传说

有一天正当慈禧在北海的静心斋休息时，忽然听到敲打铜锣的声音和吆喝声从大街上传来，心想这是在做什么，于是就问旁边的太监外面在干什么。当值太监回话说是卖芸豆卷和豌豆黄的。一时兴起的慈禧便下命令把敲铜锣的人叫到园子来。来人一看是老佛爷，急忙下跪，并把豌豆黄和芸豆卷双手捧着，呈给慈禧品尝。慈禧嚼了一小口，一直称赞东西好吃。后此人被留在宫中，专门做豌豆黄、芸豆卷给慈禧食用。

民间的豌豆黄

民间的糙豌豆黄儿被当做是典型的春令食品，常常在春季庙会上出现。例如"小枣糙豌豆黄儿"出现在三月三的蟠桃宫，就被当做是时令鲜品。"嗳，这小枣儿豌豆黄儿，大块的来!"一声吆喝就把春天的讯息报给了人们，春天的暖意也被带来了。

制作方法

把白豌豆去掉表皮，用多于豌豆两倍的水，把豌豆焖烂，再将糖放进去翻炒，再把石膏水和煮熟的枣拌均匀，放到较大的沙锅里，将其冷却成坨以后，用手抠出来，把它切成菱形的块状，用小片的金糕进行装扮。

清宫的豌豆黄

清朝皇宫的御膳房把民间的小枣糙豌豆黄进行加工改进就形成了"细豌豆黄儿"，它与芸豆糕、小窝头等同称为宫廷小吃。民国后在北海公园的仿膳茶社和漪澜堂饭庄把豌豆黄每十块放到一个纸盒里出售。

制作方法一

1. 把上好的白豌豆稍磨去皮，用凉水浸泡3遍。

2. 把去皮的豌豆放到用铜锅烧水的锅里面（而不是铁锅），把豌豆煮成粥状，同时要加入碱，最后把汤汁过箩，将白糖加入到过完箩的豌豆粥里。掌握火候，太过会使凝固的块状有裂痕，太嫩块状又不容易凝固，用适当的火候炒半小时。

3. 炒的过程要拿木板时不时地捞起看一看，如果缓慢往下流的豆泥不能立即和锅里的豆泥融合，反而是堆成一堆之后再与锅里的豆泥相溶（俗称堆丝），便可以出锅了。

4. 把出锅的豆泥倒在白铁模具里，将光滑的薄纸盖上，既不会出现裂纹又保洁晾凉后，豌豆黄就做好了。

制作方法二

1. 将洗干净的豌豆晾干，把小苏打放入且拌匀，静放五六个小时，用清水浸泡，最好是水面没过豌豆3厘米。

2. 5~6 小时后，把倒掉的苏打水用清水清洗四五遍即可，用没过豌豆四五厘米的清水来煮沥干的豌豆。将煮制过程中的白色泡沫撇去，把火调成中火，再把所有的豌豆煮酥烂就可以。

3. 为了尽量使豌豆破碎，就要用电动打蛋器搅拌已经酥软的豌豆（汤）。

4. 豌豆糊过滤后会更加的浓稠细腻。

5. 把加入白糖拌匀的豌豆糊用文火继续加热至浓稠，呈半固体状就可以关火了。

6. 在室温中降温至不烫手，填入模具中，放入冰箱冷藏。用活动底的模具方便冷藏后去模。

7. 4 小时以后取出，脱去模具就可以食用。

主要功效

豌豆有止渴、通小便的作用，还能和中下气、解除疮毒、消炎、去热降暑，更重要的是它有除去脂肪、降低血压、帮助减肥的效果。

制作注意事项

1. 想要做出上等的豌豆黄必须把豌豆煮烂后过滤。
2. 炒豌豆蓉时要不停搅拌，防止炒煳。

健康饮食宜与忌

虽有除脂肪、降血压的功效，但低血压者也不宜食用过量。

茯苓饼：茯苓一品可入药，安神静心养睡眠

名词解释

茯苓饼，即把茯苓霜和精制面粉做成薄饼，再将用砂糖或蜂蜜熬制的蜜饯松果碎仁夹在中间，做成满月形，雪白且像纸一样薄的风味独特的饼。又称茯苓夹饼，是一种能够滋补的北京传统名吃。有关茯苓饼的具体制作方法，

在800年前南宋的《儒门事亲》中有记载："茯苓四两，白面二两，水调作饼，以黄蜡煎熟。"只是没有现如今的那么美味。清初，有"糕贵乎松，饼利于薄"的说法，所以以后的饼才越做越薄。由于慈禧喜欢吃，可以用来强身健体，所以价钱也随之提高。

营养成分

茯苓具有美容、养颜，滋补的功效，还具有无色无味的特点，可以用做中药。茯苓夹饼将茯苓配上各种新鲜水果、饴糖等加工而成，其中没有任何的食品添加剂，是一种健康营养的绿色天然保健品。茯苓夹饼不仅口味鲜美，还含有人体需要的蛋白质和多种维生素，营养更加丰富。长期服用可以增强体力，女性可以美容养颜，更是滋肾养肝、补气润肺的良药。

历史传说

晚年的慈禧为什么那么爱吃茯苓饼？传说有一个人称"老寿星"的方丈住在北京城外香山上的法海寺。很多人来此寺上香祈福，都见过这位每天坚持练功、坐禅、上山采药的老方丈。有时会有好奇的人问方丈高寿，就连他自己也不清楚究竟自己多大岁数，但是他的精神特别的饱满。然而他平时都是吃些松子，还有自己亲手烙的一些小圆饼。

有一次慈禧太后生病了，没什么胃口不想吃东西，太医们开了一些药方，还让御膳房做些开胃菜给太后食用。有人突然想起一味能够益脾安神吸收水分的中草药茯苓，多产于云南一带，随即把茯苓粉加入松仁、桂花等混合物里，把上等的面粉摊成饼用做饼皮，加入以上混合物做成夹心饼。慈禧吃了以后非常满意，有时还用此饼来打赏有功之人。

就在这一年，慈禧看着在香山养病的自己年纪是越来越大，还时常犯心痛病，担心自己活不长。御医听说有一位方丈有长生不老的神药，让慈禧跟这位方丈询问。大家都知道慈禧是太后老佛爷怎会亲自去请，于是叫几个人用大轿把方丈请进宫来，出于礼貌命下人奉茶给老方丈，并与老方丈寒暄了几句。临走之前，方丈把自己做的小圆饼献给了慈禧。方丈走了以后，慈禧拿起小圆饼咬了一口，感觉神清气爽，于是吃完了所有的小圆饼。几天之后的慈禧红光满面，精神十足，完全没有病态，心想是不是吃了小圆饼的原因，

又回想老方丈那么大的年纪，精神那么好，而自己的病情也得到了缓解，应该亲自去拜访老方丈一下，略表自己的谢意，还可以询问到长寿不老的灵丹妙药。第二天早晨，慈禧就带了几个随从来到法海寺门前，刚刚站住脚就闻到有一股清新的香气。她径直走向方丈的禅房，也没有让随从宣报，就看到方丈在做前几日给自己的小圆饼。方丈闻声转身，看是太后急忙磕头跪拜。慈禧认真仔细地听方丈讲解小圆饼的做法，得知小圆饼有延长寿命的作用。老方丈说："人生在世不求仙，五谷百草保平安。此饼乃是老衲所采茯苓所制，名曰'茯苓饼'，有养生健身奇效。"边说边拿来自己上山采的茯苓让慈禧看。慈禧将自己看到的茯苓牢记在心里，回到京城就立刻叫来御膳房管事和御医们，把自己所看到的，听到的都讲给他们听，并下令让他们做"茯苓饼"。没过多久这种美味可口还能延年益寿的小东西就摆在太后面前了。御医们把经过研讨后的制作方法记载入太医院的"仙方册"中。制作"茯苓饼"的御膳房名厨也被重赏了。在慈禧身边服侍多年的侍婢回忆说，老佛爷自从把这"茯苓饼"作为饭桌上必有的一道菜天天吃以后，还真是变年轻了，不仅头发变得又黑又亮，就连心疼病也极少发作了。

制作步骤

原料：

精白面粉 1.25 公斤，淀粉 5 公斤，绵白糖 18.75 公斤，桂花 1.25 公斤，核桃 18.75 公斤，蜂蜜 9.25 公斤

工具：

特制茯苓饼的专用烘模一副，把两块直径为 13 厘米的圆铁片，一端用铰链连接，另外一端装上钳饼，刻上凹形的花纹在里面。

1. 制饼皮：把面粉和淀粉调制成糊状，比豆浆稍微浓一些。把抹上油的烘模放到炉上加热，将少量的面糊用汤匙舀入，立刻合拢模具，开启压好的面糊的模具，取出烤熟的圆形饼皮。

2. 制馅：把用锅熬溶的砂糖和蜂蜜水分控干，可以增加其黏性，然后把碎核桃仁和桂花放进糖中拌匀就可以了。

3. 成型：把 40 克馅放在摊平的饼皮上，再在馅上面盖一层饼皮。这样做成的馅饼馅满皮薄。

制作注意事项

保持饼皮雪白颜色，速度要快火候不宜过大。饼皮留出 1 厘米的空间，把馅放到饼中间。

健康饮食宜与忌

1. 茯苓药性平和，不伤正气，是利水渗湿的良药。茯苓对脾的补益作用比较弱，把健脾的作用建立在利湿的基础上，利用利湿来达到健脾的目的，所以因湿邪导致的脾虚者不宜多食。

2. 不管是什么原因导致的津血虚亏、口干舌燥，并且不脾虚湿困的患者，不应用茯苓饼强身健体。此外，在天气干燥的秋季，人体本来就容易损伤阴湿，还坚持吃茯苓饼会加重症状。

3. 患有高血糖、高血脂等代谢异常的病人，不宜过量食用市面上所售的茯苓饼，在食用时要慎重选择，并且适量食用。

绿豆糕：清毒爽滑好冰点，一品一食故事多

名词解释

绿豆糕是著名的京式四季糕点之一。它的形状规则并整齐，色泽浅黄，组织细润而紧密，口感清香绵软并且不粘牙。制作绿豆糕的原料主要有绿豆粉、豌豆粉、黄砂糖、桂花等，这种小吃是很好的清热解毒、保肝益肾的消夏小吃。

营养成分

每 100 克含有的营养成分：热量（大卡）约 349.00、73.40 碳水化合物（克）、脂肪（克）1.00、蛋白质（克）12.80、纤维素（克）1.20。

绿豆糕是用绿豆制成的，绿豆又称做是青小豆。传统的医学认为绿豆性味甘寒，无毒，并且有清热解毒、祛暑止渴、利水消肿、明目退翳、美肤养

颜的功效。

历史传说

据说在很久以前，在一个兵荒马乱、民不聊生的年代，有个山东人，他叫李壮，而他的妻子叫东亮，既年轻漂亮又聪明。夫妻二人到处谋生，当他们走到山西盐池附近的时候，听说那里在征招挖盐的苦力，李壮夫妇就决定留在那里工作，然后在那里生存了。李壮是个十分勤快的人，每天天不亮就出发了，天黑了才回来，就这样早出晚归。虽说他很有力气，但也经不住长期的体力劳动，他每天都筋疲力尽地回来。这样一来，妻子很心疼他，于是就想尽办法，希望能给丈夫补充一些营养。

尤其是在炎热的夏季，妻子总是熬一大锅绿豆汤，既解渴，还能防止中暑。熬煮的时间长了，熬汤剩下的绿豆便剩了下来，如果直接扔掉，那么也太可惜了，于是东亮就想这绿豆可以给丈夫补充营养，但是要怎么样将这些绿豆做成好吃的食物呢？这个时候她想到了，自己在冬天的时候买下好多柿饼，现在还没有吃完。经过考虑，东亮终于想出一个两全齐美的办法。她将煮熟的绿豆去掉皮，用手掌拍成面，再将柿饼去核，用刀切成块，一层绿豆面，一层柿饼块，然后装入一个盒子里，用锅来蒸，随后又放置于水瓮中冰。第二天拿出来之后，她便用盐水一浸，倒出来切上了一大块让丈夫带到盐池去。没想到，丈夫吃了连连夸奖好吃，但是几天下来，丈夫发现这东西虽然好吃，但是却不禁饿。一时间，东亮也想不出什么好办法来了。

有一天，东亮跟丈夫去盐池，碰巧看见一个赶车驮盐的车夫，这个车夫正在喂牲口。她仔细一看，发现那牲口吃的竟然是豌豆。出于好奇，她便去问车夫，为什么喂豌豆给牲口。车夫告诉她，这牲口吃了豌豆劲大，再高的坡都能爬上去。东亮便买了一些豌豆，回来之后便将豌豆煮熟，然后去皮，仍像用绿豆掺柿饼的办法一样炮制，然后再让丈夫李壮将这些东西带到盐池去吃。

绿豆糕种类与制作方式

普通绿豆糕

1. 配料比例

绿豆粉13公斤，面粉1公斤，炒糯米粉2公斤，白糖粉13公斤，菜油6

公斤,猪油 2 公斤,食用黄色素适量。

2. 制作方法

(1)顶粉:将绿豆粉、面粉、白糖粉、猪油、食用黄色素放在一起,然后用凉水和成湿粉状。(2)底粉:用 10 公斤绿豆粉、2 公斤的炒糯米粉、白糖粉 9.8 公斤、菜油 6 公斤,加入适量的凉开水和成湿粉状。(3)再将筛好的面粉撒在印模里,把顶粉和底粉按基本比例分别倒入印模里,用劲压紧刮平,然后再倒入蒸屉,蒸熟即可食用。

苏式绿豆糕

1. 配料比例

(1)豆沙绿豆糕:绿豆粉 8.25 公斤,绵白糖 8 公斤,麻油 5.75 公斤,面粉 1 公斤,豆沙 3 公斤。

(2)清水绿豆糕:绿豆粉 9.15 公斤,绵白糖 8.65 公斤,麻油 6.25 公斤,面粉 1 公斤。

2. 制作方法

拌粉:先将绿豆粉、面粉放在台板上,再将糖放入中间,并加入一半麻油进行搅匀,随后再掺入豆粉和面粉,搓揉均匀之后,即成糕粉。

制坯:此时要预备花形或正方形木质模型供制坯用。将糕粉过目筛后填入模具内,然后按平撳实,再翻身敲出,随后放在铁皮盘上,即成糕坯。将夹心即豆沙绿豆糕制坯,是在糕粉放入模中少一半时放入豆沙作为馅儿心,然后再用糕粉盖满压实,刮平即成。

蒸糕:将制成的糕坯以及连同铁皮盘放在多层的木架上,然后将糕坯放入笼隔水蒸 10~15 分钟左右,待糕边缘发松并且不粘手的时候即好。

成品:蒸熟冷却后在糕面刷一层麻油即成。

健康饮食宜与忌

在中秋炎蒸始退的时候,湿热风最容易侵肌肤,从而燥邪犯肺,肠胃功能消化力也会变差,所以这个时候更适宜食用绿豆糕,这样便可以起到除烦、消暑、清热、祛燥、解毒和调五脏的功效。经过现代食品卫生专家分析,绿豆富含淀粉、蛋白质、脂肪油,烟碱酸等营养成分,食用之后,会对人体甚有裨益,妙用也甚多。

1. 绿豆性寒，体寒容易腹泻的人不能多吃。

2. 绿豆糕的糖分含量也比较高，一次最好不要吃得太多，老年人更要少吃。对于已经患有糖尿病或者有糖尿病家族史的朋友来讲，最好对绿豆糕、芝麻糕还是"敬而远之"的好，可选择其他低糖或无糖的芝麻制品来代替。

3. 一到冬天就四肢发凉、体质虚弱的人，对于这种食物千万不要贪嘴多吃。

萨琪玛：满族零食话满族，美点特酿蜜汁连

名词解释

萨琪玛，本是满族的一种食物，也是清代关外三陵祭祀的祭品之一，是将面条炸熟后，用糖混合成小块，粘质一起。萨琪玛是北京著名的京式四季糕点之一，在以前的北京城，这种食物又被称做是"沙其马"、"赛利马"等。萨琪玛具有色泽米黄、口感酥松绵软的特点，更是香甜可口，像桂花蜂蜜一样香味浓郁。

营养成分

萨琪玛是以小麦面粉为主要原料的，并且加入新鲜的鸡蛋调制面团，再用纯净色拉油炸制，同时加入白糖、饴糖粘裹成型，并辅以各种果仁果脯，不仅色泽好看，更是具有丰富的营养价值，因为其使用的鸡蛋中含有丰富的优质蛋白，因此，可提供丰富的卵磷脂、DHA 和维生素；而饴糖则可以分解成单糖，这就便于人体吸收供给能量，同时它还具有补虚冷、健脾和胃、润肺止咳、缓气止痛的作用，是少儿、产妇、中老年人、体虚弱者的滋补佳品。除此之外，麻仁富含脂肪油，而脂肪油可以起到润燥的作用，这对人体也是十分有益的，尤其适用于治疗老年人血虚津枯便秘。其中包含的各种果脯也含有丰富的维生素与矿物质，所以说萨琪玛是一款营养价值极高的佳食美点。

历史传说

传说一

清朝的时候，在广州任职的一位满洲将军，他姓萨，很是喜爱骑马打猎，而且每次打猎回来之后都会吃一点点心，而这些点心还不能重复！有一次萨将军出门打猎前，特别吩咐厨师要做一些从未吃过的东西，如果厨师不能够让自己满意，那么厨师们也就只能回老家了。负责做点心的厨子一听，一个不留神，把沾上蛋液的点心炸碎了。可是偏偏这时将军又催要吃点心，大厨子一火大便骂了一句："杀那个骑马的！"这才慌慌忙忙地端出来了点心。

想不到，萨将军吃了之后，非常地满意，他问这点心叫什么名字。厨子随即回答一句："杀骑马。"结果萨将军听成了"萨琪玛"，此点心因而得名。

传说二

有一位做了几十年点心的老翁，他想要创作一种新的点心，并且又从另一种甜点中得到了一些灵感。起初他并没有为这道点心命名，便迫不及待地拿到了市场去卖。由于突然下起了雨，老翁便到了一所大宅门口去避雨。不料那户人家的主人这个时候正好骑马回来，便将老翁放在地上盛着点心的箩筐踢到了路中心去了，点心全部都摔坏了。后来老翁又做了同样的点心去卖，结果却大受欢迎，那时有人问到这个点心的名字是什么，他就答了"杀骑马"，最后人们将名字雅化成"萨琪玛"。

传说三

较有根据的故事则是在当年努尔哈赤远征的时候，见到了一名叫"萨其马"的将军，他带着妻子给他做的点心，那种点心不但味道好，而且还能长时间地保存不变质，适合带去行军打仗。当努尔哈赤品尝了之后，便大力赞赏，并把这种食物命名为"萨琪玛"。

制作步骤

食材：鸡蛋三个，面粉（低筋）两杯半，发泡粉两茶匙，麦芽糖四两，白糖八两，清水一杯，葡萄干两汤匙，白芝麻一汤匙，炸油十杯。做法：

1. 将面粉与发泡粉过筛，然后一起放在面板上，在中间拨开一个凹处，再将蛋一个个打下。将鸡蛋和面粉肉拌均匀，和成面团。

2. 用擀面杖将面团擀成半厘米左右厚的大面皮形状，然后再切成细面条状即可，全部切好之后撒下干面粉拌开（以免面条粘黏）。

3. 将油烧热后，分三次将切好的面条放入油中炸黄，捞出来后沥干，装在大盒内。

4. 在其他小锅内放入一定量的白糖、麦芽糖，然后用温水熬煮，直至糖汁已能拉出丝时即可。此时离火马上淋浇在面条之中并迅速搅拌。

5. 将炒过的白芝麻与葡萄干混合，撒在板上，再将拌过糖汁的面条全部倒在上面，用手压紧，做成四方块。

健康饮食宜与忌

1. 如果是患有咽炎、口腔溃疡的人，不要多吃。

2. 对于肥胖人士来讲，也应该要少吃。

烧麦：一屉一笼蒸美味，百年传承独一处

名词解释

烧麦又被称做是烧卖、肖米、稍麦、稍梅、烧梅、鬼蓬头，这是一种以烫面做皮并包裹着馅的食物，需要蒸熟才能食用的面食小吃。其形状如石榴，洁白晶莹，馅多皮薄，并且清香可口。这种小吃是中国土生土长的，并且拥有悠久的历史。在江苏、浙江、广东、广西一带，人们把它称做烧卖，而在北京等地则会将其称做是烧麦。这种食物喷香可口，并且兼有小笼包与锅贴的优点，在民间常作为宴席以供人们享用。

历史传说

在北京有一个吃烧麦的去处，那就是北京的都一处饭庄，这里的烧麦至今已有两百多年的历史了。烧麦，这种食品得到全国人们的喜欢，因此在我国各地都有，只是各地的叫法不同，如山西人们将其称做稍梅，湖北则叫其为烧梅，而在江浙一带叫烧卖等。而北京的烧麦是从山西引进来的，当地之

所以叫烧麦，一种说法是取了山西的梢梅的谐音，而另一说法则是因为烧麦顶上用手捏出的 18 个褶，就像是麦梢上绽开出来的花一样，所以就称其为烧麦。

有关烧麦一词的来历，也是有多种说法的。在开始出现烧麦的时候，仅仅是在茶馆中出售，食客们一边喝着浓郁的砖茶或各种小叶茶，一边就着吃热腾腾的烧麦，故烧麦又称"捎卖"，意思就是"捎带着去卖"之意。也有人说这是因为烧麦的边缘折很多，和花一样，故又称之为"稍美"。还有一种说法是，烧麦在开始的时候被称作是撮子包，由于觉得名称不雅，而它的边缘又像快熟的麦穗，遂改名为烧麦。现今烧麦已成了美味可口的主食，所以一般人约定俗成叫"烧麦"。

早在乾隆三年的时候，浮山县北井里村的王氏，就在北京前门外的鲜鱼口附近开了个浮山烧麦馆，同时这家烧麦馆也制作炸三角和各种名菜。在某年除夕之夜，乾隆从通州私访归来，经过这里，然后就决定到浮山烧麦馆吃烧麦。这里的烧麦馅软喷香并且油而不腻，再加上洁白晶莹，如玉石榴一般的色泽，更是让人越吃越想吃。当然，乾隆食后赞不绝口，回宫后便亲笔写下了"都一处"三个大字，然后命人制成牌匾送往浮山烧麦馆。从此烧麦馆的名声便大振，身价也倍增。

制作步骤

主料：猪肉馅

辅料：云吞皮、鸡蛋、青豆、洋葱

调料：香油、酱油、盐、胡椒粉、淀粉、料酒、姜末

1. 先将瘦肉及肥肉一同剁烂，然后加入调味料，随后搅拌至起胶状，随后，分别做成小肉丸。

2. 将面粉筛匀后，放入大碗中，然后慢慢地加入滚水，随后迅速地搅拌成软粉团，然后以少许面粉爽手，然后，将粉团搓成长条的形状，再将其分切成小圆粒，碾成薄圆形的粉皮，再放入肉丸，做成小笼包形状。

3. 在蒸笼里涂上油，然后再铺上菜叶，随后在菜叶上抹上油，放入小笼包再隔水蒸七至八分钟，准备好之后，再将蘸汁一同上桌，趁热进食。

烧麦皮的制作：先将土豆劈成两半，然后将其放锅里煮熟，紧接着迅速

地捞出来沥水去皮，随后放入盛有面和生粉调制混合的盆里，这个时候用器具碾压土豆边，然后再用筷子搅拌均匀。等到不烫手的时候，再用手将没碾碎的土豆捏碎，再把面和成均匀的面团，随后放在盆内用干净的布盖上，等待待用。

取一个面剂子，用碗底压成片，放适量馅料，围口即可。

制作注意事项

1. 正宗的烧麦皮是用专门的擀面杖擀制而成的，将外缘的部分压出褶皱，然后像荷叶裙边一样进行粘制。

2. 在包烧麦的时候，先不用收口，需要用拇指和食指握住烧麦边，然后再轻轻地收一下就可以了。

3. 在蒸之前一定要在烧麦的表面喷一些水，因为在擀烧麦皮的时候需要加入许多的面粉，这个时候才能压出荷叶裙边，如果不进行喷水的话，蒸好的烧麦皮会很干。

麻花：一鸣惊人天津产，脆中带甜脆又香

名词解释

麻花是中国的一种特色的健康食品，其目前主要产地就在湖北省崇阳县与天津地区。而湖北崇阳以小麻花出名，天津地区则以生产大麻花出名，将两三股条状的面拧在一起，然后用油炸熟即可。麻花具有金黄醒目、甘甜爽脆的特点，同样更是因为它的甜而不腻、口感清新、齿颊留香的特征而深受人们的喜爱。它好吃而不油腻，多吃亦不上火，并且富含蛋白质、氨基酸、多种维生素和微量元素等。小麻花热量也适中，脂肪含量比较低，既可用做休闲品味，又可作为佐酒伴茶，是理想的休闲小食品。

营养成分

麻花的营养成分主要有钙、铜、镁、锌、钾、磷等矿物质和维生素、碳水化合物、脂肪、膳食纤维等。通常麻花上会点缀一些桂花、白糖、青梅、核桃仁、青红丝等。

历史传说

相传在很久很久以前，在大营一带毒蝎横行。人们为了诅咒它，就会在每年的阴历二月二，家家户户把和好的面拉成长条，然后扭做毒蝎尾状，油炸后吃掉，也就是为了诅咒那些带毒的蝎子，并称之为"咬蝎尾"。久而久之，这种"蝎尾"就演变成了今天的麻花。

麻花是一种油炸食品，并且其外形呈铰链形，因此又被称为"铰链棒"，有甜、咸两种口味。甜味的又有拌糖的（外表撒砂糖粉）和不拌糖的区别。在我国几千年的中华美食文化中，麻花成为了炎黄子孙喜爱的民族传统食品。

制作步骤

食材：1 杯牛奶、两个鸡蛋、2 大勺植物油、3 杯半高粉（标准量杯，一杯 = 240 毫升）、1 小勺盐、6 大勺糖、2 小勺干酵母

做法：

1. 将牛奶加热后放到室温中，融化酵母后，再倒入盆中，加入打散的蛋液，再加油混合均匀。

2. 将面粉、糖、盐过筛，加入盆中，揉成面团。

3. 将面团和好后，然后再密封静置，然后发至 2 倍大的时候即可取出（用手指蘸面粉戳个小洞，不回缩即好）。

4. 随后将其轻放在面板上，慢慢擀开，此时按照自己的需求可以将其切成均匀的长条，并揉滚成长柱形，然后双手执两头向相反方向转，再重复动作拧成麻花生坯，静置醒半小时左右。

5. 将油锅预热后放入适量的植物油，再将生坯放入油锅中炸至金黄色，捞出，放厨房纸上沥干油，即可食用。

典型代表

天津麻花

众所周知的是天津的桂发祥麻花，这种麻花的创始人是范贵才、范贵林兄弟二人，因为他们曾在天津大沽南路的十八街各开了桂发祥和桂发成麻花店，因此店铺就坐落在十八街，人们又习惯称其为十八街麻花。

十八街麻花有着比较悠久的历史，人们经过反复探索进行创新，会在白条和麻条中间夹上一些酥馅，而制成酥馅的原料多半是桂花、闵姜、桃仁、瓜条等，这样做是为了使炸出的麻花酥软香甜与众不同，创造出什锦夹馅大麻花。其味道更是香、酥、脆、甜，将这些麻花放在干燥通风处放置数月也不会走味、绵软、变质。

大营麻花

今天，奶油、芝麻及巧克力等甜味的小麻花可作为早餐来食用，也可以作为休闲的食品来吃，还可以用来满足糖尿病患者的需求，当然，更可以作为主食和面条来煮食、和小南瓜及粉条一起炒菜吃。特色的火锅小麻花在下火锅之后，风味会比较的独特。桂花小麻花具有抗癌、清火、化痰、散结的功效；鸡汁小麻花具有高蛋白、高营养。

健康饮食宜与忌

1. 麻花属于高糖、高热量食品，不适合多吃。
2. 麻花和馓子在古代的时候是寒食节的节令食品。
3. 麻花应放置于塑料袋中，避免吃发潮的麻花。

面包：松软面包香喷喷，营养早餐全靠它

名词解释

面包，是一种将五谷（一般是麦类）磨成粉来制作并加热而制成的食品。通常是以小麦粉为主要原料，而其选择的辅料多半是酵母、鸡蛋、油脂、果仁等，然后再加入水，揉制成软硬适中的面团，经过发酵、整型、成型、焙烤、冷却等过程，再焙烤而成的食品。

通常情况下，我们所提到的面包，大部分都是欧美面包或日式的夹馅面包、甜面包等，然而在世界上还有许许多多特殊种类的面包。

营养成分

面包含有丰富的营养物质，比如蛋白质、碳水化合物、脂肪、少量维生素以及钙、钾、镁、锌等矿物质，其品种多样，口味也多样，这种食物比较有益于吸收和消化，食用也是比较方便的，在日常生活中颇受人们的喜爱。在面包中，淀粉糖的含量约占到60%，而植物蛋白质已超过10%，另外还含有矿物质和B族维生素。在食用早餐的时候，不妨选择谷物面包和全麦的面包，然后再搭配一杯牛奶来食用，有条件的话可以加点蔬菜水果，营养摄入会更全面。

历史传说

传说在公元前2600年左右的时候，埃及有一个奴隶，他的工作就是用水和上面粉为主人做饼。有一天晚上，饼还没有烤好他就睡着了，此时，炉子也灭了。

到了夜里，没想到生面饼开始发酵，并且开始膨大了。等到这个奴隶一觉醒来的时候，发现生面饼比昨晚大了一倍。他害怕被主人看到，便连忙把面饼塞回炉子里去，他想这样就不会有人知道他活还没干完就大大咧咧睡

着了。

就这样，面包烤好了，奴隶和主人们都发现这次的面包要比他们以往吃的扁薄煎饼好吃得多，又松又软的。大概是因为生面饼里的面粉、水或甜味剂暴露在了空气里，然后经过野生酵母菌或细菌在温暖的环境中进行了发酵，从而才成就了面包的美味。埃及人继续用酵母菌进行实验，便成为世界上第一代职业面包师。

吃面包注意事项

在当今社会中，比较受欢迎的主要是谷物面包和全麦面包。谷物面包就是大量采用谷物、果仁来作为原料，其中，含有丰富的膳食纤维、不饱和脂肪酸和矿物质等，这种面包有助于促进新陈代谢，更是有益于身体健康。全麦面包则拥有丰富的膳食纤维，会让人很快就产生饱腹感，然后间接地减少了食物的摄取量。而同样的都是面包，吃全麦面包比吃白面包更有助于减肥，并且全麦面包也是比较松软的，更易于消化，不会对胃肠造成损害。

在选购面包的时候一定要注意保质期，因为面包的保质期比较短，所以选购时一定要尽可能选择新鲜的面包。如果发现自己选购的面包已经快到保质期了，那么这个时候就要赶快食用，不要让面包在家里过期发霉。

健康饮食宜与忌

在众多的面包中，热量最高的当然要数松质面包了，也就是"丹麦面包"。它的特点是加入了20%~30%的黄油或起酥油，这样才能形成一种特殊的层状结构，也常常被制作成牛角面包、葡萄干面包、巧克力酥包等。它口感酥香柔软，非常美味，但是这种面包饱和的脂肪和热量是比较多的，并且又含有对心血管健康非常不利的"反式脂肪酸"，所以说对于那些肥胖的人群或者是有心血管疾病的人群来讲，这种面包还是少食为好。

270

汉堡：汉堡夹心有口感，食材丰富好快餐

名词解释

汉堡包是英语 Hamburger 的音译，是现代西式快餐中的主要食物。最初汉堡是把牛肉饼夹在两片小圆面包中间做成的，现在我们吃的汉堡中除了夹牛肉饼以外，还把黄油、芥末、沙拉酱等调味料涂抹在圆面包的第二层中，最后再把番茄片、洋葱、酸黄瓜等食物放进去，这样就可以同食主副食中的营养元素了。正是因为汉堡方便携带、可口，营养又全面，才成为在世界各地畅销的一种食物。

营养成分

面包是补充碳水化合物的，肉又可以补充蛋白质和能量，而生菜补充维生素以及它本身所特有的营养成分，千岛酱（番茄酱、甜酱或瓜果酱和其他酱类）可以补充糖分，由此看来汉堡拥有丰富的营养成分，也方便携带，是一些年轻上班族们最喜爱的快餐食品。

历史传说

"汉堡包"跟三明治基本类似，都是在面包里夹牛肉。汉堡包并不是来源于德国汉堡，而是大量欧洲居民向北美迁移时，在一艘名叫汉堡——阿美利加的邮轮上，船老板为了赚取钱财，就把船上的牛肉碎片剁成肉末，将面包渣和洋葱一起混合做成的一种肉饼面包。这种饼既不像面包那样味道单一，更不像包子那样满嘴油腻，故而用这艘邮轮的名字起名叫"汉堡包"。当这些移民到了北美以后，回想起既经济又实惠的饼时，觉得特别省力就基本上以它为食。久而久之，"汉堡包"就被传到大江南北的世界各地。

制作方法

原料：鸡胸肉 150 克，汉堡坯子 2 个，面包糠 100 克，鸡蛋 2 个，葱姜末

各 1 匙，盐半匙，料酒一匙，生菜、西红柿适量

做法：

1. 把鸡胸肉切成块状，用葱、姜末、精盐和料酒进行腌制。

2. 把腌好的鸡柳裹上蛋汁，拍上面包糠压实后，用平底锅煎至熟透。

3. 把鸡柳、西红柿、生菜夹入汉堡坯子中即可。

4. 还可以加入牛肉和番茄酱。

健康饮食宜与忌

2. 西方快餐中的汉堡包脂肪含量比较高，不但增加人的体重，对于正在发育期的青少年的大脑，也会造成严重的伤害。儿童经常吃汉堡包等食品，营养素缺乏，会导致个儿长不高。

布丁：甜点美味数布丁，可爱出奇又甜蜜

名词解释

布丁有很多种类：鸡蛋布丁、巧克力布丁、草莓布丁，等等。它不光看着好看，就连吃起来也是特别的美味可口。它是根据英语单词 pudding 音译过来的一种食物名称，还可以称它"布甸"，是一种用面粉、牛奶、水果等制作而成的西餐食品。

营养成分

按照添加白糖量为 15% 来计算，需要在体内产生 8.93 千卡的热能，就需要一个 15 克重的布丁，而普通成年人每日热能的供给大约是 2500 千卡，所以布丁在人体内产生的热能占很低的分量。

历史传说

布丁是由古代把掺有血的香肠"布段"进行改变而来的，是英国的传统

食品。现在把鸡蛋、牛奶和面粉用做材料做成的布丁是古代的撒克逊人流传下来的。在中世纪的一些修道院里，"水果和燕麦粥的混合物"被称为"布丁"。16世纪伊丽莎白一世的时代，将肉汁、果汁、水果干和面粉放在一起调制而成的派，标志着布丁的正式出现。随后的17世纪、18世纪的布丁都是用蛋、牛奶和面粉作为材料制成的。

制作方法

1. 把150克的砂糖干炒成黄色后，加水熬制成糖汁，再倒入布丁模子的铺底。

2. 将打散的鸡蛋加入砂糖，和香草粉一起搅拌均匀，再加入牛奶拌匀后，放入已有糖底的模子里，放到火上蒸烤半小时左右。

3. 把布丁倒入盘子，四周用各种水果丁点缀。

经典口味

巧克力牛奶鸡蛋布丁

材料：

巧克力牛奶400毫升，砂糖3大匙（根据个人口味），鸡蛋3个，焦糖浆（把3大匙砂糖和1大勺水，倒入锅内用强火加热，并迅速搅拌）

做法：

1. 在加热的巧克力奶中加入砂糖，砂糖溶化以后立刻熄灭并散热（注意不要让牛奶沸腾）；

2. 把鸡蛋充分搅拌均匀；

3. 将砂糖巧克力牛奶倒入搅拌好的鸡蛋里；

4. 把砂糖牛奶鸡蛋用过滤网进行过滤。

将焦糖浆分别倒入4个杯子内，并且用过滤网过滤，等蒸锅下层水沸腾以后，可放入材料，用强火蒸2~3分钟，再用弱火蒸13~15分钟，冷却后放入冰箱2小时即可。

大理石乳酪布丁

乳酪250克，细砂糖75克，玉米粉10克，全蛋65克，巧克力酱适量等

制作流程：

1. 把乳酪从冰箱中取出，放在室温下软化备用；

2. 将细砂糖和玉米粉拌匀，再加入软化的乳酪拌匀；

3. 将整个鸡蛋分多次加入拌匀，最后再加入动物性鲜奶油搅拌均匀；

4. 把做法 3 中的布丁液倒进烤模中，用巧克力酱做装饰，放入烤箱用上火 160℃ 下火 180℃，烤 12 分钟左右即可。

健康饮食宜与忌

布丁是一种带有弹性的甜性食品，所以儿童、肥胖者以及患有糖尿病的人应少吃或者不吃。

比萨饼：种类多变众口味，奶酪充当重角色

名词解释

比萨在全球备受欢迎，发源于欧洲的意大利，通常把番茄酱、奶酪等配料放在发酵的圆形面饼上面，放入烤炉烤制而成。奶酪大多用马苏里拉干酪，也可用帕马森干酪、罗马乳酪（romano）、意大利乡村软酪（ricotta）等多种混合奶酪。

营养成分

一般比萨面饼中含有充分的碳水化合物，蔬菜中含有维生素和纤维素，而奶酪中含有丰富的钙和蛋白质。在意大利的一些餐厅里比萨是很受欢迎的，尤其是火腿比萨。

然而比萨中的营养元素是合理搭配的：油脂少，纤维素相对较多。选择把水果沙拉作为餐后甜点是非常合理的，水果沙拉中含有大量的维生素 C。把生菜沙拉作为头牌效果同样，要提醒的是，沙拉酱不宜过多。

历史传说

写于公元前 3 世纪的罗马的一部历史史书中提到："圆面饼上加橄榄油、香料和蜂蜜，置于石上烤熟。""薄面饼上面放奶酪和蜂蜜，并用香叶加味。"

考古学家还发现了跟现在比萨店类似的房子在庞贝遗址中出现。不管是史料中的比萨还是现在常见的比萨，它们之中都含有番茄（西红柿）、马苏里拉干酪两种必需的元素，在当时的意大利、地中海地区是没有这两种原料的。

传说马可·波罗旅行到中国的时候，在中国北方盛行一种人们喜欢吃的葱油馅饼。几年之后他回到了家乡意大利，还时常想念葱油馅饼的味道，却在意大利找不到这种馅饼。

一个周末的下午，他邀请自己的朋友来家里做客，在这之中有一位来自那不勒斯的朋友是厨师。于是，马可·波罗就把那位厨师朋友叫到身边，"如此这般"地把中国北方的葱油馅饼讲给厨师朋友听。那位厨师认真仔细地听，并根据马可·波罗阐述的做法自己尝试着做所谓的葱油馅饼，可是忙来忙去，就是不知道怎样把馅料放入面团中。大家都饿得前胸贴后背了，拿表一看都已经到下午两点了。于是马可·波罗干脆就把馅料放在面饼上就着一起吃。这么吃大家还都觉得好吃。回到那不勒斯以后，这位厨师又尝试着去做葱油馅饼，还把那不勒斯的乳酪加进去，没想到人们都特别喜欢吃，就给它起名为"比萨"，并且流传开。

制作方法

（一）和面

把适量的冷水慢慢倒入面粉中，还要不停地搅拌，然后再将溶化好的一包奶酪放入，放少许盐随即揉成两团，放置30分钟左右后，再继续揉面，使其更有劲。

（二）制作面胎

把黄油刷在烤炉盘子里，将足够的面团压出形状放在盘里，再浇上番茄酱，把制成丝的奶酪撒上，再将各种肉和香肠铺上，在面团上铺好切好的蔬菜，最后再铺上一层奶酪。

（三）进烤炉

先把烤箱预热到220度，再将面胎放入烤箱大约烘烤20分钟，使干酪完全熔化并变成金褐色。

把放好调料的比萨饼放入微波炉中微10分钟左右，再按烤脆键烤5分钟后即可食用。

寿司：肉蔬结合色味全，营养丰富最利健

名词解释

寿司是日本的一种传统食物，广大日本人民都非常喜欢食用。把用醋调过味的冷饭（简称醋饭）作为主要的材料，再把各种肉类、蔬菜和鸡蛋等用做辅料，这样做出来的寿司味道鲜美，很得日本人的青睐。

营养成分

寿司内部食物的多样合理搭配，使得寿司的整体营养非常丰富。

历史传说

公元前700年，日本从中国引进寿司并在本国境内开始流传。在当时的社会中，只是一些商旅用醋腌制饭团，再加上海产或肉类，压成一个个的小块，然后，作为沿途的食粮来食用。后来这种商品又广泛地流传到了日本全国。当时的配料更多的是用上了各种刺身，并命名为"江户散鲟"，也被称做为"握鲟"，即在现今最受欢迎的寿司。

在现代日本的寿司当中，除了"握鲟"之外，尚有两种"卷鲟"与"箱寿司"。"卷鲟"指的就是把饭、青瓜、吞拿鱼、鸡蛋与腌萝卜等材料用紫菜包着，然后即可食用。而"卷鲟"又分为太卷与细卷，顾名思义，也就是在大小上有所区分而已。

所谓的"箱寿司"就是先将饭放入木盒中，铺上各式各样的配料，这些作料自然是可以按照自己的口味来决定的。然后加上盖子用力压，然后把木盒里的寿司拍出来，切开一块块，装入箱子里，因而得名。要知道"手卷"其实是"卷鲟"的一种。据说是在18世纪的时候，那些日本赌徒终日流连赌场，为了方便自己赌钱，同时又不至于会饿死，便把鲔鱼（吞拿鱼）肉放进饭中，然后用紫菜将之卷起来。这样可以大口大口地吃，并且又避免了食物

掉出来，同时，饭粒又不会黏着扑克和手指，这是一举多得的事情，故此深受赌徒们的欢迎。这种食物是因赌场而产生的，故名为 tekkamabi，后来，逐渐演变为了今日的手卷。

经典口味

寿司卷

主料：紫菜6张，寿司米1杯，腌萝卜条、洋火腿条、黄瓜条各6条，鸡蛋1个

配料：醋1汤匙，盐1/4茶匙

做法：

1. 先把米洗净，然后倒入适量的水，用电饭煲将其煮成熟米饭，随后取出来，把适量的调味料放进去搅拌均匀。

2. 把油倒入锅中，烧成三汤匙的量，随后再把蛋液倒入适量，然后用慢火煎制蛋皮，将其取出并均匀地切成六条。

3. 在寿司席上把紫菜铺平，再把米饭铺在紫菜上，用勺子将其摊平，最后再把黄瓜、腌萝卜等放在上面，用紫菜卷起来，最后用寿司席卷好，切成圆状来食用。

寿司的几大好处

1. 寿司是一种具有低热量、低脂肪特点的精致多彩食物，大概会被认为是现如今最健康、最具营养的食品之一。

2. 把最新鲜的生鱼包裹在寿司里面，可以使寿司更美味。

3. 口感的广泛性。可以把多种多样的蔬菜、鱼类包裹进去。就拿鱼来说，就有河鱼、海鱼、湖鱼以及多种贝壳。发挥你无限的想象力，把各成分随意组合，就能做出你想象得到的任何一种美味。

4. 寿司不单单是一种食物，它还是一种惟妙惟肖的艺术品。